U0393437

鲑鳟疾病彩色图谱

A Colour Atlas of Salmonid Diseases
Second Edition
第二版

[英] David W. Bruno [英] Patricia A. Noguera [挪] Trygve T. Poppe 著

汪开毓 刘 荭 卢彤岩 刘天强 主译

欧阳萍 黄小丽 副主译

中国农业出版社

北 京

图书在版编目（CIP）数据

鲑鳟疾病彩色图谱：第2版 ／（英）大卫·布鲁诺
（David W. Bruno），（英）帕特丽夏·诺古拉
（Patricia A. Noguera），（挪）特吕格弗·波普
（Trygve T. Poppe）著；汪开毓等主译. —北京：中
国农业出版社，2018.10
书名原文：A Colour Atlas of Salmonid Diseases
Second Edition
ISBN 978-7-109-24277-7

Ⅰ.①鲑… Ⅱ.①大… ②帕… ③特… ④汪… Ⅲ.
①鲑科－鱼病－图谱②虹鳟鱼－鱼病－图谱 Ⅳ.
①S943-64

中国版本图书馆CIP数据核字（2018）第141447号

Translation from English language edition:

A Colour Atlas of Salmonid Diseases

by David Bruno, Patricia A. Noguera and Trygve T. Poppe

Copyright © 2013 Springer Science+Business Media B.V.

Springer is a part of Springer Science+Business Media

All Rights Reserved.

本书简体中文版由Springer Science & Business Media BV 授权中国农业出版社独家出版发行。本
书内容的任何部分，事先未经出版者书面许可，不得以任何方式或手段复制或刊载。
北京市版权局著作权合同登记号：图字01-2015-7120号

中国农业出版社出版
（北京市朝阳区麦子店街18号楼）
（邮政编码 100125）
责任编辑 王金环 郑 珂

北京通州皇家印刷厂印刷 新华书店北京发行所发行
2018年10月第1版 2018年10月北京第1次印刷

开本：889mm×1194mm 1/16 印张：15.25
字数：450千字
定价：200.00元
（凡本版图书出现印刷、装订错误，请向出版社发行部调换）

翻译委员会

主　译

汪开毓　刘　苤　卢彤岩　刘天强

副　主　译

欧阳萍　黄小丽

参译人员

（按姓名笔画排序）

于　力　　王二龙　　王　均　　王　荻　　尹立子　　卢彤岩
叶彩燕　　吕孙建　　朱　玲　　刘天强　　刘红柏　　刘　苤
刘　韬　　李良玉　　李绍戊　　杨　倩　　何汶璐　　何　洁
何晟毓　　何琦瑶　　汪开毓　　欧阳萍　　周瑶佳　　贺　扬
秦振阳　　耿　毅　　贾　鹏　　徐黎明　　黄小丽　　黄凌远
曾宇鲲　　谢　恒　　魏文燕

译 者 序

随着我国水产养殖业的发展，我国已经基本完成让人民"吃得上鱼"的任务，"吃好鱼""多吃鱼"成为水产养殖目前需要解决的主要问题。鲑鳟鱼类以其良好的口感、丰富的营养、鲜艳的色泽和更为安全的品质，越来越受到人们的喜爱，是"好鱼"的典型代表。我国养殖鲑鳟鱼类已有50多年的历史，北京、青海、山西、四川等26个省市区均有养殖，鲑形目36个品种中已有十多种人工养殖成功。

在我国，鲑鳟鱼类传统养殖技术，尤其是虹鳟的养殖技术，已颇为成熟。但是，我国的鲑鳟鱼类年产量到2016年才达到4万t，挪威、智利等国的年产量则达到百万吨，国内产量远远不能满足国内的消费需求，每年需要大量进口。根据我国冷水资源估算，鲑鳟鱼类生产潜力在50万～60万t，甚至更多，开发利用的前景很广阔。

鲑鳟鱼类养殖的50多年来，我国养殖品种种质退化严重，近年病害频发，特别是传染性造血器官坏死等暴发性疾病，给养殖业带来了巨大危害。面对养殖规模逐年扩大、病害威胁日益严重的形势，出版一本系统介绍鲑鳟疾病的书籍十分必要。纵观国内学术著作，并无此类书籍。经多方寻找，译者发现了David W. Bruno、Patricia A. Noguera和Trygve T. Poppe教授等人撰写的《鲑鳟疾病彩色图谱 第二版》，并立即联系翻译引进我国。四川农业大学鱼病研究中心、深圳出入境检验检疫局水生动物病重点实验室、中国水产科学研究院黑龙江水产研究所、通威股份公司动物保健研究所和成都市农林科学院五家单位共同努力，耗时四年，查阅大量相关文献，历经数轮审校，终于完成了本书的翻译。

本书共十二章，第一章是概述，介绍了鲑鳟鱼类养殖和发展概况。第二至第四章介绍了鲑鳟鱼类正常的解剖和组织学结构，鱼体解剖取样的规范操作，病理学识别以及疾病诊断等基础知识。第五至第十二章对不同类型疾病做了介绍，分别是病毒性疾病，细菌性疾病，真菌（卵菌类）感染，原生动物引起的疾病，多细胞动物引起的疾病，生产性疾病及机体失调，自发性疾病，以及肿瘤。附录提供了全书的术语汇编和索引。

和其他水生动物疾病诊断图谱相比，本书有以下三大特点：

第一，作为图谱，全书不仅图片丰富，更有大量对疾病本身的文字阐释。

本书名为"疾病彩色图谱"，但书中篇幅最多的是对发病原因、疾病症状、发病进程、病理变化的阐释，大量的高清图片则作为文字内容的图像化反映，因此全书内容堪称极为翔实。美中不足的是，本书缺乏对疾病防治手段、实验室诊断手段的介绍，需要读者自行学习。

第二，全书十分注重将病理学诊断作为疾病诊断的"金标准"，注重介绍正确的检查程序，注重对正常/异常的识别。

本书自开篇起就强调病理学诊断的重要意义，并在很多疾病描述中指出了该病典型和特征性的病变，同时，全书都贯穿了对正确检查手法的强调以及对正常/异常的识别。反观国内部分从业者，解剖动物简单粗暴，甚少注意对病料的良好保存，高度依赖分子生物学诊断技术，甚至有的初学者常将正常情况判定为异常。基于此，本书的引进具有较大的现实意义。

　　第三，内容上，本书介绍了大量传染性疾病之外的其他疾病，如生产和机体失调引起的疾病、自发性疾病和肿瘤，覆盖了野生和人工养殖鲑鳟两种情况。

　　国内相关书籍多聚焦于生物性因素引发的疾病，而本书对机体失调病、肿瘤等内容的介绍填补了国内该领域的空白，使本书具有了超越鲑鳟疾病诊断的借鉴意义。

　　综上所述，本书可以作为鲑鳟渔业、野生资源保护从业者的参考书，也可以作为水生动物寄生虫病学、水生动物病理学等"冷门"学科的系统性资料，更可以作为高校学生学习水生动物疾病学课程时的参考书。

　　在本书的译校过程中，国内权威的寄生虫学专家汪建国研究员和微生物分类学专家陆承平教授审校了部分专业名词，加拿大王子岛大学David Groman教授对本书作了推荐，中国农业出版社郑珂副编审为本书出版付出了大量心血，四川农业大学鱼病研究中心的研究生们对译校等工作做出了不少贡献，在此对他们表示感谢！

　　由于译校者水平和知识有限，对原文的把握、理解也许还存在不完全准确的地方，敬请广大读者批评指正！

译　者

2018年5月

原书序

认识疾病是一个极具挑战和复杂的过程，并非单纯地对病原进行识别判断。针对一系列的传染病而言，先进的分子生物技术变得越来越实用，是非常有价值的工具。然而疾病诊断的内容，通常主要集中于证实或排除某种病原菌是否存在。鱼类自身构造就是一个复杂的生物系统，疾病发生的本质是病原、宿主和环境相互作用产生的结果。在进行疾病诊断时，为了把发现的异常与正常的结构与功能相区别，掌握正常组织的结构和功能是非常重要的。因此，一个优秀的病理学家应该具备多学科的知识背景，如生物学、遗传学、生理学、寄生虫学、微生物学和免疫学等。

在水产养殖业中，鱼类养殖经历了快速增长期，其中鲑鳟鱼类的产量增长贡献尤为突出，并由此确立了其经济价值和地位。随着养殖鱼类产量的增加，新的疾病和各种问题的出现意味着诊断越来越困难，同时也意味着会造成经济损失，更为重要的是会影响动物福利。在这种情况下，尽管很多新技术都可用于疾病诊断，但是形态病理学仍然是诊断的"金标准"，且在初诊中不可被替代。除此之外，鱼类正被广泛用于动物实验中，因此，了解鱼类病理学的基础知识对于科学家来说仍然是重要的。

本书编写的目的是期望读者加深对疾病的认识，以提高书中提及的动物福利。我们希望鱼类养殖者、鱼类兽医、鱼类爱好者、垂钓者、相关政策制定者以及监管部门，甚至非专业工作者都能够从中得到帮助。我们认为通过了解疾病发生的过程，人们在工作中会得到更多收获。对本书作者们而言，从事鱼类病理学是一个终身实践并且充满热情的工作，我们希望新一代的专业人士能够继承这种精神。病原的多样性和新的疾病症状使得鱼类病理学成为一门动态的学科和一门包罗万象的艺术。在这个领域，总有新的东西可以学习。

"早点开始自己的职业生涯去成为一名优秀的病理学家。"

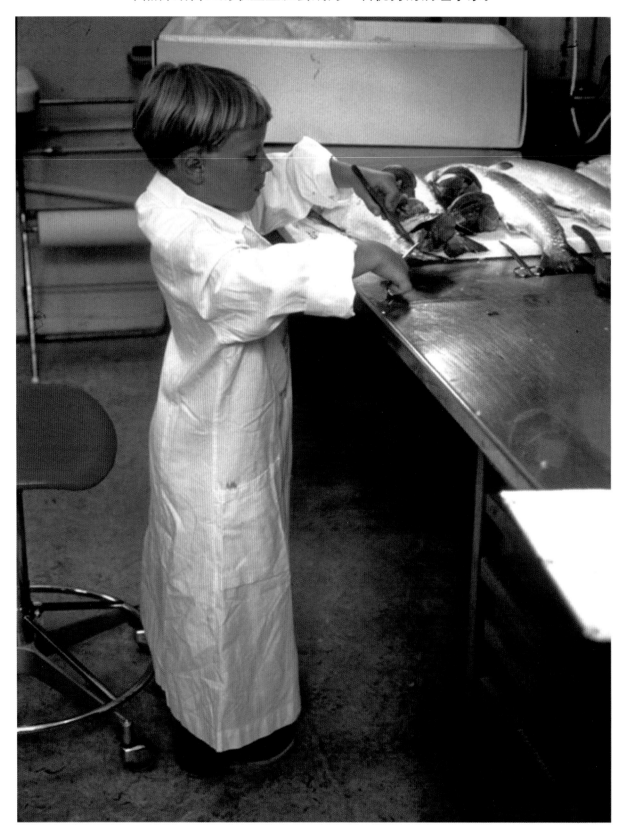

David Bruno, Patricia Noguera, Trygve Poppe

致 谢

本书作者感激苏格兰海洋科学学院和挪威兽医学校在本书编写过程中给予的大力支持；此外，我们也非常感谢Tor Atle Mo对本书中"原生生物和后生动物"最新分类变化的建议，以及Graham Bruno不厌其烦地解决我们关于信息咨询方面的问题。我们也很感谢来自苏格兰海洋所的Mark Fordyce和Nichola McManus在额外材料的切片和染色方面给予的帮助，同时非常感谢许多为本书慷慨捐献宝贵图片和制作蜡块切片的同事们，他们的名单如下：

Alaska Department of Fish and Game	图6-2，图9-55
Amanda Walker	图10-4
Andrea Warwick	图6-11
Brian Shaw	图11-1
Carla Conway	图5-29，图5-30
Charles McGurk	图10-14
Daniel Pendry	图6-56
David Cox	图8-22
Dave Groman	图4-2（b），图6-44
Diane Elliott	图8-12
EirikWelde	图12-5
Erik Sterud	图7-1
Gael Kurath	图5-26
Heike Schmidt	图12-7
Iva Dykova	图8-19
Jayde Ferguson	图8-5，图12-8（b），图12-16
John McArdle	图4-3（d）
Lars Lonnstrom	图6-16，图6-17
Lars Thomas Poppe	图1-1（b）
Mamoru Yoshimizu	图5-15
Mansour El-Matbouli	图9-9
Mar Marcos-Lopez	图8-1，图11-2，图11-4，图11-5
Marshall Halliday	图7-2
Michail Belov	图1-1（k）
Mike Kent	图5-20，图5-21，图5-46（a）
Perttu Koski	图10-24

Sandra Bravo	图4-3（a），图9-51，图9-52
Satu Viljamaa-Dirks	图6-52，图6-53，图6-54
Scott Foot	图9-13
Simon Jones	图9-3
Sonia Duguid	图7-15，图10-59
Sonia Mumford	图7-13，图8-14，图8-23，图8-29，图9-6，图9-32，图10-11，图10-22，图10-33
Stephen Atkinson	图9-1（a）
Stephen Feist	图8-4，图8-20，图9-2，图9-17
Torsten Boutrup	图5-24，图5-25
Thomas Wahli	图8-7
Wendy Sealey / Charlie Smith	图10-23

"谢谢Arko（译者注：狗的名字）看守实验样品并确保样品低温"

目 录

第一章 概　述

摘　要 <<<<<<<<<<<<<<<<<<<<<<<<<<<<<<<<<<< ●

　　随着大西洋鲑和虹鳟在世界养殖产量的持续增加，尽管新型的预防措施和疫苗不断出现，但疾病暴发依然是限制其发展的主要因素。传染性病原可以迅速地在易感群体内扩散，尤其是健康状况不良的宿主，所以保持机体健康以及对疾病进行准确诊断至关重要。本书从做诊断工作的病理学家的角度介绍了鲑鳟常见的感染性和非感染性疾病。读者可以根据书中所描述的"异常"状况，结合具体实际的情况进行分析，从而为鲑鳟疾病的诊断提供参考意见。此外，好奇心和开放的视野与丰富的知识和经验对一个鱼类病理学家来说也非常重要。

关键词：水产养殖；传染性疾病；鲑；鳟；收益

　　水产养殖业已经有数千年的历史，历史上无数的例子也证明了养殖业的出现极大地弥补了传统捕捞和垂钓上产量不足的问题，如中国古代的渔业养殖。在当今全球范围内，快速增长的水产养殖业补充或代替了水产捕捞，尽管如此，全球鱼类产量还是无法满足人们对鱼类的消费需求。欧洲早在中世纪和罗马时期就开始了鲤等鱼类的养殖，这些鱼类已经成为其文化遗产的一部分，目前南欧沿海地区也出现了鲷和鲈的养殖。

　　鲑鳟养殖主要分布在40°—70°N和40°—50°S，这片区域包括北半球的挪威、苏格兰、爱尔兰、法罗群岛、加拿大和美国东北部沿海，以及南半球的智利、澳大利亚（塔斯马尼亚岛），另外也有少部分分布在法国、西班牙、新西兰、秘鲁和阿根廷。截止到20世纪末，各地区养殖的大西洋鲑、虹鳟及少量红点鲑和褐鳟产量不断增加，冷水鱼养殖总产量预计将以15%的涨幅持续增长，2012年全球产量更是达到180万t。多年来，挪威的大西洋鲑和虹鳟的养殖产量一直处于全球领先地位，仅2011年的产量就超过了100万t，并以10%的速度持续增长。2011年也是苏格兰开启鲑鳟商业化养殖的第40个年头，当前产量约15.4万t，并计划接下来的10年里以每年4%的速度增长，同时虹鳟海水养殖面积要扩大50%。智利于20世纪80年代成为南半球鲑鳟最大养殖国，该地区向世界市场提供的鲑鳟总量与高产时的挪威相当。

　　鲑鳟的商业化养殖分为以下几个步骤：首先在淡水里孵育鱼卵，培育鱼苗；待其成长为2龄鲑时，再转移至网箱或池塘进行海水盐化养殖；15～18个月后达到商品鱼规格。虹鳟自始至终都在淡水中饲养繁殖，但目前人们也开始尝试在海水中用网箱养殖。鲑鳟的主要种类见图1-1和表1-1。

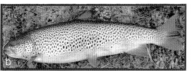

图 1-1 鲑鳟主要种类

表 1-1 鲑鳟主要种类

中文名和学名	英文名
鲑亚科，鲑属 **(Salmo)**	
安大略鲑 [*S. salar*（Linnaeus）]	Atlantic salmon，图 1-1（a）
斑鳟 [*S. marmoratus*（Cuvier）]	Marble trout
钝吻鲑 [*S. obtusirostris*（Heckel）]	Adriatic trout
亚东鳟 [*S. trutta*（Linnaeus）]	Brown trout，图 1-1（b）
大麻哈鱼属 **(Oncorhynchus)**	
细鳞大麻哈鱼 [*O. gorbuschca*（Walbaum）]	Pink, humpback salmon，图 1-1（c）
大麻哈鱼 [*O. keta*（Walbaum）]	Chum, dog salmon
银大麻哈鱼 [*O. kisutch*（Walbaum）]	Coho, silver salmon
马苏大麻哈鱼 [*O. masou*（Brevoort）]	Masou, yamame salmon
红大麻哈鱼 [*O. nerka*（Walbaum）]	Sockeye, kokanee salmon
玫瑰大麻哈鱼 [*O. rhodurus*（Jordan & McGregor）]	Amago salmon
大鳞大麻哈鱼 [*O. tshawytscha*（Walbaum）]	Chinook, king salmon
麦奇钩吻鳟 [*O. mykiss*（Walbaum）]	Rainbow, steelhead trout，图 1-1（d）
克拉克大麻哈鱼 [*O. clarki*（Richardson）]	Cutthroat trout
红点鲑属 **(Salvelinus)**	
北极红点鲑 [*S. alpinu*（Linnaeus）]	Arctic char，图 1-1（e）
强壮红点鲑 [*S. confluentus*（Suckley）]	Bull trout
远东红点鲑 [*S. leucomaenisleucomaenis*（Pallas）]	Whitespotted char
雨红点鲑 [*S. leucomaenis pluvius*（Hilgendorf）]	Japanese char
美洲红点鲑 [*S. fontinalis*（Mitchell）]	Brook trout, speckled trout
玛红点鲑 [*S. malma*（Walbaum）]	Dolly Varden trout
湖红点鲑 [*S. namaycush*（Walbaum）]	Lake trout，图 1-1（f）
哲罗鱼属 **(Hucho)**	
多瑙哲罗鱼 [*H. hucho*（Linnaeus）]	Danube salmon, huchen
远东哲罗鱼 [*H. perryi*（Pallas）]	Sakhalin / Japanese taimen
哲罗鱼 [*H. taimen*（Pallas）]	Siberian taimen，图 1-1（g）

（续）

中文名和学名		英文名
细鳞鱼属 [*Brachymystax*]	细鳞鱼 [*B. lenok*（Pallas）]	Lenok, manchurian trout，图 1-1（h）
茴鱼亚科，茴鱼属 [*Thymallus*]	北极茴鱼 [*T. arcticus*（Berg）]	Arctic grayling
	茴鱼 [*T. thymallus*（Linnaeus）]	Grayling，图 1-1（i）
白鲑亚科，白鲑属 [*Coregonus*]	欧白鲑 [*C. albula*（Linnaeus）]	Vendace
	真白鲑 [*C. lavaretu*（Linnaeus）]	European whitefish，图 1-1（j）
	宽鼻白鲑 [*C. nasus*（Pallas）]	Broad whitefish
北鲑属 [*Stenodus*]	长颌北鲑 [*S. leucichthys nelma*（Pallas）]	Nelma, inconnu, sheefish，图 1-1（k）

　　疾病暴发是制约全球水产养殖产业发展的主要因素之一，会直接影响养殖鱼的存活率，也是制约全球水产养殖产业增加收益的主要因素之一。病原的累积会引起易感宿主发生疾病，特别是健康状况不良的宿主更易受到疾病威胁，一旦发病会大幅降低养殖业的经济效益。1984 年，传染性鲑鱼贫血病（infectious salmon anaemia, ISA）在挪威首次被报道，该病导致当地海水养殖的大西洋鲑大量死亡，造成了巨大的经济损失；1998 年，ISA 在苏格兰养殖鲑中暴发；2007 年，该病在水产养殖业发展迅速的智利也有暴发，甚至一度导致当地大西洋鲑养殖业崩溃。后来，人们通过健康养殖管理方式成功抵御了该疾病的毁灭性冲击，具体控制措施有：对鱼种进行健康认证，根据鱼龄大小进行分塘饲养，实行休渔制（渔耕轮作）以及对屠宰设备与废水实行严格消毒，禁止往幼鲑池塘中注入海水等。这些措施显著减少了 ISA 以及其他传染性疾病的暴发。后来，一些国家采用相似养殖管理策略，极大地改善了养殖鱼类的健康状况，不仅增加了收益，还减少了抗生素的使用。

　　尽管采取了上述饲养措施，疾病造成的养殖损失依然达到 20%，所以养殖鲑鳟鱼类的健康仍然是人们关注的重点。无论是从动物福利还是经济可持续发展的角度来看，任何亚健康或患病状态下的鱼都不能被接受。

　　自然界中，发病原因多种多样，甚至可能引起广泛的反应。患病个体的愈后由其自身生理与免疫状况以及病原毒力的强弱等因素共同决定。但是在某些情况下，鱼类可能存在潜伏感染，携带病原体感染其他易感动物。目前包括分子生物学技术在内的多种技术可以用于辅助诊断，但病理学依旧是诊断方法中的"金标准"，病理学家也将继续担当重要的角色，其他的实验室诊断结果要结合病理学观察结果，才能更准确地诊断疾病、了解病原、解释病因。

　　常见的鱼类疾病临床症状包括游动异常，体色发黑，食欲缺乏，嗜睡，眼球突出，腹部膨大，鳍条腐烂，皮肤、胸和腹鳍的基底部发生溃疡和出血。许多鱼病的大体病理变化十分相似，对于缺乏经验的人而言，很难区分在不同疾病和条件下出现的极细微临床病征，尤其是出现混合感染时，需要判断是原发感染还是继发感染，这对于病理学家来说也是一种挑战。

　　鱼类非感染性疾病的影响也在日益加重，并引起了人们越来越多的关注。非感染性疾病能造成鱼体质下降，使之更易感染病原。越来越多的研究表明，集中饲养的鱼在心脏和生理等方面都有明显变化。应激是导致野生和养殖鱼出现非感染性疾病的一种重要因素，它能使鱼体对感染性和非感染性疾病更为敏感。应激是指由于环境改变，鱼类为了适应而做出的相应改变，当这一改变超过鱼体所能承受的极限时，就会导致存活率下降。

伴随水产养殖业的发展，鱼类健康养殖管理的科学方法得到持续的研究和发展，并在许多国家得以实施。降低饲养密度、改善水质、管理区域内分点渔耕轮作并且实施分塘饲养政策，依法进行健康监测，限制鱼类与特定感染源的接触都有助于控制疾病的暴发。同时使用高效的疫苗可有效降低某些传染性疾病带来的危害，如弧菌病、疖病、肠炎红嘴病、传染性胰腺坏死病和其他胰腺疾病。总的来说，在鲑鳟养殖过程中，随着人们对疾病不断深入的认识，其发病率也在不断降低。

著者于1996年出版了《鲑鳟疾病彩色图谱》，经过重新修订，推出了《鲑鳟疾病彩色图谱第二版》。第二版收集了著者现有的所有相关知识，以及这几年在鱼类病理学研究领域取得的重大进展。如确诊的几种未知病原的疾病为病毒性疾病，包括心肌病综合征（cardiomyopathy syndrome, CMS）和心肌与骨骼肌炎症（heart and skeletal muscle inflammation, HSMI）。此外，书中重点描述了新发疾病，其不同的临床表现越来越突出，而其他一些疾病的影响则在逐渐减弱。

我们将本书定位为"参考书"，所以无论是野生还是养殖的鲑鳟，读者都可以翻阅本书，对比功能性解剖部分的内容，即常规组织结构与主要功能器官的变化，了解并熟悉作者所述的异常情况。当然，正确的剖检方法以及识别异常的组织是诊断疾病的先决条件，还要学会运用恰当的术语来描述病理变化，包括从细胞损伤到组织和器官的损伤，以及循环失调、炎症反应和愈合过程。本书根据病原不同对疾病进行了分类，将它们归为四类：病毒性疾病、细菌性疾病、真菌性疾病（卵菌类）和寄生虫性疾病（原生动物与后生动物）。同时探讨了一些在野生或养殖鲑鳟中出现的非感染性疾病因素，包括一些与养殖方式相关的疾病，这类疾病被称为"生产性疾病"。本书讨论了一些症状不明、混合感染以及未知病原的疾病。另外，本书还收录了一些能够体现关键病理变化的大体和显微图片。

此外，能够感染养殖鲑鳟的病原，野生鲑鳟也同样易感，甚至在水产养殖业快速发展以前，有几种疾病已经在野生鲑鳟中被发现（如疖病、细菌性肾病、海虱感染、卵菌病和三代虫病）。反之亦然，一些最初发生在养殖鲑鳟中的疾病，如今野生的非鲑鳟鱼类中也有发生的报道（如鱼呼肠孤病毒和鲑甲病毒感染），这些现象表明病毒携带者与病毒宿主之间具有复杂的关系。此外，也有一些似乎只针对野生鱼类的疾病，如简单异尖线虫（*Anisakis simplex*）引起的肛门红肿病和自发皮肤溃疡性坏死病（ulcerative dermal necrosis，UDN）。

本书无法包罗万象，但是所涉及的疾病相关案例具有广泛的代表性，无论是对野生还是养殖鲑鳟的疾病诊断，都可以提供一些参考依据。需要强调的是，鱼类健康状况是一个动态的变化过程，因此对一个鱼病学家来说，不断学习新知识，保持开放性思维，并结合不断积累的经验都是非常重要的。

延伸阅读 ▼

Amin AB, Mortensen L, Poppe T (1992) Histology atlas, normal structure of salmonids. Akvapatologisk Laboratorium AS, Bodø

Behnke RJ (2002) Trout and salmon of North America. The Free Press, New York

Bergh Ø (2007) The dual myths of the healthy wild fish and the unhealthy farmed fish. Dis Aquat Org 75:159–164

Branson EJ (2008) Fish welfare. Blackwell Publishing, Oxford

Farrell AP (2011) Encyclopedia of fish physiology, vol 1–3. Academic Press, London

Ferguson HW (2006) Systemic pathology of fish. A text and atlas of normal tissues in teleosts and their response in disease. Scotian Press, London

Johansen L-H, Jensen I, Mikkelsen H, Bjørn P-A, Jansen PA, Bergh Ø (2011) Disease interaction and pathogens exchange between wild and farmed fish populations with special reference to Norway. Aquaculture 315:167–186

Kent M, Poppe TT (1998) Diseases of sea water netpen-reared salmonid fishes. Fisheries and Oceans Canada, p 58. ISBN: 0920225101

Kristoffersen AB, Jensen BB, Jansen PA (2012) Risk mapping of heart and skeletal muscle inflammation in salmon farming. Prev Vet Med 109: 136–143. http://dx.doi.org/10.1016/j.prevetmed.2012.08.012

Leatherland JF, Woo PTK (2010) Fish diseases and disorders, noninfectious diseases, vol 2, 2nd edn. CABI Publishing, Oxfordshire

Marcos-López M, Gale P, Oidtmann BC, Peeler EJ (2010) Assessing the impact of climate change on disease emergence in freshwater fish in the United Kingdom. Transbound Emerg Dis 57:293–304

Mitchell SO, Rodger HD (2011) A review of infectious gill disease in marine salmonid fish. J Fish Dis 34:411–432

Noga EJ (2010) Fish disease diagnosis and treatment, 2nd edn. Wiley-Blackwell, Ames

Ostrander GK (2000) The laboratory fish. Academic Press, San Diego

Poppe TT (2000) Husbandry diseases in fish farming -an ethical challenge to the veterinary profession. Nor J Vet Med 112:15–20

Roberts RJ (2012) Fish pathology, 4th edn. Wiley-Blackwell, London

Rodger HD, Henry L, Mitchell SO (2011) Non-infectious gill disorders of marine salmonid fish. Rev Fish Biol Fish 21:423–440

Soares S, Green DM, Turnbull JF, Crumlish M, Murray AG (2011) A baseline method for benchmarking mortality losses in Atlantic salmon (Salmo salar) production. Aquaculture 314:7–12

Woo PTK (2006) Fish diseases and disorders, vol 1, 2nd edn, Protozoan and metazoan infections. CABI Publishing, Oxfordshire

Woo PTK, Bruno DW (2011) Fish diseases and disorders, vol 2, 2nd edn, Viral, bacterial and fungal infections. CABI Publishing, Oxfordshire

Woo PTK, Buchmann K (2012) Fish parasites pathobiology and protection. CABI Publishing, Oxfordshire

Woo PTK, Bruno DW, Lim LHS (2002) Diseases and disorders of finfish in cage culture. CABI Publishing, Oxfordshire

Yasutake WT, Wales JH (1983) Microscopic anatomy of salmonids: an Atlas. United States Department of the Interior, Fish and Wildlife Service, Resource Publication 50, Washington, DC

第二章 功能解剖学

摘 要 <<<<<<<<<<<<<<<<<<<<<<<<<<<<<<<<<<<<<< •

　　染色切片的镜下观察以及正常组织结构与功能之间的关系对疾病诊断有重要的作用。鉴别并描述生理和病理过程需要对大体组织结构和显微结构有整体了解和认识，同时辨别种间差异对疾病的正确诊断也是至关重要的。本章概述了正常的生理变化、性成熟和衰老过程与损伤、感染或疾病造成的病理变化在本质上的区别。

关 键 词：组织学；解剖学；正常组织结构；鲑；鳟

　　显微解剖学或组织学，是一门对染色切片进行显微镜检查并阐述正常组织结构与功能之间相互关系的组织科学。单个细胞和组织在正常生理反应、性成熟和衰老过程中会发生改变，但是这些改变与损伤、感染和疾病的过程产生的变化并不相同。因此，掌握物种的正常组织结构以及物种间的结构差异，对于正确阐述和理解疾病病理变化具有重要意义。

　　在动物体内，体腔（心包腔和腹腔）及各种器官和组织均被单层浆膜、腹膜、间皮和结缔组织所包裹或固定。这些结缔组织包括血液和二级淋巴循环系统，该淋巴系统也位于分隔两体腔的横膈处。覆盖消化道不同区域的最外层膜被统称为"浆膜"，又叫腹膜脏层，同样也覆盖在腹膜腔中的其他内脏表面。因此这些组织器官并不位于体腔内，而是被一个双层腹膜所包裹，这种结构类似于将手指按压入气球。这使得一些器官成为了"腹膜后器官"，如肾脏。

　　本章将各器官的功能单位称为实质，而这些细胞和功能单位间的填充物质称为间质。间质中包含各种各样的细胞内和细胞外组分，用于结构支撑或具有分泌功能。例如，在肾脏中，肾单位和血管系统镶嵌在间质的网状结构中，其间还具有非肾脏的组成成分，例如造血细胞、分泌细胞和支持细胞。肝脏由肝细胞和结缔组织构成。

　　本章根据不同的功能和系统（如呼吸系统，排泄系统等）对鲑鳟的解剖学特征进行概述。

　　光学显微照片仅为非H&E染色时才标注，图像的放大倍数以标尺的形式给出，若无标尺则以低倍（×4～10）、中倍（×20～40）和高倍（×60～100）标注（图2-1）。

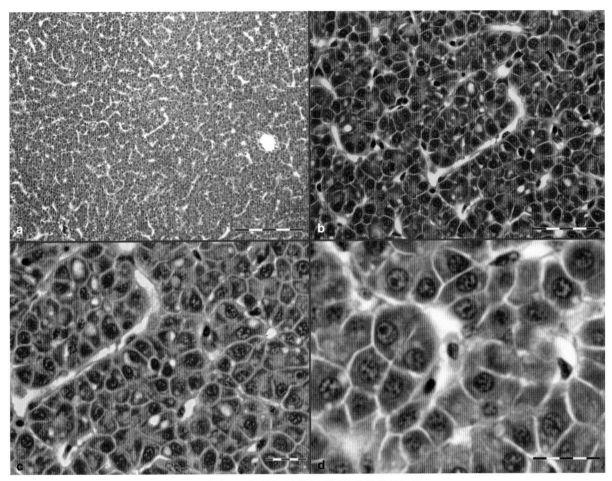

图 2-1 不同的标尺代表不同放大倍数的切片

a.标尺 =100μm， ×20 b.标尺 =50μm， ×40 c.标尺 =20μm， ×60
d.标尺 =20μm， ×100

第一节 呼吸系统（包括鳃盖和伪鳃）

　　鲑鳟头部两侧各有 4 个鳃弓，每个鳃弓支撑一个由两个半鳃组成的全鳃，鳃弓上有垂直排列成对的鳃丝（图 2-2）。鳃耙是一系列的软骨或骨质突起，由鳃弓的咽侧缘向前伸出。鳃耙在大多数的大麻哈鱼中相对稀疏，但是在不同物种间差异较大。鳃耙可形成一个网状细筛用于过滤水中的浮游生物，同时防止食物颗粒进入鳃室。每片鳃上着生一排鳃丝，鳃丝两侧各覆盖一层呼吸上皮（图 2-3）。解剖学上，这些鳃丝看起来像一片羽毛，以支撑两边连续对称分布的鳃小片。鳃丝近端 1/2 处由结缔组织和肌组织组成的鳃间隔支持，鳃间隔会减少到鳃丝长度的 1/3，在高等鱼类中甚至会完全消失。每一个鳃小片包含由支持细胞构成的一个支持架，血液沿着该支持架流入和流出鳃小片。鳃小片由两层单层呼吸上皮细胞覆盖，上皮细胞的间隔内可能会见到渗出的炎性细胞。上皮细胞的内层位于基底膜上，基膜横穿鳃小片，位于支持细胞和上皮细胞之间，因此也可为鳃小片提供额外的拉伸支持作用。然而，在光学显微镜下观察到的大多数呼吸上皮属于外扁平层，能够在水中提供大量紧密的气体进行交换，同时调节酸碱度和渗透压，分泌含氮废物。泌氯细胞和黏液细胞常靠近鳃小片基部，但在病理条件下也可见于远端，尤其是黏液细胞（图2-4）。泌氯细胞中含有丰富的线粒体，其功能是将血液中的氯化钠分泌到水体中。泌氯细胞在海水鱼中含量丰富，也是鲑银化过程中的特征性细胞，但其数量在一些病理条件下也可能增加。鳃丝间质中还含有其他细胞，包括淋巴细胞、嗜酸性粒细胞（EGCs）（图4-15）、巨噬细胞、神经上皮细胞以及棒状细胞。颗粒细胞和神经上皮细胞见于鳃小片基部，而且海水鱼中的数量多于淡水鱼。大西洋鲑鳃间隔边缘上可见大量淋巴细胞聚集，表明其可以作为一个淋巴组织，可能在鳃感染的监测中具有重要作用（图2-5）。

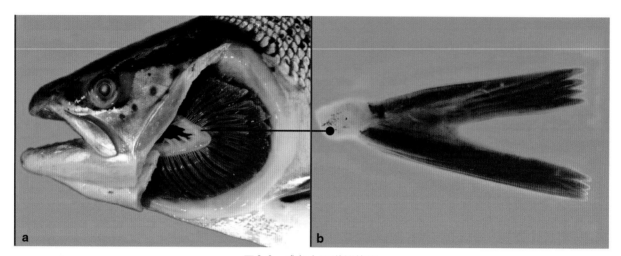

图2-2 成年大西洋鲑的鳃

a.鳃盖骨已取掉，见完整的鳃弓和鳃耙 b.全鳃的横断面，示半鳃和垂直的一排鳃丝

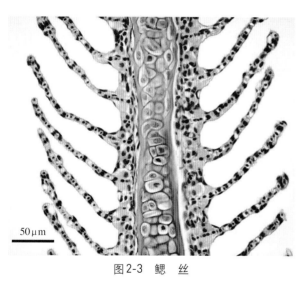

图2-3 鳃 丝

注：成年大西洋鲑的中央软骨和鳃小片、泌氯细胞位于鳃小片的基部

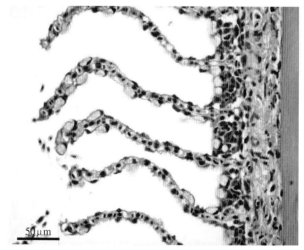

图2-4 养殖的成年大西洋鲑鳃小片上的杯状（黏液）细胞

鳃小片内毛细血管血液流向与水中气流方向相反（对流），以确保血液和水体通过呼吸上皮时发生有效的气体交换。静脉血，从腹主动脉泵出到鳃小片的输入小动脉和毛细血管，并在那里发生气体交换，从而变成动脉血。动脉血通过出鳃动脉流入到背主动脉。在口腔-鳃盖骨泵的作用下，水流会持续经过鳃小片。

伪鳃位于每个鳃盖内表面的背侧，是退化的第一鳃弓（图2-6和图2-7）。伪鳃细胞排列在毛细血

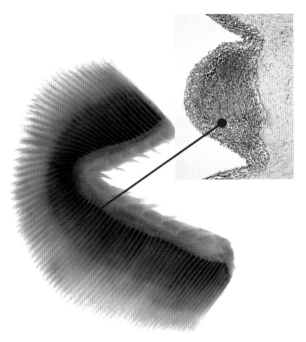

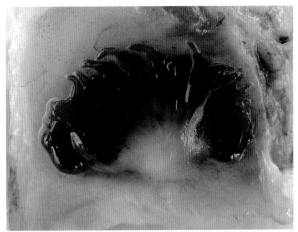

图2-6　海水养殖的成年大西洋鲑的伪鳃

图2-5　大西洋鲑鳃和鳃间淋巴组织的位置（中倍）

管脉络丛周围，可能在视网膜血液供应、渗透压
调节和传感方面起重要作用。

　　不同的致病因素会导致鳃发生不同的病理变
化，但是疾病引起的损伤需要与死后改变和人为
因素造成的损伤相区别。由于鳃的位置暴露、结
构脆弱、鳃丝血管含血量丰富且表面积较大，鳃
在死后剖解时会迅速发生改变，使得病理组织学
描述变得相对困难（图4-31）。

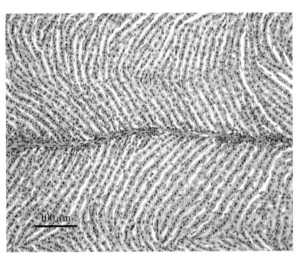

图2-7　成年大西洋鲑的伪鳃结构

第二节　循环系统（心血管和次级循环）

一、心血管系统

　　循环系统是由心脏、鳃和体循环组成的单闭合系统。缺氧血（静脉血）从心室泵出到鳃，完成
血氧交换后转换成含氧血（动脉血）分散到全身各组织器官。

　　心脏位于心包腔内，心包腔与后面的腹腔被横隔膜隔开（图2-8）。心脏包含四个部分：静脉窦、
心房、心室和动脉球（被动脉圆锥分隔）。静脉窦被认为在进化过程中已丢失，但近期研究清晰地显
示了它的存在和其在心脏输出管道中的基本作用——在心脏输出管道中支持圆锥瓣，故而曾被命名为
球瓣。缺氧血从主静脉和肝静脉流向静脉窦并穿过窦房瓣，然后进入薄壁海绵状心房。来自心房的血
液通过房室瓣进入到心室。心室为锥体状，由两层肌肉构成，外层心肌致密，能自身供应含氧血，内
层心肌呈海绵状（图2-9）。外层心肌血液由冠状动脉供应（图2-10），该动脉是第二鳃弓下动脉的分

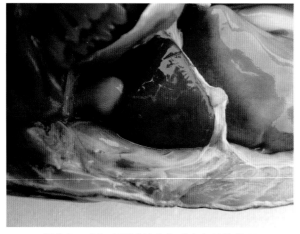

图2-8 成年大西洋鲑心包腔内心脏的位置

支，位于动脉球腹侧，再分支散布在心肌表面。内层海绵状心肌自身不能供应血液，但是其氧分和营养物质可由泵入心室的静脉血供应。图2-11为显微解剖学上的动脉和静脉血管示例。最后一个腔室是动脉球，具有由弹性纤维和结缔组织组成的厚壁。这个腔室的功能是作为一个减震器，使进入腹主动脉的血流稳定。动脉球外膜由包含在胶原蛋白基质中的血管和大的神经束组成。心脏所有的腔室都被一层扁平上皮组织覆盖，即心外膜。心外膜与覆盖在心包腔内表面的心包膜相融合。心脏的所有内表面均被心内膜覆盖。外层心肌致密层的厚度可能会随着年龄、性别和鱼类

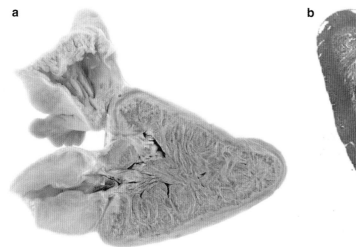

图2-9 大西洋鲑心脏

a.野生大西洋鲑心脏心房的矢状切面，海绵和致密层的心室和动脉球，福尔马林固定样品　b.大西洋鲑心室的横切面染色切片

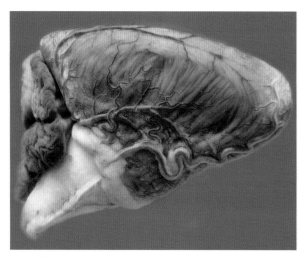

图2-10 成年养殖大西洋鲑心室和动脉球表面的冠状血管

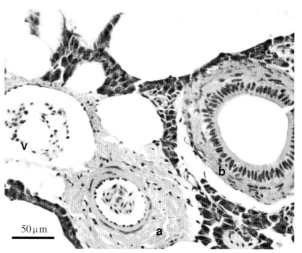

图2-11 大西洋鲑厚壁动脉（a）和薄壁静脉（v）横切面

注：图中b所示为胆管

的栖息地各异（图2-12）。心肌致密层的绝对和相对厚度随年龄而增加，且雄性厚于雌性，流水中的鱼类厚于湖中的鱼类。通常，相同大小下野生鱼的心肌致密层较养殖鱼的厚。心肌具有横纹，可通过肌纤维的分支和位于中央的细胞核区别于骨骼肌（图2-13）。

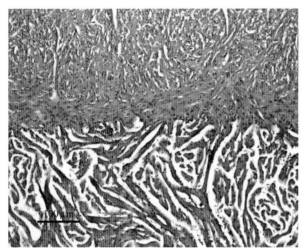

图2-12　大西洋鲑幼鲑心室致密层和海绵状心肌层之间的交界面

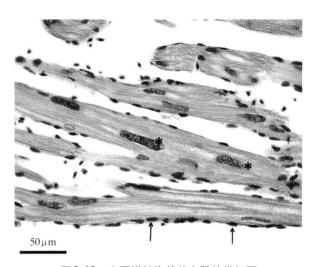

图2-13　大西洋鲑海绵状心肌的纵切面

注：＊指示的是位于中心的细胞核，箭头指示的是心内膜细胞核

血细胞

　　血液由血浆和血细胞构成。与哺乳动物相比，鱼类红细胞含有细胞核，呈卵圆形，长13～16μm，宽7～10μm。不同鱼类的红细胞数量可能不同，但是通常为 $1.05 \times 10^6 \sim 3.0 \times 10^6 /mm^3$。姬姆萨染色显示成熟的红细胞染色质浓染，细胞核呈紫红色位于细胞中心，胞浆呈均质的浅红色。胞浆内无细胞器存在，且成熟红细胞胞浆中的血红素非常丰富。外周血液主要由成熟红细胞构成，也能见到不成熟和分化阶段的红细胞。不成熟的红细胞被称为网织红细胞，相较于成熟红细胞，它们形态更圆、核更大。其他血细胞根据细胞的结构、分布和胞浆内的嗜碱性物质的数量可分为5类。正常情况下，这些细胞占血细胞总数量的1%。

　　淋巴细胞占到了鱼类白细胞总量的70%～90%。淋巴细胞分为大淋巴细胞（直径10～15μm）和小淋巴细胞（直径7～10μm），可能代表不同的功能阶段。圆形或椭圆形的细胞核几乎占满了整个细胞，边缘仅见很小的嗜碱性胞浆。胞浆可能会有伪足样的突起。鱼类中同时存在T淋巴细胞和B淋巴细胞，在先天性和获得性免疫方面具有重要作用。

　　血栓细胞具有凝血功能，在维持机体稳态[①]和防御方面也具有重要作用。典型的血小板呈细长状，但也有梭状和卵圆形的，具有凹痕。血栓细胞大小有差异（长5～8μm），包含一个较浅的嗜碱性胞浆和一个染色较深几乎占满整个细胞的细胞核。血栓细胞在虹鳟的白细胞总数中占1%～6%。

　　中性粒细胞形态学上与哺乳动物相似，通常见于炎症部位。细胞核位于边缘且呈肾形，成熟细胞中也可见2～5个彼此间相连的分叶核。这些细胞直径4～13μm，大小不等。有研究证实，在大西洋鲑中中性粒细胞的吞噬功能明显低于专门的巨噬细胞，因此推测吞噬作用不是其主要功能。它们更主要的作用可能是通过分泌相应的酶和抗菌物质进行胞外杀菌。

　　单核细胞占循环淋巴细胞总量的0.1%，是部分分化的终端细胞，在合适的条件下可分化为单核吞噬系统的成熟细胞。单核细胞直径9～25μm，相较于小淋巴细胞胞浆染色较浅，包含一个大的细

---

① 译者注：机体内环境中的各种理化因素保持动态平衡的状态，称为稳态。

胞核和一些小的颗粒物质。

当吞噬细胞渗出到血管外或从血管内迁移到组织中后通常分化成巨噬细胞，因此巨噬细胞通常在循环系统中一般不可见。它们的吞噬能力很强，但是组织中静止状态的巨噬细胞在H&E染色下通常很难与纤维细胞进行区别。

二、次级循环系统

研究发现，鱼类缺乏真正意义上的淋巴系统，但存在一个从初级循环系统中分化并与之相连的次级脉管循环系统。淋巴系统与次级脉管循环系统两者间的相似性已经被发现，并且在皮肤、鳍、鳃、口腔黏膜和腹膜内层中均可见，然而，该次级结构究竟是淋巴系统的前体还是一个巧合存在的相似结构还有待验证。

脾脏呈暗红色或黑色，是一个边缘界限清晰的弥散型器官，位于胃大弯附近。脾脏表面覆盖着薄层浆膜。脾脏通常为造血、临时储血和清除循环系统中的抗原和衰老血细胞的器官。有时可见两个或多个脾脏，位于腹腔的任意位置（图2-14）。脾脏由毛细血管和网状结构的结缔组织组成，填充了大量细胞，如幼红细胞、成熟和未成熟的红细胞、淋巴细胞、单核细胞和巨噬细胞。脾脏实质由白髓和红髓组成，称为淋巴样组织。它们围绕在小动脉周围，弥散地分布在造血红髓中。红髓由网状细胞构成的网状支架和用于支持填充血液的血窦构成。红髓和白髓间没有明显的界限，因为红细胞富集的部位与淋巴细胞富集的部位是混合在一起的（图2-15）。椭球体是脾脏的主要组成成分，是一个厚壁毛细血管网，由动脉进入脾脏后逐渐分支形成。每一个椭球体含有一个厚基膜包裹的小管，供血管通过，小管周围由多层鞘组分隔开。衰老红细胞的降解产物经H&E染色呈黄色，称为含铁血黄素，在脾脏实质中普遍可见。Perl染色可用于区分含铁血黄素沉积物（图4-22）。有数量不等的黑色素巨噬细胞，弥散分布在脾脏组织中。吞噬细胞能够大量摄取循环血液中的颗粒物质，一旦载满即可从椭球体迁移至黑色素巨噬细胞中心。

图2-14　大西洋鲑腹腔中的脾脏

注：图中有两个脾脏

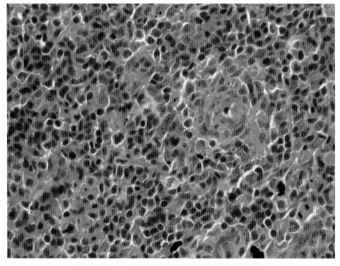

图2-15　成年大西洋鲑的脾脏（中倍）

第三节　被皮系统

　　皮肤的结构因鱼种类不同而略有不同，但基本上由两层组成：位于外层的表皮和表皮下的真皮。表皮构成了机体与外部水环境的屏障，可再次被划分为两层。外层的表皮层由复层鳞状细胞和基底未分化的高柱状生发细胞构成。在没有鳞片的头部和鳍部表皮层最厚。表皮的厚度以及表皮内分泌黏液的杯状细胞的数量随物种和进化程度的不同而有差异。杯状细胞的数量在性成熟、迁移和产卵时可能会增加，同时淋巴细胞也会出现在表皮中（图2-16）。黏液细胞有特征性的基底结构，细胞核致密。光学显微镜下，表皮位于非细胞薄层上，该层是由基底与网状板相融而形成，称为基底膜，其组成成分（如基板）仅在电镜下可见。

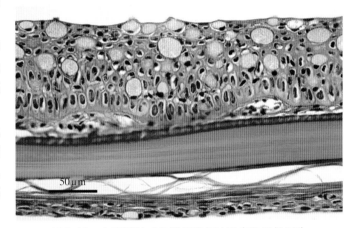

图2-16　大西洋鲑成鱼鳞片顶部的表皮和杯状细胞

　　真皮主要由结缔组织构成。组织学上可明显分为两层：上层的海绵层由疏松的胶原纤维和网状纤维组成，还包含一些色素细胞（载色体）；下层的致密层由胶原基质组成，为皮肤结构提供支持。

　　鳞片是半透明的，源于真皮嵌入表皮的非细胞片。它们由海绵层中的胶原蛋白和表皮基底膜之间的矿化基质构成。种类不同的鱼鳞片大小有差异，例如，红点鲑（Arctic char）的鳞片很小，但白鲑（whitefish）的鳞片则较大。另外，河鳟的鳞片不同于其他鲑鳟的鳞片，其鳞片大且在尾部具有特征性的压痕（其为栉状鳞片，而其他大麻哈鱼为圆形鳞片）。

　　有一层薄的细胞层覆盖于整个鳞片，与其他表皮组织不同，其成骨细胞含钙丰富。在饥饿和性成熟时期，来自鳞片的钙可被破骨细胞吸收而在鳞片的外表面留下一个疤痕（产卵的疤痕）。

　　皮下组织是深层真皮和真皮下肌肉层之间的细胞层，由疏松的结缔组织和脂肪细胞组成。在头部区域，皮下组织与真皮的致密层很难辨别。

第四节　肌肉骨骼系统

一、骨骼系统

　　骨骼系统包括骨架、软骨、韧带和起固定并连接骨骼作用的结缔组织。体壁肌肉都是横纹肌，横切面（图2-17）上可以分为4个区。肌肉都是由肌块、肌节、肌分节组成（图2-18和图2-19）。肌间隔分离并把肌节固定在一起。骨骼肌中的厌氧肌由白色肌纤维组成，血管含量相对较少，所含线粒体也少，适用于暴发性和迅速的游动。红色需氧肌为一个三角形带，位于侧翼的侧线下方，其血管丰富，富含肌红蛋白、糖原、脂质体和线粒体（图2-20）。红色肌肉主要功能是维持长期的持续游动和调节游动速度。骨骼横纹肌不同于心脏横纹肌，其细胞核位于边缘而不是中心。

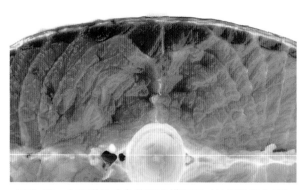

图2-17 大西洋鲑成鱼的肌肉横切面（示红肌和白肌）

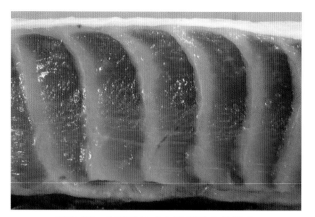

图2-18 大西洋鲑成鱼腹侧壁上的肌节

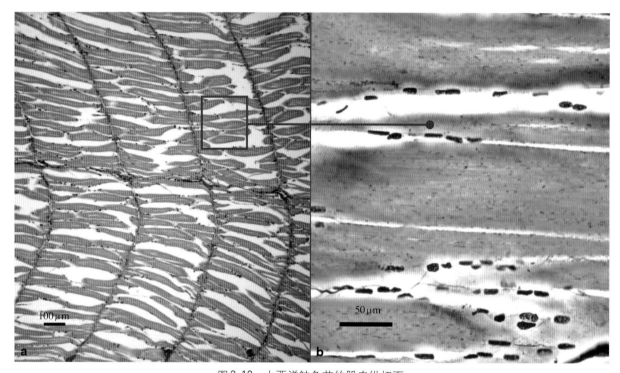

图2-19 大西洋鲑鱼苗的肌肉纵切面

a.鱼苗身体壁肌的纵切面（示肌节的排列） b.切入的图片为Wilder银染

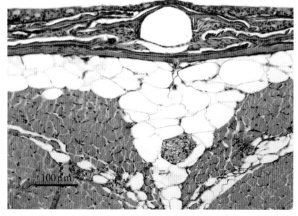

图2-20 大西洋幼鲑的表皮、鳞片、体侧线和红肌、白肌（横切面，低倍）

二、鳍

鲑鳟有完整的一组鳍条。每个鳍条由与身体表皮连接的复层扁平上皮所覆盖。真皮致密层变薄，但皮下组织比身体其他部位厚。奇鳍包括背鳍、脂鳍、尾鳍和臀鳍，偶鳍包括胸鳍和腹鳍并有骨支撑。腹鳍埋入腹部肌肉组织，作为漂浮的结构。非配对的奇鳍通常支撑在小的带肌肉组织隔膜的骨骼上。尾鳍由最后面的尾椎骨演变而来，形态几乎为对称的板状结构，上面为柔软的鳍条。

脂鳍位于背鳍和尾鳍之间，虽然名字叫脂鳍，但没有任何的脂肪组织和骨组织支撑。关于脂鳍的功能，有研究证明其可作为尾前面的一个流量传感器，因此如果切除，将会影响鱼的游泳效率。

第五节　排泄系统

像大多数鱼类一样，鲑鳟鱼类以氨的形式释放含氮废物，其中鳃可以通过扩散将这些化合物排出到周围的水环境中。排泄系统的主要器官仍然是肾脏，其首要功能是过滤血液中的废物以维持体液平衡，收集和排放代谢产物，并维持pH稳定。

肾脏

肾脏由许多紧密融合的单元构成，形成了一个单独的器官。肾脏位于腹膜后，延伸长度几乎等同于体腔的长度，与腹侧的脊柱和背侧的鳔相连接。肾的前部通常被称为头肾，几乎全部由血液和淋巴组织构成（图2-21），后部功能主要是排泄，功能单位称为肾单位（肾小球和肾小管），嵌入造血组织中（图2-22）。

图2-21　虹鳟的水平切面（示头肾）

注：头盖骨末端的Y形部分为头肾

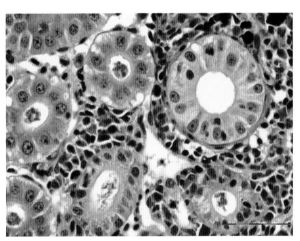

图2-22　肾小管和间质组织

生活在淡水中的鲑鳟，肾单位典型的特点是有一个相对较大的肾小球，可填满肾小囊（Bowman氏囊）（图2-23）。肾小管始于肾小囊，为短颈段，以带纤毛的低立方上皮为特点。根据细胞特点将该部分分为两段：第一段细胞嗜酸性，具有刷状缘，呈立方形或柱状；第二段细胞高柱状、细胞核居中。与第一段相比，第二段上皮细胞的刷状缘更明显，但其管径较小。偶尔可见一个可变的中间段，其立方上皮更多且更低。刷状缘呈间断性的，当它到达远端小管时就消失了。

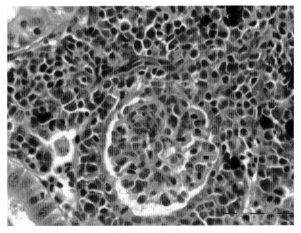

图2-23　大西洋鲑成鱼肾间质组织中的肾小球

每一个集合管系统终止于中肾管（图2-24）。组织学上的近端小管比颈段和远端小管内腔宽。在肾小球内，红细胞位于毛细血管腔内，可区别于肾小球系膜细胞核、毛细血管内皮细胞核以及肾小囊内层足细胞。生活在海水环境的鲑鳟，其肾小球体积相对较小，数量相对较少，且缺乏肾小管的远端部分。收集管将尿液运输至输尿管中，输尿管最后汇合形成膀胱（图2-25）。

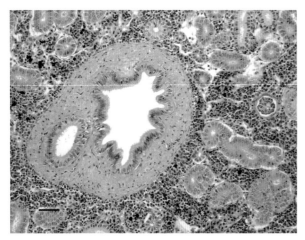

图2-24　养殖虹鳟的收集管和有平滑肌壁的输尿管　　　　图2-25　成年大西洋鲑的输尿管融合形成小的膀胱

从功能上讲，后肾的主要作用是维持内环境中水、盐的稳定，因此它需要适应外界的水条件。在淡水中鱼类是高渗的，因而其肾单位必须节约盐和消除通过鳃进入身体的多余水分。相反，鱼类在高于体内渗透压的海水环境中产生的尿液不足，尿液中包含了不同的二价和三价的电解质和含氮的终产物，肾单位必须通过减少尿量来防止机体脱水。这个功能是通过肾小球的高滤过率、近端小管对盐分的再吸收以及远端小管对尿液的进一步浓缩来完成的。氨、尿素和单价电解质主要通过鳃排出。

第六节　消化系统

消化系统由消化道和消化腺（胃腺、幽门盲囊、肝、胰腺和肠腺）组成（图2-26），消化道包括口腔、咽、食道、胃和肠道等部分，其主要功能是进行食物的消化。

口腔包含舌头和牙齿。舌头相对不发达，由结缔组织构成，通常是一个刚性结构，表面覆盖着上皮细胞和许多单细胞腺（图2-27）。舌头的黏膜上皮由复层上皮组织构成，包含许多味蕾和黏液细胞。口腔壁可见固有层和黏膜下层，但黏膜肌层和黏膜下层通常不易识别。牙齿通过结缔组织与骨骼相连。牙齿的牙髓主要由结缔组织构成，位于牙齿中央。成牙本质细胞排列在牙髓的最外层区域，分泌牙本质。这些牙齿不具备咀嚼功能，但在捕获和撕裂猎物过程中发挥重要作用。

尽管消化道的不同区段存在组织学结构差异，但从内到外基本可分为：黏膜层、黏膜下层、肌层和浆膜层（图2-28）。黏膜层由单层柱状上皮细胞和黏液细胞组成的上皮层和富含毛细血管的疏松结缔组织组成的固有层构成。黏膜下层由不规则致密结缔组织构成，对黏膜层起支持作用，并连接肌肉层。黏膜肌层是一层薄的纵行平滑肌层，浆膜层实际上是一层薄的腹膜脏层。

咽的黏膜上皮由复层上皮细胞构成，形成一层较浅的褶皱。外层的上皮细胞呈扁平状，基底层的上皮细胞呈柱状。在褶皱处的底部（隐窝）可见大量的黏液细胞。咽的黏膜含有一层固有层，但是没有黏膜肌层。肌层由一层厚厚的环行肌和一层较薄的纵行肌组成，两层肌层都属于横纹肌。

食管较短，且管壁的肌层较厚，伴随黏膜纵向排列折叠，以便吞咽和推进食物颗粒。食管开口

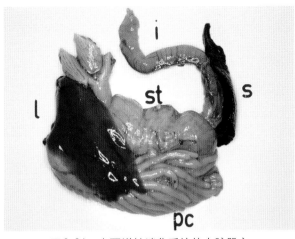

图2-26　大西洋鲑消化系统的内脏器官

l.肝　pc.幽门盲囊　s.脾脏　st.胃　i.肠

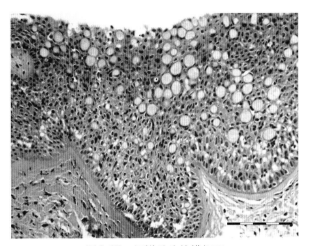

图2-27　虹鳟舌头的横切面

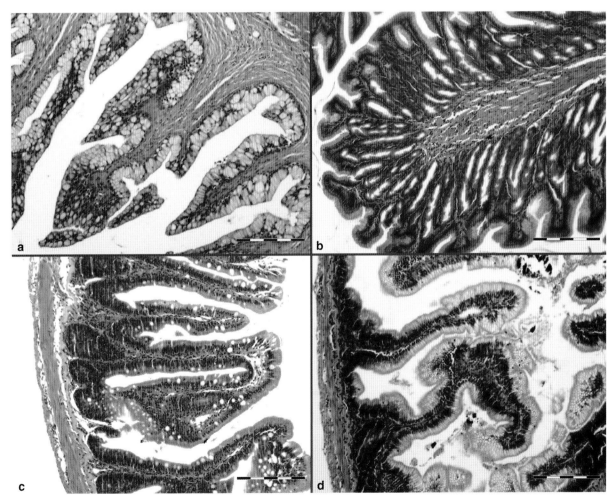

图2-28　虹鳟肠道的横切面（标尺＝20μm）

a.食管　b.胃　c～d.前肠

处的黏膜包含许多黏液细胞和味蕾。该区域缺乏黏膜肌层，可与其他部位的消化道进行区别。

　　胃和肠道的致密层位于固有层和黏膜肌层之间，由致密的胶原纤维构成。嗜酸性粒细胞

（eosinophilic granular cells，EGCs）通常会出现在致密层，并在该层的内层和外层形成嗜酸性粒细胞层。该细胞被认为与鱼类的肥大细胞联系紧密。EGCs层有时被称为颗粒层。

胃呈U形，由贲门部（前段）、胃底部和幽门部组成。每个部分都有一层单层形成皱褶的黏膜上皮。在贲门部皱褶较浅，在胃底部和幽门部皱褶变深。上皮细胞在立方状和高柱状之间变化，细胞核常位于细胞的基底部分。胃腺位于固有层，通常伸入到黏膜皱褶的隐窝处。

胃的底部是一个盲囊，其特点是含有许多胃腺体，幽门部则可能缺少胃腺体。

幽门盲囊含有一个盲端，呈指状突起，从胃的幽门瓣和前肠区域向外延伸（图2-29）。它们的结构和功能类似于具有多皱褶型上皮细胞的肠道，在此脂肪被分解为脂肪酸和甘油。幽门盲囊扩大了营养吸收的表面积，还有助于保持水盐平衡，在渗透调节方面发挥着重要作用。

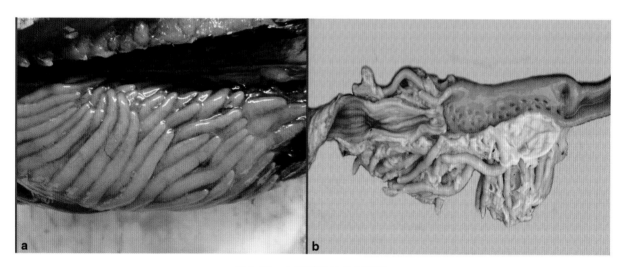

图2-29 大西洋鲑的幽门盲囊

a.幽门盲囊 b.打开的胃和幽门部，显示胃皱褶和进入幽门盲囊的开口

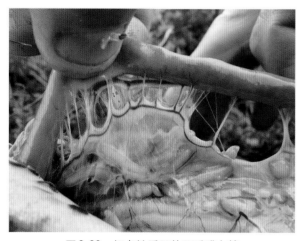

图2-30 红点鲑后肠的肠系膜血管

肠道从胃的幽门部一直延伸到泄殖孔，包括十二指肠、前肠、后肠和直肠。肠道的主要功能是吸收脂质、蛋白质和电解质离子。肠系膜是双层的腹膜，具有褶皱，将小肠连接在它背侧的体壁上。肠道的血管和神经系统位于肠系膜中（图2-30）。胆管、胰腺导管和幽门盲囊均开口于十二指肠，前肠和后肠可以通过黏膜皱褶的形状进行区分。比如虹鳟，其肠道肌层较厚并有许多黏液细胞，前面部分皱褶较浅，后面部分皱褶变深。

泄殖腔口有发达的括约肌，位于臀鳍前方，与直肠相连，且具有比肠壁更厚、更发达的肌肉，扩展性较好。术语"vent"一词专门定义为消化道或者肛门的外部开口。但广义上这一术语被用来指某些对外开口的区域，包括消化道后部、尿殖乳突、生殖腔、生殖孔以及泌尿道和膀胱的最后一部分，由腹腔后壁、腹部的毛孔以及邻近区域下的脂肪、肌肉包裹形成（图2-31）。一对腹部毛孔连接着腹腔和腹腔后的外部，它们穿过两侧体壁，分别位于泄殖腔口和泌尿生殖区的内部或外部。

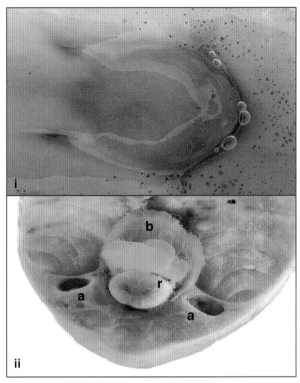

图2-31　大西洋鲑泄殖腔口外观（i）和福尔马林固定的
大西洋鲑泄殖腔口横切面（ii）

a.腹孔　b.膀胱末端　r.直肠

一、肝脏和胆囊

肝脏是一个体积较大的红棕色实质器官，通常位于腹腔的左前部，其前部邻近横隔。肝脏实质部分由立方形的肝细胞组成，它们排列成条索状，其间有网状纤维和结缔组织起支持作用（图2-32）。肝细胞为近似圆形的多边形，每个细胞内

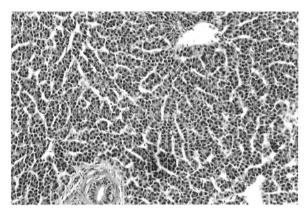

图2-32　大西洋鲑的肝脏（低倍）

注：血管（顶端）和胆管（底部）

含有一个球形细胞核，通常核内包含一个核仁，细胞质内含有不同数量的脂质和糖原，其含量不同属于正常的变化，也和鱼的营养状况有关。北极红点鲑肝脏的正常结构可见图2-33。血液主要通过肝血窦进行过滤，肝血窦是由肝索排列形成的网状结构。吞噬作用和颗粒抗原递呈是肝脏重要的免疫功能。此外，肝动脉和门静脉都进入肝脏。

胆汁由肝细胞分泌后进入胆小管，然后进入细胞外胆小管，细胞外胆小管汇聚形成胆管，随后与肝管连接开口于十二指肠。肝管的一个分支被称为胆囊管，可将胆汁导入胆囊进行存储（图2-34）。胆囊壁很薄，具有收缩性，当食物（特别是脂肪类食物）经过十二指肠时可收缩。

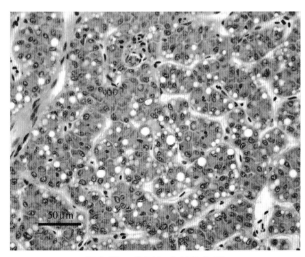

图2-33　北极红点鲑的肝脏

图2-34　成年的养殖大西洋鲑完整的胆囊

二、胰腺

胰腺是一个弥散性器官，散在分布于整个脂肪组织中，主要盘绕在幽门盲囊附近的肠系膜脂肪中。从功能上讲，胰腺既是一个消化器官又是一个内分泌器官。

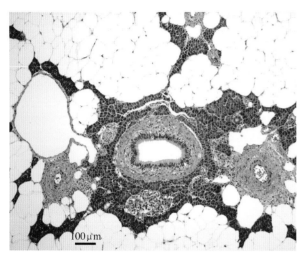

图2-35 正常胰腺的内分泌、外分泌组织和导管

胰腺的外分泌部组织的结构是一个明显的成群"腺泡细胞"簇，细胞质呈强嗜碱性，因此H&E染色呈紫色（图2-35）。基部固着的细胞呈三角形或多角形，具有清晰的细胞核和核仁。摄食较多的鱼，可见明亮的嗜酸性分泌型酶原颗粒遍布于腺泡细胞浆中。当酶原颗粒的数量较高时染色偏深，数量较低时染色偏浅。饥饿和疾病会导致胰腺细胞萎缩和胞浆中酶原颗粒的数量减少，因此变成嗜碱性且体积缩小。从这些细胞中分泌的消化酶通过一系列的管道被引至回肠前段，参与蛋白质、脂肪和碳水化合物的降解。

胰腺的内分泌部呈囊状，存在于腺细胞集群中，胰岛存在于脂肪细胞之间或者被外分泌组织围绕。胰岛细胞排列成条索状，通常被认为具有三种不同功能的细胞：α（A），β（B）和δ（D）细胞，它们能够分泌包括胰高血糖素和胰岛素在内的激素。

三、鳔

鳔来源于胃肠道的前部，是一个可以通过充盈或排空气体来调节浮力的器官。在原始鱼类中，鳔通过一个管道与食道相连，该管道被称为鳔管（管鳔类鱼）。而在高等硬骨鱼的进化过程中这种连接结构消失（闭鳔鱼），鳔的填充依靠"泌气腺"（图2-36和图2-37）。解剖学上，鳔位于腹腔的背侧，充满气体时清晰可辨。组织学上，鳔壁可分为3层：内层的黏膜层、肌肉层和最外面的纤维结缔组织层。

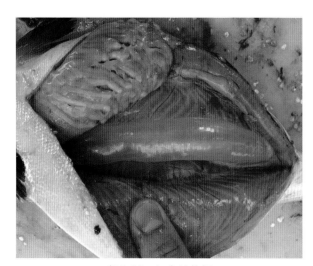

图2-36 红点鲑的鳔

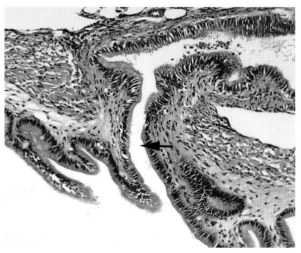

图2-37 位于食管和鳔之间的鳔管（低倍）

注：底部为食管，顶端为鳔，箭头所示为鳔管

第七节　感觉系统

鱼类感觉系统包括皮肤感觉器官、嗅觉器官、味觉器官、平衡器官、听觉器官以及视觉器官。嗅觉感觉神经元通过鼻腔特殊的感觉细胞介导来获得嗅觉（图2-38）。本节仅介绍机械性刺激感受器，如侧线和视觉系统，因为这些是容易出现组织病变和感染的重要区域。

一、侧线

动力感觉传导侧线系统包含一系列受体器官，由神经丘构成，位于头和躯干的上皮组织或腔道中，受许多由后脑发出的侧线神经支配。这个感官系统能够感受周围水流的运动和振动，在相对短的距离内促使鱼做出单向或振荡运动。躯干的侧线管道很容易观察到，是一个较直且界限清晰的线，沿身体侧面的中上部延伸（图2-39）。它由一些末端含有孔洞且相互重叠的短节段鳞片（侧线鳞）构成，侧线鳞连接相邻的重叠鳞片形成一个连续的充满黏性液体的管道。还可见到其他穿透管壁的孔洞，它们提供了额外的进入外环境的通道。每个侧线鳞中含有一个神经丘，此外，浅表的神经丘或者"辅助神经丘"，也可能位于靠近躯干侧线管的上皮内。

二、视觉

鱼类的眼睛是一个精细且高度特异性的结构，因其暴露于外环境中，且缺乏起保护作用的眼睑，所以格外容易受伤。鱼类眼睛类似于其他脊椎动物（图2-40），其功能是收集和聚焦光线并将其转换为神经冲动。鲑鳟鱼类的眼睛由角膜、虹膜、晶状体、巩膜、脉络膜和视网膜组成（图2-41）。角膜不含色素，由一层复层鳞状上皮组成，且基底膜较厚，角膜与水有相似的折射率，因此与眼睛表面无关。晶状体呈球形，含有3层：第一层是不透明的鞘状囊结构，由第二层分泌形成；第二层组织的细胞有活跃的生理活动，有核，

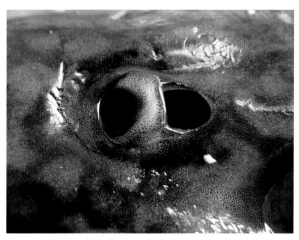

图2-38　成年湖鳟的鼻孔

图2-39　河鳟正常带有鳞片的皮肤（可见侧线）

图2-40　河鳟的眼

能够分化，具有分泌功能；第三层由无核的长条形透明细胞并列组成，是晶状体中体积最大的部分。晶状体透过虹膜向外突出，给动物提供了较宽的视野。为了适应视觉调节的需求，晶状体收缩肌必须向内伸向视网膜。虹膜受括约肌固定，其扩张肌发育不良。眼球最里面的组件是对成像较为敏感的视网膜。脉络膜中的血管形成了一个巩膜下的毛细血管网，为视网膜提供营养。视网膜可分为8层：色素细胞层、视杆视锥层、外核层、外网层、内核层、内网层、神经节细胞层和神经纤维层（图2-42）。

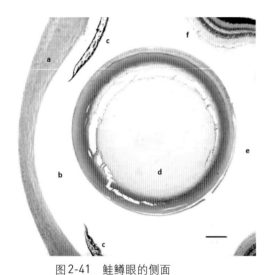

图2-41　鲑鳟眼的侧面

a.角膜　b.前室　c.虹膜　d.晶状体　e.玻璃体　f.视网膜

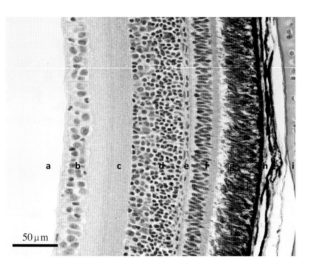

图2-42　银大麻哈鱼的视网膜分层结构

a.玻璃体　b.神经节细胞轴突　c.内网层和神经节细胞层
d.内核层　e.外网状层　f.视杆细胞和视锥细胞的细胞核
g.视杆细胞和视锥细胞　h.色素上皮　i.巩膜的软骨组织

在视网膜的脉络膜层可见一个逆流系统，其血管结构（脉络膜细脉网）从脉络膜血管穿过伪鳃，血液由眼动脉的一个分支血管和脉络膜血管供给。氧分压和膜层发育紧密相关表明脉络膜细脉网膜在维持视网膜高氧压方面起了重要作用。

第八节　神经系统

神经系统可分为脑脊髓神经系统和植物神经系统（又称自主神经系统）。脑脊髓神经系统包括大脑、脊髓、神经节、颅神经和脊髓神经，植物神经系统又包括神经节、交感和副交感神经，其与内分泌系统紧密联系并相互依赖。总的来说，神经系统的主要功能是对器官的管理和控制，以及进行机体和外部环境的连通。组织学上，神经系统细胞主要由两种基本类型的细胞组成，即神经元和神经胶质细胞。

一、大脑

鱼的大脑与其他脊椎动物相似，有相同的基本区域，但解剖部分之间的比例是不同的，尤其是中脑的视神经叶非常明显（图2-43）。传统意义上的大脑被分为五个不同的部分：端脑、间脑、中脑、后脑和延脑。大脑周围的保护层被称为脑膜，成为血液和脑脊液之间阻挡病原体的一个重要屏障（图2-44）。鱼类的大脑与哺乳动物相比相对较小，而嗅叶则较发达，且处于支配地位。与哺乳动物相比，

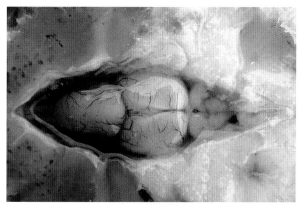

图2-43　成年大西洋鲑的大脑

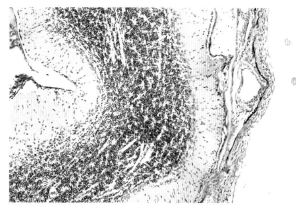

图2-44　小脑颗粒层（低倍）

鱼类大脑皮层缺少明显的组织学分层。

间脑的腹侧部分，包括下丘脑，称为漏斗状器官，在鲑鳟鱼类中较为发达。在这里产生三种重要蛋白质，是脑脊液的重要组成成分。

端脑组成结构位于间脑腹侧中线，其包含的视交叉神经、脑垂体（垂体）和腹侧脉络丛被合称为"血管囊"。在视交叉神经中，来自视网膜的神经纤维在进入大脑之前相互交叉。复杂的脑下垂体是一种神经上皮结构，支配部分内分泌器官，参与机体的渗透调节、性腺发育、生长和黑化作用。血管囊是一个拥有血窦的囊状结构，与眼睛的脉络丛十分相似，并与第三脑室相通。间脑的背面是松果腺（松果体）。松果体含有丰富的血管，是个非成像的光感受器结构，位于头骨较薄且无色素的区域下，从而允许光线到达该结构（松果体"窗口"）。这个结构可以检测到环境中光的改变（秋天光线减少，春天光线增加），对季节性生理调节具有重要作用，例如银化作用[①]。中脑高度发达，并具有两个显著的视神经叶（中脑盖），反映出视觉对这些鱼的重要性。在中央部位，存在一个较大的内腔（中脑室），里面充满脑脊液。后脑比较发达，背部折叠的区域称为小脑，负责运动协调。延脑是颅神经的发出处，是脊髓的开始部分（延髓）。

二、交感和副交感神经及神经节

交感、副交感神经系统组成自主神经系统负责调节机体的一些功能，主要是参与对脑脊髓系统的拮抗反应。两者皆能支配包括消化道、心脏、鳃在内的大多数内脏器官。

第九节　内分泌系统

腺体衍生物如甲状腺、胸腺和后鳃体在胚胎发育过程中起源于咽。甲状腺激素在鱼适应海水环境的过程中起到辅助作用，甲状腺滤泡分布在整个咽部区域的结缔组织中，也可以在眼睛、腹主动脉、肝静脉和前肾主动脉周围观察到，组织学上与哺乳动物的甲状腺组织相似（图2-45）。胸腺位于咽部的背外侧，其腹侧表面覆盖着黏膜上皮（图2-46）。

在头肾和后肾的连接部分布有斯坦尼斯小体（corpuscles of Stannius），呈囊状，在钙代谢过程

----

① 译者注：降海（湖）溯河型鱼类在降海（湖）之前，体色变成银白色，幼鲑斑消失，鳞片易剥落，这一生态现象称为银化。

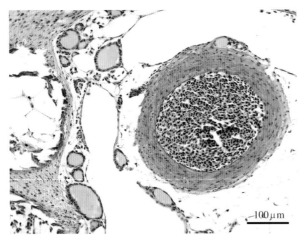

图 2-45 大西洋鲑幼鲑腹主动脉附近的甲状腺滤泡

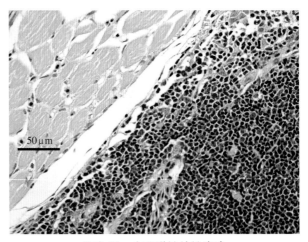

图 2-46 大西洋鲑幼鲑胸腺

图 2-47 溪红点鲑肾边缘的斯坦尼斯小体

中具有内分泌调节的作用。斯坦尼斯小体由于分布在肾组织的深部，在眼观上并不易见到（如图 2-47 和图 2-48）。在肾组织间隙中通常会出现黑色素巨噬细胞，其胞质中沉着有数量不等的单个或成串的色素。黑色素巨噬细胞的数量常随着年龄和疾病状况呈特征性地增加。肾脏也含有内分泌腺，如位于后主静脉壁的嗜铬细胞能释放肾上腺素和去甲肾上腺素进入血液循环中。大多数硬骨鱼类的肾上腺皮质（又叫肾间组织）环绕主静脉分布（图 2-49）。

在食道穿过横膈处的腹侧有后鳃腺，是小型的内分泌腺，起源于咽部。能够分泌降钙激素降低血钙水平，并且与降钙素（由斯坦尼斯小体分泌）一起调节钙的代谢。来自上丘脑的松果体可产生黑色素。

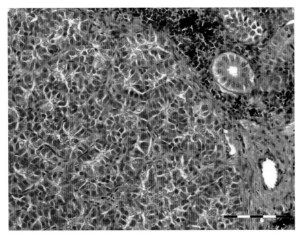

图 2-48 大西洋鲑肾内的斯坦尼斯小体（标尺＝100μm）

注：左侧为斯坦尼斯小体

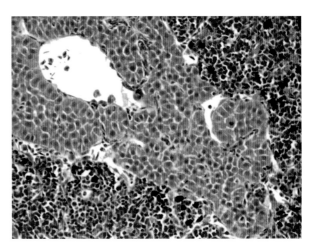

图 2-49 虹鳟头肾的肾上腺皮质组织（低倍）

注：肾间质中有黑色素巨噬细胞

第十节　生殖系统

一、卵巢

卵巢是成对的囊状器官，位于腹腔的背外侧（图2-50），由不同发育阶段的卵泡、间质、血管和神经组织组成，并由被称为卵巢系膜的肠系膜悬系在腹腔顶壁。输卵管不完整，成熟的卵子先流入腹腔后部，再通过泌尿生殖乳突汇集。

幼鱼卵巢较小，为黄色或橙色的球体。卵泡相互排列形成一条中空的腔，卵细胞成熟时就会被传输到该腔。成熟的卵原细胞由单层上皮细胞包围，这些聚集的卵细胞与上皮细胞被称为卵泡。上皮细胞随着卵子的发育而生长，并被逐渐增厚的透明囊状结构分离开，即所谓的"透明带"。

成熟过程中卵原细胞逐步成为初级卵母细胞和次级卵母细胞。卵母细胞随着卵黄颗粒进入细

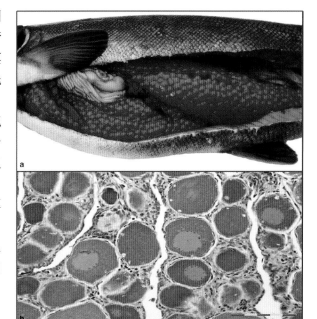

图2-50　卵巢和卵母细胞

a.成年大西洋鲑的卵巢　b.虹鳟鱼苗发育中的卵母细胞，标尺＝100μm

胞质而不断扩大（卵黄形成），滤泡上皮也随之增厚。随着卵母细胞的不断增长，卵黄颗粒将会填满整个卵母细胞质。卵子至发育成熟的阶段会发生相应的形态变化。例如，卵子因为卵黄颗粒的聚集而变成半透明。在性成熟过程中，卵子几乎可以填满整个腹腔。检查处于卵子发生过程中的卵巢，会发现卵母细胞的生长不同步，可以看见卵黄生成的不同阶段、大小不同的卵母细胞。组织学上，成熟的卵子的特点是具有半透明的细胞膜和明显的动物极，细胞核位于卵孔处。

二、精巢

精巢是一对囊状器官，外面包有结缔组织，由肠系膜悬吊在腹腔顶壁，该肠系膜被称为精巢系膜。幼鱼时期的精巢呈细线状，雄鱼成年后可生长为较大的白色松弛器官（图2-51）。雄配子成

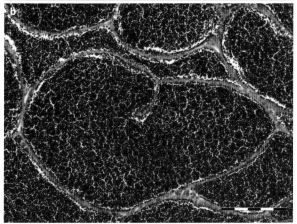

图2-51　精巢和精原细胞

a.大西洋鲑成熟的精巢　b.充满不同直径球形精原细胞的精小叶

熟的过程包括生精上皮发育为精原细胞和精母细胞，并形成次级精母细胞。最终这些细胞经过减数分裂成为单倍体精子，包含头部、中间部分和一个长尾巴。精子来源于原始生殖细胞。它们中的一些分化形成初级精原细胞，然后再分化为精母细胞，形成精小囊，另外一些则保持静止不分裂。在成熟过程中，精小叶中挤满了大小不同的球形精原细胞，小叶中的精小囊不同发育阶段的精原细胞更多。细胞有丝分裂象明显。大多数精小囊包含初级精母细胞和次级精母细胞，少部分包含了准备排入小叶腔的精子。输精管是主要的精子收集管，收集成熟精子到泌尿生殖乳突的排泄道。

延伸阅读 ▼

Buckland-Nicks JA, Gillis M, Reimchen TE (2012) Neural network detected in a presumed vestigial trait: ultrastructure of the salmonid adipose fin. Proc Biol Sci 279:553–563

Icardo JM (2006) Conus arteriosus of the teleost heart: dismissed, but not missed. Anat Rec 288A:900–908

Nematollahi A, Shadkhast M, Shafeie S, Majidian F (2011) Circulatory system of rainbow trout *Oncorhynchus mykiss* (Walbaum): a corrosion cast study. Appl Ichthyol 27:916–919

Pieperhoff S, Bennett W, Farrell AP (2009) The intercellular organization of the two muscular systems in the adult salmonid heart, the compact and the spongy myocardium. J Anat 215:536–547

Pulcini D, Russo T, Reale P, Massa-Gallucci A, Brennan G, Cataudella S (2012) Rainbow trout (*Oncorhynchus mykiss*, Walbaum) develop a more robust body shape under organic rearing. Aquac Res. doi:10.1111/j.1365-2109.2012.03236.x

Savić N, Rašković B, Marković Z, Poleksić V (2012) Intestinal histology and enterocytes height variation in rainbow trout (*Oncorhynchus mykiss*) grown in cages: effects of environmental conditions. Biotechnol Anim Husb 28:323–332

Witten PE, Huysseune A (2009) A comparative view on mechanisms and functions of skeletal remodelling in teleost fish, with special emphasis on osteoclasts and their function. Biol Rev 84:315–346

Wittenber G, Jonathan B, Wittenberg BA (1974) The choroid rete mirabile of the fish eye. I. Oxygen secretion and structure: comparison with the swimbladder rete mirabile. Biol Bull 146:116–136

第三章 鱼体剖检和组织病变的识别

摘 要 <<<<<<<<<<<<<<<<<<<<<<<<<<<<<<<<<<< ●

　　鱼体剖检是调查野生鱼和养殖鱼类健康的重要环节。对于人工养殖鱼，饲养管理、饵料的使用、详细的发病死亡史、行为变化、体重和长度、运输管理以及摄食反应方面的信息都是常见的研究其健康过程的重要因素。对于野生鱼而言，应尽可能多地收集环境信息，记录这个地区并发的或最近发生的影响物种的环境因素，比如生长环境中的水温、化学因子和物理影响因素。本章描述了鱼体剖检程序，并重点介绍了组织学检查中的样品采集方法。

关 键 词：鱼体剖检

第一节 绪 言

　　尸体解剖或者尸体剖检的英文necropsy一词来源于希腊语。动物尸体剖检与人体剖检一样，是一种对机体进行检查的医学程序，用以分析病变和死亡的原因。剖检需要对身体内外结构、器官和组织进行系统的观察，并采集需要进一步分析的样品。无论是个体水平还是群体水平，鱼体剖检在调查野生鱼和养殖鱼的健康中都起着重要的作用。鱼的健康评估需要从调查它们的栖息环境开始，此时可观察其临床体征、所生存的水环境和大环境。对于养殖鱼，还需检查与健康密切相关的饲养管理和饵料使用信息。通过记录群体中的感染死亡数量或者对群体中个体感染情况进行详细的评估，可以确定疾病死亡率、传播途径和发病症状。如果疾病引发了死亡，需要详细记录每天的死亡率和最后总的死亡率，并且记录死亡鱼的年龄、种类和来源；同时，注意观察鱼的行为变化，包括游泳姿势、在水体中的活动位置以及呼吸模式。鱼的平均长度和体重、运输和拉网等管理情况以及摄食反应方面等信息也是评估养殖鱼类健康的重要因素。对于野生鱼而言，应尽可能多地收集环境信息，记录养殖环境中的水温、化学因子和物理影响因素，同时关注同一地区并发的或最近发生其他水生或陆生物种的感染性疾病。

　　与陆生动物相比，活鱼的实验室检查方法相对较少，临床诊断的结论通常不能确诊疾病。因此，鱼体剖检成为诊断鱼类疾病的重要环节。本章描述了鱼体剖检程序，并专门介绍了组织学检查中最常规的样品采集方法。当然，在进行剖检的同时也需要采集其他的样品进行分析，如微生物分析、血液或组织样品的免疫学和血清学检测以及相关的分子研究。关于这些分析检测，不在本书中进行详细讨论。

第二节　样品数量和麻醉

评估鱼的健康时，样品的数量可以因研究目的不同而改变。例如，对于需要申报的疾病进行自主鉴定时，通常要遵守世界动物卫生组织（Office International des Epizooties, OIE）的指导。样品的数量依据特定病原引起流行性疾病的规模来确定。在临床健康群体中，要获得95%～98%的检出率，至少需要检测30尾鱼。相反，对于疾病的调查，只需5～10尾行为异常或者具有特征病变的鱼体即可。剖检之前（如组织和体液的采集），鱼体应先放置在较小的容器中，便于进一步观察。在整个剖检过程中，鱼体需进行人道主义麻醉，理想的方法是使用过度麻醉或低温环境。

第三节　剖检程序

一、外部检查

进行剖检时，将鱼放在一个既可以防止污染又便于观察的器皿里，钢托盘通常是较为理想的选择，既耐用又易于消毒。通常情况下对于梭形鱼（如鲑科鱼），需要将鱼的头部置于托盘左边，这样在解剖时不容易引起器官移位，也易于观察其内脏结构和采集组织。不同种类和体型（如鲽形目）的鱼需要采用不同的剖检方法。鱼的剖检应在低温环境下进行，整个剖检过程需要进行详细的记录，并标记所有的异常现象，记录畸形的位置和样品的采集方法。关于整个动物、组织或组织切片中一些解剖位置的术语见图3-1。

体长小于2.0cm的鱼，可以在解剖显微镜下进行剖检。必要时，可采集皮肤、黏液或者鳃组织用于快速分析。做组织学检查时，该规格的鱼可整条保存，固定时需要剪开腹腔或去除腹鳍，以便固定液渗透到体腔保证固定充分。体长大于2.0cm的鱼，也可采集新鲜组织样品或体液进行分析，但是用于组织学检查的样品需要使用手术刀、剪刀和镊子进行解剖。

鳃是一种脆弱的组织，一旦暴露在空气中，就会迅速地发生改变或干燥，所以需要立即检查。由于鳃受到鳃盖的保护，观察时需要用镊子将鳃盖掀起，有时可能需要剪开鳃盖以接近鳃弓。当鳃出现贫血、黏液增加、血凝块或者寄生虫感染时，需要采集鳃丝或鳃弓进行进一步诊断。对于相对小的鱼，可采集第一或第二鳃弓；而体格较大的鱼只需采集部分鳃组织（图2-2）。取样时，用镊子夹紧鳃弓（不会成为样品的地方），小心地用手术刀或剪刀剪取一部分组织，注意不要压迫到鳃丝，然后迅速将组织放进固定液中。在鲑鳟中，鳃盖内表面的伪鳃（图2-6）是黏原虫门小囊虫属许多种类（*Parvicapsula* spp.）寄生虫的靶组织，所以必要时需要进行检查和取样。

体表检查时需要观察记录皮肤和鳍条的完整性，体表颜色的变化，黏液是否增多，鳞片的凸起或脱落，以及是否有溃疡、出血（如瘀点）、眼球突出、寄生虫感染、骨骼变形或肌肉萎缩等现象。由于皮肤与外界环境直接接触，所以容易受到各种刺激而造成损伤，包括原发和条件致病菌的感染。更为重要的是，像触碰和拉网等这样的机械损伤也会影响鱼的健康。在剖检过程中，一些表观的异常变化是显而易见的，而其他的病变只能借助光学显微镜通过组织学检查才能辨别。采集的皮肤样品应包含感染坏死区域和边缘的正常组织，还应该包含表皮和一些下层肌肉。标准的皮肤样品应包含红肌和白肌，通常背鳍下的侧线区域是默认的取样区。鱼体表的不同部分具有特定的结构，如头部皮肤缺

图3-1 剖检切面（野生红点鲑）

少鳞片，因此皮肤取样应包括鳞片缺少的区域。皮肤取样大小约1cm³，取样后迅速放入10%福尔马林中进行固定。如需研究眼球，则在采集皮肤后，紧接着进行眼球采集，以防止其过度干燥。眼睛的大体检查包括是否有角膜混浊、白内障或眼球突出等。虽然不是必要的特殊病变，但是能判断是轻微感染还是较严重的感染。采集眼睛时，需使用小弯剪或手术刀小心地剪掉眼眶周围的皮肤，直到有足够的组织能被镊子夹住；将眼睛向外拉出使相连的肌肉和视神经暴露，然后摘下整个眼球。注意观察眼球内侧的出血情况、分泌物以及是否存在可见的寄生虫。固定时，通常在眼球上切一个小口以便固定液充分渗透进眼球，有的实验室使用卡诺氏液（Carnoy's）代替福尔马林固定眼球。进行寄生虫检查时，通常使用70%酒精进行固定。

嘴和口腔的检查包括是否有瘀点、水泡、寄生虫或者与一些结构相关的异常变化。

最后，脑组织由头骨保护，以防止其被污染。如果需要检查脑，可打开头骨暴露脑组织。脑组织不是常规的检测项目，如果需要检查可在外部检查时进行，也可在剖检的最后（即内部检查完成后）进行，以保证剖检过程不被过度延迟。体重约500g的鲑科鱼，手术刀可以直接切开鱼的头骨。将镊子伸入口腔固定头部，在眼睛上方位置一刀切开头骨，继续沿着鳃盖的顶部边缘剪开，切口向上进入背部肌肉组织，从而切下整个颅骨，颅骨内包含与10对神经及延髓相分离的脑。最后小心地取出脑组织并放入固定液中。将脑从头骨里取出之前，可以将包含脑的颅骨直接放入固定液中固定24h。有时当切口过高时，一半的脑组织会处在较低的位置，这样可以使脑组织充分暴露且更容易取出。检查体重大于500g的鱼时，需要使用一个更锋利和坚固的手术刀，按照上述相同的切割方法来打开头盖骨。整个过程需要记录脑部血液情况、脑脊液的颜色改变情况或脑组织自身的变化。

二、内部检查

内部器官检查的解剖方式有很多，选择时必须注意剖检过程中使用解剖工具可能引起的组织器官的损伤、压迫、切断、移位、错放及污染。

本章内容介绍体长大于15cm的鱼的内部检查。体长小于15cm的鱼可以考虑在解剖镜下操作。

最常用的解剖方法之一是翻转鱼体使腹部向上，在肛门前方或是在颊部（头部下方鳃盖之间的肉质部分）用手术刀在皮肤下方1～2cm厚的组织处小心地划开一个切口。鱼的胸鳍和骨盆处较难切割，可使用钝头剪刀伸入切口并沿着腹部的中线剪开整个体腔。切割不能从肛门处开始，因为这样会损坏后面的肠道并污染其他内脏器官，出于同样的原因，如果切割从颊部开始并向相反的方向切割时，切口在距离泄殖孔1～2cm处后就不能再继续剪切。经验丰富的人可使用手术刀完成所有的解剖。

为防止内部器官污染，可使用镊子轻轻掀起切口，在不暴露整个腹腔的情况下进行内部检查和取样。但是，整个体腔的完全暴露更有利于观察和取样，因此剖解的第二个切口是从第一个切口的末端开始向上剪，刚好到达侧线的下方然后沿着侧线下方向头部方向水平剪到鳃盖位置，用镊子掀起被切开的部分有助于指导鳃盖后的最后一步剪切，最后沿着鳃盖后方向下剪切到峡部从而完整地去除身体侧面（鱼片）。心腹隔膜（横隔）是位于心脏和内脏器官之间的薄膜，以分离腹腔和心包腔。如果需要采集心脏样品，继续沿着腹侧切口向前轻微地剪开，直到暴露心包腔和心脏。体腔的一般眼观病变包括脂肪的厚度、组织大小、颜色变化、肿胀、腹水、粘连和出现囊胞寄生虫等。组织的取样取决于鱼的大小，个体较小的鱼上采集整个器官进行固定（如心脏或者全部的胃肠道），而个体较大的鱼，则从每个器官采取约1cm³体积大小的组织块进行固定。

摘取心脏时需要抬起动脉球并剪断其与腹主动脉之间的连接，轻轻拉动，使心脏向前移动并暴露，剪开静脉窦（连接主静脉和肝血窦）。心脏的病变往往涉及心肌和心血管，包括血凝块充盈心包腔（心包积血），偶尔也可以在心脏内或周围发现寄生虫。体积较大的心脏在放入固定液之前可能需要纵向地切开，以提高固定效果。

分离腹部器官时，通常是在食管处切一刀，用镊子固定住切口末端，向上拉起肠道和相关的脏器，然后在肛门附近再切一刀。用这种方法可以将肠道、肝、脾、胰腺和鳔一并从鱼体中取出，只剩下生殖腺、头肾和肾。在解剖显微镜下进行内脏的完整摘取更易于组织检查（如寄生虫的检查），但是不适用于采集无菌样品。所有的器官都可以在不脱离体腔的情况下取样用于组织学观察。

饵料即使在健康状况下也会导致鲑科鱼的肝脏颜色存在差异（养殖鱼和野生鱼）。肝脏取样须含有被摸（取肝叶的尖端），同时需要使用锋利的手术刀，避免使用剪刀。取样注意不要撕裂肝组织或者意外地刺穿胆囊造成胆汁释放，导致肝组织的变性或人为损伤（图4-31）。记录肝脏异常的颜色变化、是否有可疑的增生物、脂变、切面以及胆汁的外观。脾脏通常位于胃大弯的后方或稍靠后方，组织采样方式与肝脏相似。完成微生物样品采集后，可对胃肠道、幽门盲囊和胰腺组织进行检查。检查胃肠道时需要去除幽门盲囊及其周围的脂肪组织，并缓缓切开胃肠道，暴露管腔内壁，观察并记录黏膜的异常变化，对部分胃和肠道进行取样。鱼鳔是一个半透明、白色的器官，剖检时需要记录其色泽变化、壁的增厚情况、是否有出血或者体液的渗出等。生殖腺的检查有助于判断鱼的性别和发育成熟度，用于组织学观察的样品厚度不能超过1cm。推荐使用波恩氏固定液进行固定，因为发育阶段的生殖腺用福尔马林固定后不容易切割。

　　移除鱼鳔后便可进行肾脏的检查。很多感染性和非感染性的因素都会影响肾脏，大致肾脏存在如颜色异常、肿胀、出血或者颗粒样外观等症状。肾脏的前端和尾部区域都需要取样镜检，为了避免压迫组织，在取出肾组织之前需要切除腹侧体壁。

　　剖检最重要的是系统有序。在检查过程中仔细地观察会发现有价值的信息，随后会及时在组织学部分的检查中呈现出来。组织样品必须准确清晰地标记，以保证在后期加工时不会出错。

第四章 病理学与疾病诊断

摘 要 <<<<<<<<<<<<<<<<<<<<<<<<<<<<<<<<<<<

　　规范的病理学诊断程序是确诊疾病的前提，也是描述感染和未感染情况下组织变化的必备条件。细胞对损伤只能做出有限的形态学反应，这与细胞的生化机制有关，并决定了细胞损伤的结果。因此，细胞出现的损伤通常为普遍的、非特征性的病理改变。本章讲述了不同类型的细胞和组织对急性和慢性损伤的应答反应。

关 键 词：鱼类疾病；炎症；增生；循环障碍；坏死；色素沉着；肿瘤

　　病理学是研究和诊断疾病、认识和解释生理和病理过程的一门学科。病理学需要全面了解正常组织的大体和显微结构。正常组织结构在不同物种、年龄、生理和发展阶段都存在差异，甚至可能出现种间变异，因此有必要了解这些差异及被检测物种的现状。此外，很多疾病在大体变化上很相似。如图4-1、图4-2、图4-3中所示的皮肤、肾脏和肝脏，虽然病因不同，但病症相似。

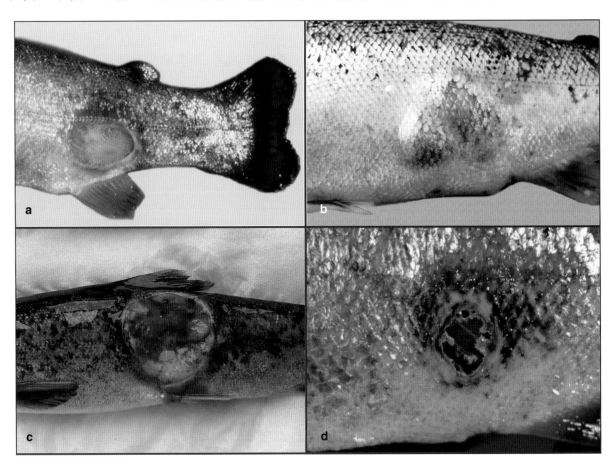

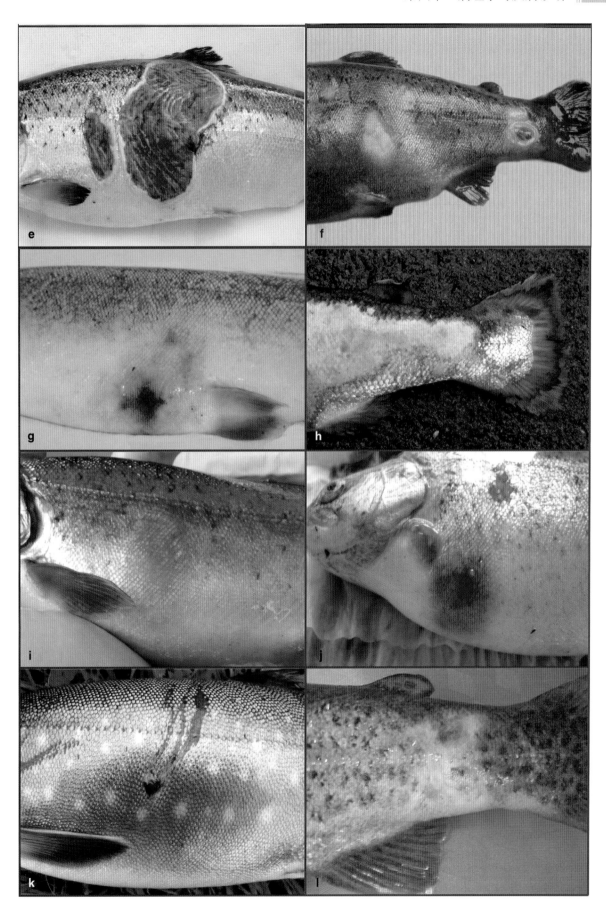

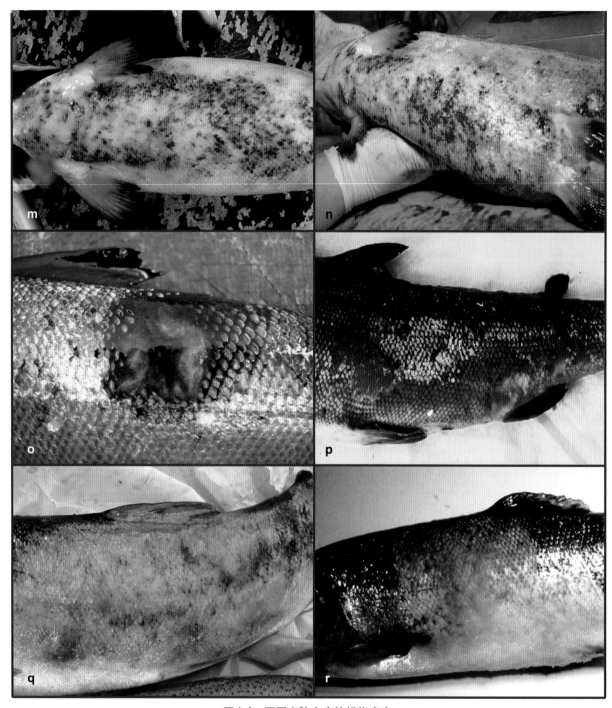

图4-1　不同皮肤疾病的相似病症

a.气单胞菌属细菌（*Aeromonas* sp.）引起的养殖虹鳟皮肤溃疡　b.杀鲑气单胞菌杀鲑亚种（*Aeromonas salmonicida* sp. *salmonicida*）引起的养殖大西洋鲑皮肤形成化脓灶　c.荧光假单胞菌（*Pseudomonas fluorescens*）引起的大西洋鲑皮肤深度溃疡　d.已经治愈的假单胞菌属细菌（*Pseudomonas*）引起的大西洋鲑皮肤溃疡　e.黏放线菌（*Moritella viscosa*）相关的大西洋鲑冬季溃疡病　f.嗜冷黄杆菌（*Flavobacterium psychrophilum*）引起的虹鳟皮肤溃疡　g.大西洋鲑典型的弧菌（*Vibrio*）感染　h.海洋屈挠杆菌（*Tenacibaculum maritimum*）感染大西洋鲑　i.虹鳟红色马克综合征（red mark syndrome）早期症状　j.养殖虹鳟红色马克综合征后期症状　k.鸬鹚攻击造成红点鲑皮肤损伤　l.嗜冷黄杆菌（*Flavobacterium psychrophilum*）引起的虹鳟尾鳍病变　m.患心肌病综合征（cardiomyopathy syndrome, CMS）的虹鳟腹部皮肤大面积出血　n.感染黏放线菌（*Moritella viscosa*）的大西洋鲑全身皮肤出血　o.大西洋鲑皮肤溃疡愈后　p.野生大西洋鲑皮肤乳头状瘤　q.虹鳟皮肤肿胀、并伴有出血　r.大西洋鲑感染水霉（*Saprolegnia*）

图4-2 不同肾脏疾病的相似病症

a.大西洋鲑细菌性肾病（BKD），肾脏被膜已剥离 b.分枝杆菌（*Mycobacterium*）感染大西洋鲑，肾脏被膜已剥离

c.虹鳟多囊性肾病（PKD） d.感染叶形属吸虫（*Phyllodistomum umblae*）的野生红点鲑

e.杀鲑旋核六鞭毛虫（*Spironucleus salmonicida*）导致大西洋鲑肾脏多处坏死 f.大西洋鲑的非典型性肾脏肿瘤

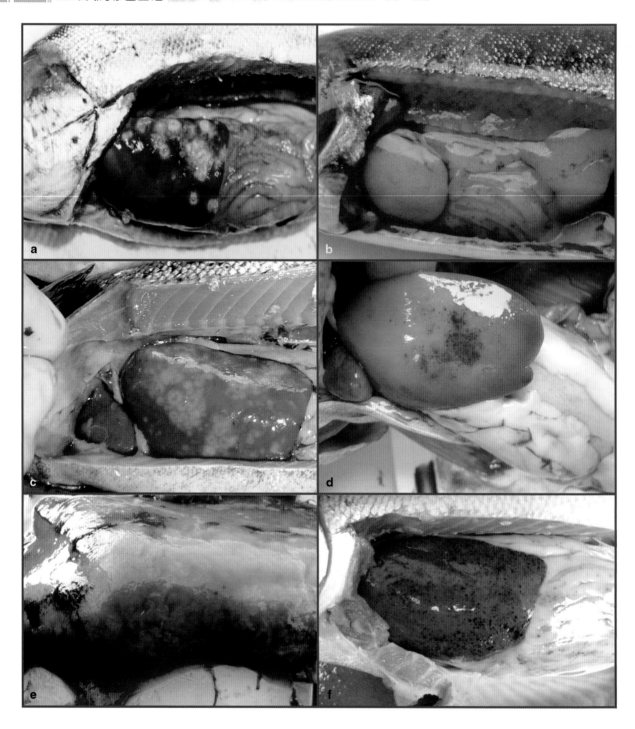

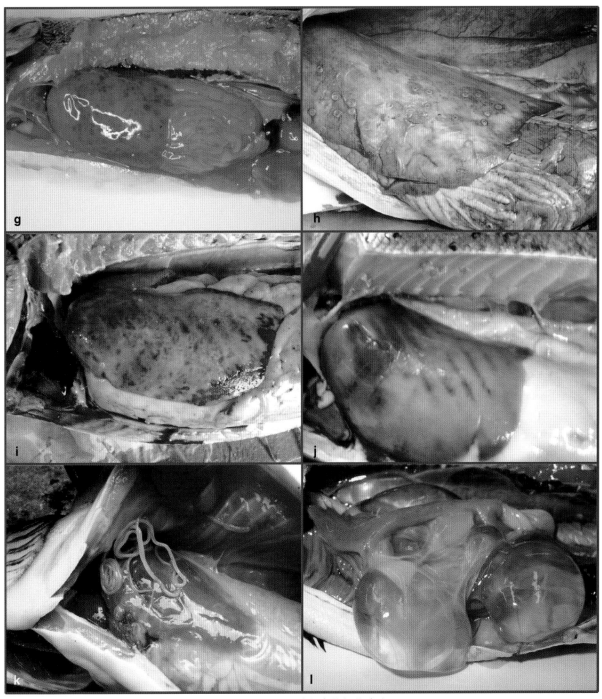

图4-3 不同肝脏疾病的相似病症

a.大西洋鲑感染鲑立克次体（*Piscirickettsia salmonis*） b.传染性胰腺坏死病导致的大西洋鲑幼鲑肝脏苍白，呈微黄色 c.鲑感染六鞭毛虫（*Spironucleus salmonicida*）后，肝脏多处坏死 d.虹鳟肠炎红嘴病 e.野生大西洋鲑胆管内寄生鲑两极虫（*Myxidium truttae*） f.患败血症的大西洋鲑肝脏有大量出血点 g.大西洋鲑感染鳗利斯顿菌（*Listonella anguillarum*）引起肝脏出血 h.野生大西洋鲑肝脏表面寄生简单异尖线虫（*Anisakis simplex*）幼虫 i.患心肌病综合征的鲑肝脏表面覆盖一层纤维素性膜 j.剖检时人为造成的现象 k.野生美洲红点鲑体内寄生的红点鲑线虫（*Philonema salvelini*） l.大西洋鲑的多囊肝

　　鱼类的细胞类型总体上与哺乳动物相同或相似，因而大部分由直接或间接刺激所引起的病理变化也相似。细胞面对损伤只能做出有限的形态学反应，这与细胞的生化机制有关，也取决于细胞损伤的程度。

　　系统的病理学诊断技术是确诊疾病的前提，可以对感染和未感染、急性和慢性损伤的反应、营养失衡以及疾病和其他异常因素所引起的组织病理变化进行正确描述。本章内容包括炎症、增生、血液循环障碍、细胞损伤和坏死、色素沉着、矿化和肿瘤，最后简单概述了人为因素与病理变化的区别。

　　表4-1提供了合成词的通用前缀和后缀，附录一提供了兽医专用术语汇编。第二章阐述的正常组织也可以作为本章的参考。

表4-1　前缀、后缀及其在合成词中的用法举例

词缀		词缀中英释义		举例及其释义	
前缀	Adeno-	Glandular	腺的，腺状的	Adenoma	腺瘤
	An-	No,not	不，不是	Anaemia	贫血
	Angio-	Blood or lymph vessels	血液或淋巴管	Angiopathy	血管病
	Anti-	Counteracting	对抗	Antibody	抗体
	Apo-	Separated from	与…分离	Apoptosis	细胞凋亡
	Auto-	Self	自身	Autoimmunity	自身免疫
	Cardio-	Heart	心	Cardiomyopathy	心肌病
	Chol-	Bile	胆汁	Cholangitis	胆管炎
	Con-	Together	一起	Confluent	合流的
	Cyto-	Cell	细胞	Cytopathic	细胞病变
	De-	Remove or loss	删除或丢失	Degeneration	退化
	Derma-	Skin	皮肤	Dermatomycosis	皮肤真菌病
	Dys	Abnormal	不正常	Dysplasia	发育不良
	Ect-	Outer or external	外面，外部，外表	Ectoparasite	体外寄生虫
	Endo-	Within or inner	内部	Endoparasite	内寄生虫
	Enter-	The intestine	肠道	Enteritis	肠炎
	Epi-	Above,upon	在…之上	Epidermis	表皮
	Fibro-	Fibres or fibrous tissue	纤维或纤维组织	Fibroplasia	纤维增生症
	Gastro-	Stomach	胃	Gastrointestinal	胃肠道
	Haemo-	Blood	血液	Haemolysis	溶血
	Hepato-	Liver	肝	Hepatomegaly	肝肿大
	Hetero-	Difference	区别	Heteropagus	非对称性联胎
	Histo-	Tissue	组织	Histology	组织学
	Homo-	Similar,like	类似的，像	Homogenous	同质；同类的
	Hyper-	Indicating an excess	表明一种过量	Hyperpigmentation	色素沉着
	Hypo-	Indicating a deficiency	表明一种缺陷	Hypoplastic	发育不全的
	Idio-	Self	自发	Idiopathic	先天的，自发的
	Inter-	Between	在…之间	Interstitial	间质性
	Intra-	Within	在…之内	Intracellular	细胞内

（续）

	词缀	词缀中英释义		举例及其释义	
前缀	Karyo-	Cell nucleus	细胞核	Karyomegaly	核巨大
	Leuco-	Lack of colour, white	缺乏颜色，白色	Leucopenia	白细胞减少症
	Lipo-	Fatty	脂肪	Lipoidosis	脂质贮积
	Macro-	Large	大	Macrophage	巨噬细胞
	Mal-	Disorder or abnormality	无序或异常	Malignant	恶性
	Melan-	Black colour	黑色	Melanin	黑色素
	Micro-	Small	小	Microcytic	小红细胞
	Morpho-	Structure	结构	Morphological	形态学的
	Multi-	Many	许多	Multicellular	多细胞的
	Myco-	Fungus	真菌，霉菌	Mycosis	霉菌病
	Myo-	Muscle	肌肉	Myocardium	心肌
	Necro-	Death or dissolution	死亡或溶解	Necrosis	坏疽
	Nephro-	Kidney	肾	Nephrocalcinosis	肾钙质沉着
	Osteo-	Bony	骨的	Osteoclast	破骨细胞
	Patho-	Disease	疾病	Pathogen	病原
	Peri-	Around or enclosing	在…周围或围合	Periorbital	眶周
	Phago-	Eat; devour	吃；吞食	Phagocyte	吞噬
	Post-	After	后	Posterior	后部
	Poly-	Many	许多	Polycystic	多囊肾
	Pseudo-	FALSE	假	Pseudomembrane	假膜
	Retro-	Behind or turned backward	在后面或倒退	Retrobulbar	眼球后的
	Sidero-	Iron	铁	Siderosis	铁质沉着
	Scolio-	Twisted	扭曲	Scoliosis	脊柱侧弯
	Spleno-	Spleen	脾	Splenomegaly	脾肿大
	Steato-	Fatty tissue	脂肪组织	Steatosis	脂肪变性
	Steno-	Narrow; constricted	狭窄的；收缩的	Stenosis	狭窄
	Syn-	Union or fusion	联合或融合	Synechiae	粘连
	Vaso-	Vessel	脉管，血管	Vasodilation	血管舒张
后缀	-iasis	Condition of, state	在…的状态下，状态	Helminthiasis	蠕虫病
	-iosis	Disorder	混乱，失调，疾病	Scoliosis	脊柱侧弯
	-itis	Inflammation of an organ,tissue	器官、组织的炎症	Myocarditis	心肌炎
	-logy	Science of, study of	有关…的研究/科学	Pathology	病理学
	-lysis	Breaking down	分解	Karyolysis	核溶解
	-megaly	Enlargement	放大	Cardiomegaly	心脏扩大
	-oid	Likeness, "of a kind"	相似，"同一类的"	Ceroid	蜡样质
	-oma	Tumour or swelling	肿瘤、肿块或肿胀	Sarcoma	肉瘤
	-ous	Like, having the nature of	像，具有的性质	Granulomatous	肉芽肿的

（续）

	词缀	词缀中英释义		举例及其释义	
后缀	-pathy	Disease	疾病	Neuropathy	神经病
	-penia	Lack of, or deficiency	缺乏	Leukopenia	白细胞减少症
	-phage	Ingesting	咽下，摄取	Macrophage	巨噬细胞
	-philia	Affinity for	对…的亲和力	Eosinophilia	嗜酸性细胞增多
	-phylaxis	Protection	保护	Anaphylaxis	过敏性反应
	-stasis	Stagnation	停滞	Haemostasis	止血法
	-somatic	Of the body	身体	Hepatosomatic	肝脏体
	-trophy	Nourishment	营养	Dystrophy	营养失调

第一节　炎症和增生

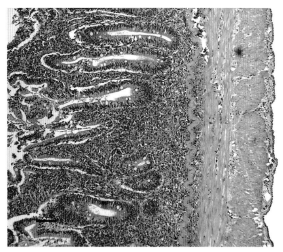

图4-4　养殖大西洋鲑后肠慢性肠炎（低倍）

注：固有层有炎性细胞浸润

根据疾病的病程，可将损伤分为急性和慢性，但它们的炎性损伤机制和病理学表现类似。急性炎症的一个主要成分变化是血浆蛋白的改变。血浆和纤维蛋白渗出物是炎性组织的一个特征，在组织学上分别表现为细胞间隙嗜酸性染色和嗜酸性丝状物存在。

炎症以渗出（包括血管反应）、血管扩张、细胞间液改变和细胞移行为特征，这些特征常见于出血性败血症，如疖疮病和弧菌病，也可能伴发肠炎（图4-4）。腹膜炎是覆盖于大部分腹部器官表面的薄层组织发生的炎症（图4-5）。此外，在一些鱼类疾病中也会出现心肌炎（图4-6）。

在皮下和真皮层早期充血后可出现巨噬细胞浸润，并在液化坏死中心出现其他炎性细胞。损伤可以导致细胞变性或者增生。变性可能会出现细胞胞浆空泡化、囊肿、透明样变和海绵状结构，而增生性病变包括上皮细胞增生、纤维化、局灶性淋巴细胞浸润以及巨噬细胞聚集。血管套管现象可作为判断炎症或感染发生的一个指标（图4-7）。

由于功能增加导致的单个细胞体积增大称为肥大，而由于物理或化学刺激或感染所导致的组织中细胞数量的增加称为增生。例如，部分心肌损伤会导致心肌功能降低和输出减少，剩余未受损的心肌细胞为了补偿其丧失功能将出现肥大和增生，常常伴随心肌细胞核显著增大（代偿性肥大）（图4-8）。

鳃粘连是邻近鳃小片融合和大量细胞增殖导致的增生（图4-9）。鳃常因功能需要、鳃上皮受物理或化学刺激、过量激素刺激或病毒等病原刺激而出现肿胀（如鳃小片或肾间质增生）。在包裹寄生虫处也可见局部增生。当正常细胞在有毒环境中暴露并幸存后，增生和再生坏死组织即为再生性增生（图4-10）。胆管上皮细胞对多种损害和毒素敏感，可能导致慢性胆管增生。

在慢性中毒或感染过程中可能出现吞噬现象，如肝脏噬红细胞现象（图4-11）。免疫系统试图隔

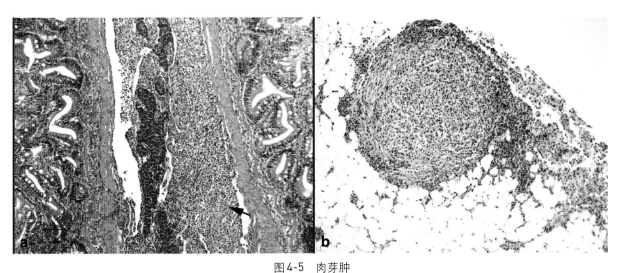

图4-5 肉芽肿

a.疫苗接种引起的养殖大西洋鲑肉芽肿性腹膜性 b.腹腔注射油类佐剂引起的肉芽肿（箭头）

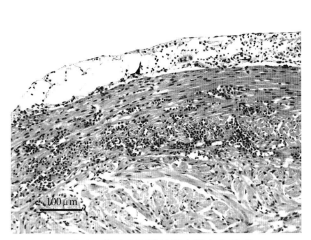

图4-6 养殖大西洋幼鲑心肌出血性炎

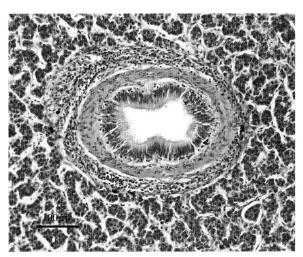

图4-7 养殖大西洋鲑肝脏胆囊周围有大量淋巴细胞浸润

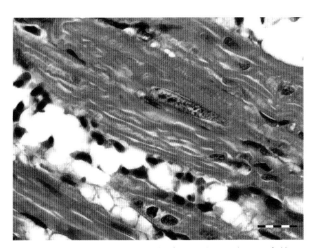

图4-8 养殖大西洋鲑心肌海绵层纵切面（示细胞核肥大，标尺＝20μm）

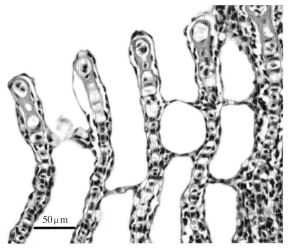

图4-9 养殖大西洋鲑成鱼鳃小片粘连

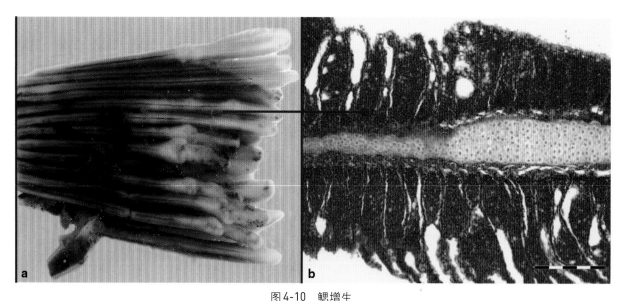

图 4-10 鳃增生

a.鳃丝增厚，新鲜组织　b.养殖大西洋鲑鳃增生，鳃小片大量融合（标尺=200μm）

离一种外源物质时会形成肉芽肿，特别是在旧病灶中，肉芽肿是由巨噬细胞和碎片组成的结节，周围环绕一层淋巴细胞，外层常被一层纤维细胞包裹。在H&E染色中，上皮样细胞胞质为粉红色颗粒样，细胞边缘模糊，常融合在一起。聚集的上皮样细胞或巨噬细胞融合形成多核巨噬细胞。肉芽肿常为细菌感染、寄生虫感染和外源性异物（如疫苗佐剂中的油性成分）进入后的反应。例如，感染外瓶霉（*Exophiala*）和巴斯德（*Pasteurella skyensis*）后，可观察到大量的巨噬细胞、上皮样细胞和巨细胞浸润（图4-12）。

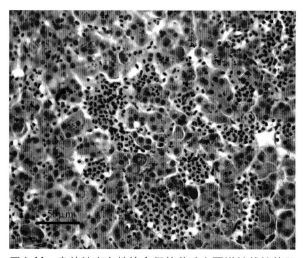

图 4-11　患幼鲑出血性综合征的养殖大西洋鲑幼鲑的肝脏中广泛性噬红细胞现象

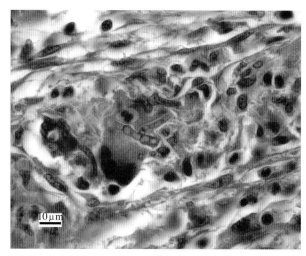

图 4-12　养殖大西洋鲑全身性真菌感染后肾脏出现多核巨细胞

慢性炎症的典型特征是出现黑色素巨噬细胞和巨噬细胞聚集，而黑色素巨噬细胞和巨噬细胞中心通常位于肾间质造血组织基质、肝脏和脾脏中。慢性炎症的特点为细胞增生而非渗出，并伴有吸收、肉芽组织形成和纤维化。肉芽肿炎症是一种特殊的慢性炎症，而在细菌性肾病和分枝杆菌病时可反复发现纤维素性心外膜炎（图4-13）。如果不考虑这些炎性反应的起因，肉芽肿性炎组织可能与组织赘生性病变相似。

　　溃疡包括坏死和被侵蚀的上皮表面，并伴有表皮下各种组织损伤所继发的急性和慢性炎症。坏死组织可根据其呈现的不同颜色和质地判断创伤的时期和含血量。当坏死组织从创口脱落时，局灶性坏死即可发展成为溃疡。一旦表皮破溃，水分流失、肿胀、出血性坏死就可能导致继发感染。表皮溃疡通常狭窄，而由皮下形成的溃疡通常比较宽阔。炎症反应是愈合过程的开始，皮肤表现出增生、纤维化以及坏死组织再生或疤痕形成等愈合现象。损坏的鳞片很少恢复其原本结构，而新形成的鳞片通常较小、形状不规则，故很容

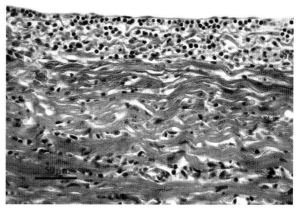

图4-13　养殖大西洋鲑成鱼自发富细胞性心外膜炎（马休猩红蓝染色）

易区别。在某些情况下，大面积的组织损伤可能在受损部位留下一个空腔。

　　眼球突出即眼球后方的一种过度突出，常见于多种疾病。造成眼球突出的原因通常包括眼内压力增加，脉络膜血管发生炎症导致肿胀、水肿和结缔组织受损或者肉芽肿性炎症。眼球突出常见于濒死的鱼，偶尔伴有出血，但总的来说不属于特征性的临床症状（图4-14）。组织学上可见眼球后方水肿、巨噬细胞浸润、细胞肿胀和坏死。渐进的全眼球炎主要与细菌感染有关，即炎症覆盖整个眼球，包括眼球内部组分。

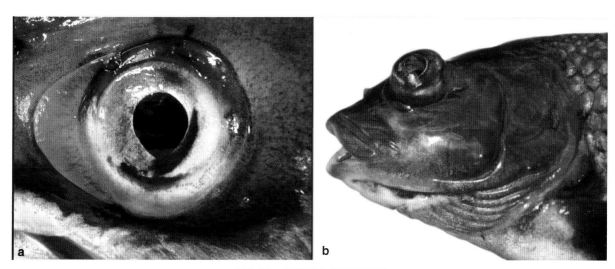

图4-14　眼睛出血和眼球突出

a.成年养殖大西洋鲑眼睛出血　b.野生河鳟眼球突出

　　嗜酸性粒细胞（eosinophilic granular cells，EGCs），也称肥大细胞，存在于多种硬骨鱼类的不同组织中，包括肠、鳃（图4-15）、皮肤、脑及大血管周围。急性组织损伤可导致粒细胞脱颗粒、释放炎性介质。但据报道，在慢性炎症组织中这些细胞在数量上有所增加。此外，由于这些细胞的着色特点不同，其颗粒成分中既有嗜酸性成分又有嗜碱性成分。

　　有报道称，当细菌（如鲑肾杆菌）感染养殖鱼体后，鱼体表现出免疫复合物介导的肾小球肾炎症状，并继发肾小球功能障碍。该症状在洄游大西洋鲑中也十分显著，其肾小球严重受损，导致鱼体渗透压失调而发病（图4-16）。

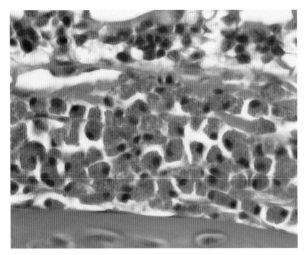

图 4-15 养殖大西洋鲑鳃小片顶部和基部间的嗜酸性粒
细胞

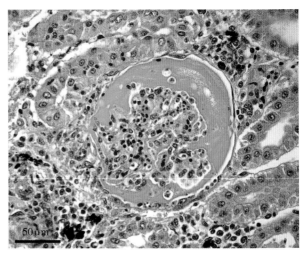

图 4-16 大西洋鲑肾小球肾炎（中倍）

第二节　血液循环障碍

　　常见的血液循环障碍包括栓塞、出血、充血、瘀血、缺血、动脉瘤和血栓（图 4-17 至图 4-20）。血流停止流向某器官时可能导致凝固性坏死，坏死组织细胞膜和细胞形态保持不变，但伴有细胞核改变和细胞质的嗜碱性减弱。

　　鳃苍白往往是贫血的一个标志，归因于血液中血红蛋白缺乏和/或红细胞数量减少。贫血可能是由红细胞生成减少、异常出血或红细胞的过度破坏（图 4-21）引起。根据病理生理机制可以区分贫血的种类。溶血性贫血以含铁血黄素的沉积为特征（图 4-22），并伴有红细胞破坏率增加以及相应未成熟的红细胞释放至血液循环，如感染鳗利斯顿菌和鲑贫血病毒时。再生障碍性贫血发生于造血组织产生红细胞数量不足或血红蛋白合成不足时，如营养不良。出血造成出血性贫血，在病毒性出血性败血症中明显。

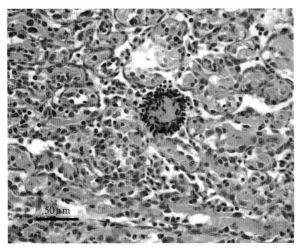

图 4-17 养殖大西洋鲑心肌综合征海绵层血栓（中倍）

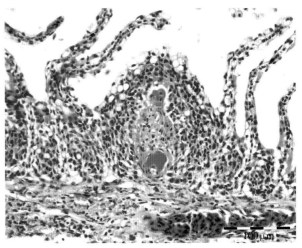

图 4-18 养殖大西洋鲑鳃部的血栓、鳃小片融合及坏死

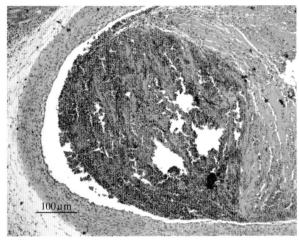

图4-19　养殖大西洋鲑冠状动脉中的血栓

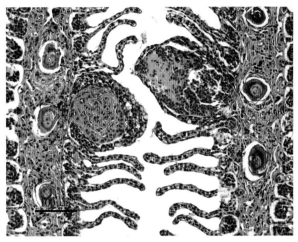

图4-20　养殖大西洋鲑鳃小片动脉瘤

注：陈旧的（左），新形成的（右）

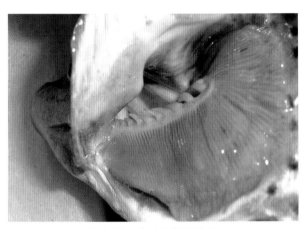

图4-21　养殖虹鳟鳃贫血

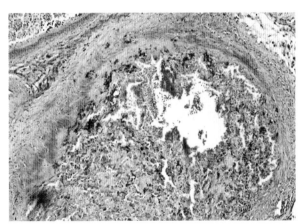

图4-22　虹鳟心脏有大量含铁血黄素的沉积（低倍）

感染、炎症、坏死、肿瘤以及外伤等原因，可引起血管内皮细胞损伤导致出血。当局部血管内压力增加或血管内皮损伤时可产生瘀点，鱼体腹部出现瘀点可能提示其患有败血症（图4-23）。据报道，当大西洋鲑幼鱼患出血性综合征时，肝脏发生弥漫性出血（图11-16和图11-17）。

充血和瘀血源于局部血容量的增加。充血是一个主动的过程，即血管动脉段充血；而瘀血是一个被动的过程，指从组织静脉中流出的血流量减少。充血通常与炎症和炎症介质的局部释放引起的血管扩张有关。瘀血与静脉流出量减少有关，与非炎症性因素如心衰，或由于组织扭转引起的

图4-23　养殖大西洋鲑成鱼肝脏败血症瘀斑

血液流出受阻、肿瘤形成或其他挤压等相关。充血和瘀血鉴别很难。当水中缺氧，鱼暴露于缺氧环境时，可以显示多种心血管变化，而最终，这些变化将导致血管堵塞、细胞坏死或凋亡等病变。

内膜增生（动脉硬化）主要发生于冠状动脉，在大多数性成熟和产卵期的成年鲑中逐渐发生（图4-24）。冠状动脉病变的引发机制可能是冠状动脉血管损伤导致动脉球显著扩张。

细胞内或其周围、组织和浆膜腔内出现过量的液体称为水肿，可能归因于静脉压和渗透压的变化、炎症所致的血管通透性增加，可见于感染杀鲑气单胞菌的鱼体。例如，眼球水肿可发生于角膜、视网膜和脉络膜血管层。角膜水肿是眼部疾病或损伤的典型特征，并伴有胶原纤维和基质马氏细胞的分离，导致角膜混浊。在大多数病理条件下，大量的纤维蛋白渗出物常伴有中性粒细胞浸润。肝细胞水泡变性与细菌感染和毒素有关。当多余液体在腹腔内蓄积时，即形成腹水（图4-25）。

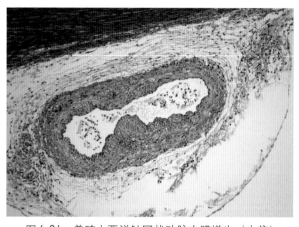

图4-24　养殖大西洋鲑冠状动脉内膜增生（中倍）
注：动脉硬化

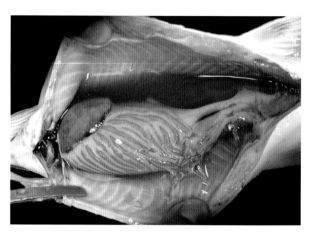

图4-25　腹膜腔内蓄积的腹水

第三节　细胞损伤和死亡（坏死与凋亡）

组织学上，坏死或死亡细胞呈现出不同的颜色和外观。这些代谢不活跃的细胞易于与那些活跃细胞相区别，例如，代谢不活跃细胞的细胞核固缩、呈圆形、着色深；而代谢活跃细胞的细胞核着色淡，且有较大或多个核仁。凝固性坏死的特征是组织结构的轮廓大致保留，其发生与传染病、缺血、创伤和毒性损伤相关。在一些细菌感染中能观察到细胞的干酪样坏死，但当细胞发生液化性坏死时，其组织学特征全部消失。通常坏死细胞的细胞核改变易于辨别，例如，死亡细胞核固缩时表现为均质、致密、深染。核溶解和核碎裂则使细胞无任何可辨别的核（图4-26）。肌细胞的不可逆损伤导致细胞肿胀和裂解，横纹消失，细胞空泡化和着色浅。随着时间推移，有害刺激消失，肌组织可再生，并伴随嗜碱性细胞和纤维增生。在疤痕组织区域也可能散在分布再生组织。

凋亡是细胞程序性死亡的过程。这是一种基因控制的、进化保守的、具有广泛生物学意义的生物学过程。细胞凋亡的机制复杂，导致细胞染色质浓缩和细胞浆分解为有膜包绕的小体，这些小体进而被吞噬细胞吞噬（图5-6）。与坏死细胞不同，凋亡细胞的细胞器仍然具有功能。细胞凋亡由内在信号和外在信号引起，与细胞正常生理、

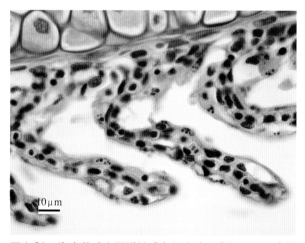

图4-26　海水养殖大西洋鲑成鱼鳃小片上皮坏死、细胞核碎裂

线粒体膜损伤和病理条件下的反应有关，如细菌或病毒感染细胞后的保护反应。例如，对传染性胰脏坏死病毒的研究表明，肝脏特征性病变为日趋严重的进行性变化，进而导致凋亡，之后发生组织坏死。

　　对损伤的适应性反应常引起细胞结构改变，但并不致命且被认为是可逆的，包括蜂窝组织急性毛细血管扩张、肿胀、水泡变性和脂质沉积。急性细胞肿胀是一种早期的、完全可逆的损伤，当细胞膜通透性改变、细胞内水分增加时，即出现细胞肿胀。水泡变性是一种明显的细胞肿胀，在细胞质中形成大的水泡。这两种情况通常发生在上皮细胞。

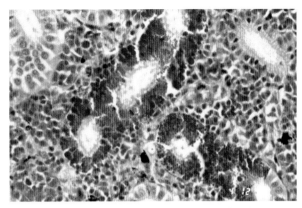

图4-27　虹鳟肾小管的透明滴状变（中倍）

透明滴状变是细胞或组织在H&E染色时，镜下观察到的一种特定的组织学外观（图4-27），滴状物可能是从肾小球过滤物中吸收累积的蛋白质，也可能是细胞变性时产生的蛋白质（图4-28）。

　　脂肪变性能够严重影响细胞功能，通常出现在肝脏细胞。在细胞质中出现典型的空泡挤压细胞核。由于在组织处理过程中被溶解，脂滴被染成无色的空泡（图4-29）。

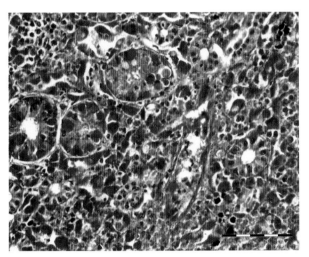

图4-28　虹鳟肾脏中有大量蛋白质沉积（标尺＝100μm）

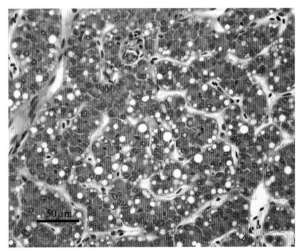

图4-29　虹鳟肝脏脂肪变性

第四节　色素沉着和矿化

　　黑色素巨噬细胞通常含有多种色素，包括黑色素。众所周知，黑色素在老龄鱼中的数量会增加（图4-30）。氧化条件下，黑色素具有中和自由基和活化阳离子活性的能力，这在一定程度解释了黑色素在恶病质性疾病和损伤中存在积累的现象。这些细胞可能是生发中心的前体，存在于鸟类和哺乳动物的脾脏和淋巴结。它们通常在慢性炎症、肉芽肿性炎症中聚集，尤其是在对囊性寄生虫和异物刺激的反应中，细胞数量随着慢性感染而增加，但是它们在调节感染中的作用还有待进一步研究。营养不良性矿化可能与细胞和组织的功能退化有关，出现功能退化后才有矿物质的沉积。在临床表现正常的成年雌性虹鳟中可观察到动脉球内壁突起，并发生弥散性矿化。该鱼心肌紧密，心脏瓣膜冠状动脉硬化（图4-24）。钙化也可能发生在旧的和组织致密的肉芽肿中，如结核分枝杆菌或寄生虫引起的肉芽肿。

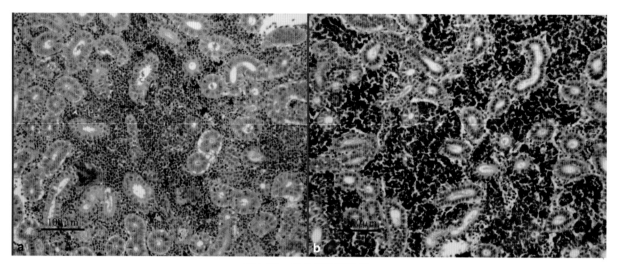

图4-30　黑色素巨噬细胞

a.养殖的大西洋鲑肾脏中正常分布的黑色素巨噬细胞　b.黑色素巨噬细胞数量增加

第五节　肿　　瘤

　　肿瘤或新增生的异常组织由机体细胞自发和过度增生形成。肿瘤来源于动物不同组织细胞，根据生物学特性可分为良性和恶性肿瘤。引发肿瘤的因素包括遗传、外源毒素和某些病原感染。通常根据来源组织对肿瘤进行分类，但是肿瘤与其来源组织存在不同程度的差异，在显微结构上差异更明显。组织学特征是鉴别良性和恶性肿瘤的主要手段。良性肿瘤与其来源组织结构相似，成熟度高，切面整齐，不转移，细胞异型性小。相反，恶性肿瘤与正常组织差异大，有浸润，成熟度低，切面不整齐，有出血及坏死，有转移，细胞异型性大，核仁异常，细胞大小和形状不规则。有些肿瘤组织同时具有良性和恶性特征。更多内容见第十二章。

第六节　人为因素

　　很多人为因素，以及影响显微镜对图像采集的因素，都会影响病理组织切片诊断结果，比如不恰当的固定、加工和染色、低质量的显微镜、不当的光照等干扰因素。一般来说，这些因素造成的结果不会存在于动物组织中。因为这些结果是由于意外或人为在样品采集、加工、切片等步骤中不小心产生，给镜下观察诊断带来一定的干扰和困惑，在疾病诊断中需要正确认识并排除。图4-31展示了一些人为因素导致的结果。

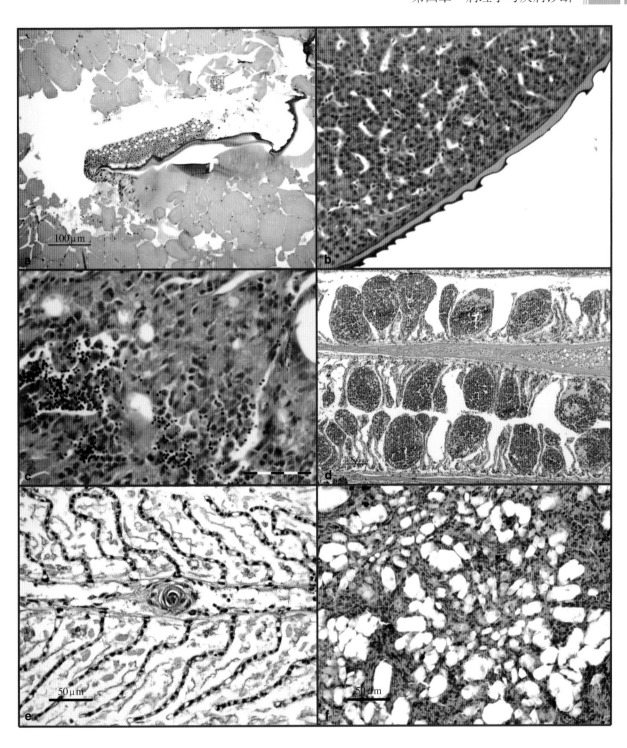

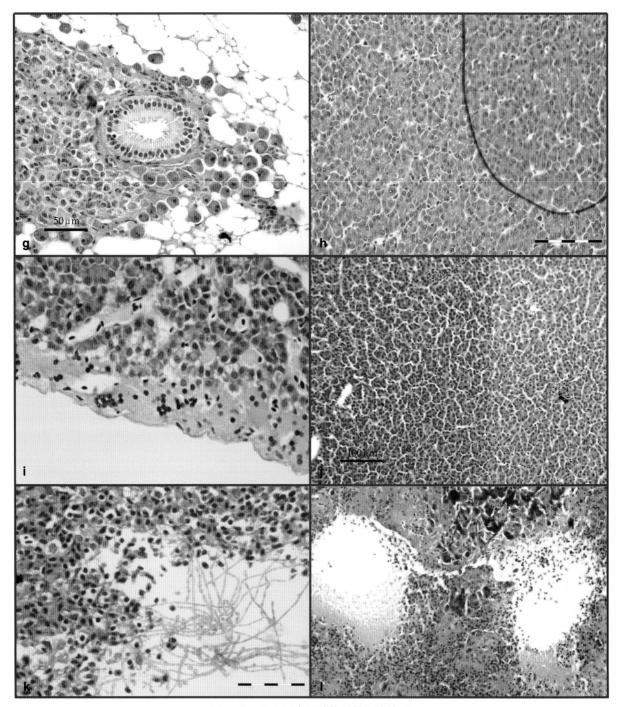

图4-31 人为因素导致的组织切片结果

a.在肌肉里出现带表皮的鳞片　b.肝脏表面出现鳞片　c.肝实质中出现精子细胞　d.头部重击造成的鳃动脉瘤
e.采样前鱼已经死亡，鱼鳃的变化　f.冷冻因素（脾脏）　g.死亡造成胰腺的变化，腺泡细胞变圆和胞核固缩　h.固定因素（肝脏）
i.胆囊中流出的胆汁造成肝脏表面损伤　j.染色因素（肝脏），左边为正常染色　k.酵母污染
l.剖检因素（肝脏），剖检过程中由手术钳等工具造成

延伸阅读 ▼

Asbakk K (2001) Elimination of foreign material by epidermal malpighian cells during wound healing in fish skin. J Fish Biol 4:935–966

Mitchill SO, Baxter EJ, Holland C, Rodger HD (2012) Development of a novel histopathological gill scoring protocol for assessment of gill health during a longitudinal study in marine-farmed Atlantic salmon (*Salmo salar*). Aquac Int 20:813–825

Plumb JA, Hanson LA (2010) Pathology and disease diagnosis, in health maintenance and principal microbial diseases of cultured fishes, 3rd edn. Wiley-Blackwell, Oxford. doi:10.1002/9780470958353. ch3

Reavill DR (2006) Common diagnostic and clinical techniques for fish.Vet Clin N Am Exot Anim Pract 9:223–235

第五章　病毒性疾病

摘　要 <<<<<<<<<<<<<<<<<<<<<<<<<<<<<<<<<<<

　　尽管一些病毒性疾病可以使用疫苗进行预防，但是当前可用的疫苗有限。因此，病毒感染仍然是养殖鱼类面临的主要问题。其中，RNA病毒是影响鲑鳟生态和社会经济效益最为严重的病原。急性感染可导致宿主死亡或进一步发展形成慢性疾病。饲养密度过高、性成熟以及人为操作过程中引起的应激反应也可能重新激发潜伏感染，导致临床发病。本章对野生和养殖鲑鳟的病毒性疾病进行了介绍。

关 键 词：鱼类病毒；鲑；鳟

　　目前，病毒性传染病仍是影响野生和养殖鱼类的重要疾病，给养殖业造成了重大损失。病毒感染后，主要导致鱼类产生类似于败血症的急性症状；但一些病毒可引起瘤状物的形成或其他慢性感染症状。总体而言，病毒感染的结局取决于病毒和宿主间诸多因素的作用。急性感染后，宿主或死亡，或迅速痊愈，或发展成为慢性感染。慢性感染鱼类终生处于亚临床状态，在未发病时处于长期潜伏状态；而经过阶段性的反复刺激后，病毒复发并恶化，引起急性发病。此外，养殖密度过高、性成熟以及人为操作等不同类型因素造成的应激均可能激活潜伏感染，从而导致临床发病。避免病毒感染很难，除非使用泉水或消毒过的水。这在早期发育的淡水阶段还能做到，但在开放性水体，如海水网箱及陆地大水体养殖系统的养殖方式下，成本过高且不可操作。

　　RNA病毒是严重影响鲑鳟生态环境和社会经济效益的重要病原。在过去的十年中，病毒性疾病发病增多，预计未来还将更加严重。表5-1对主要的病毒性疾病病原及其宿主等进行了简要介绍。

表5-1　鲑鳟主要病毒性疾病

病毒名称	分科	核酸	主要宿主	环境
传染性胰腺坏死病毒 (infectious pancreatic necrosis virus)	双链RNA病毒科（Birnaviridae）	单链RNA	虹鳟，鲑	淡水，海水
传染性鲑鱼贫血病毒（infectious salmon anaemia virus）	正黏病毒科（Orthomyxoviridae）	单链RNA	大西洋鲑	海水
马苏大麻哈鱼病毒（Oncorhynchus masou virus）	疱疹病毒科（Herpesviridae）	单链RNA	太平洋鲑（如马苏大麻哈鱼）	淡水？
鱼呼肠孤病毒（心脏和骨骼肌炎症）[piscine reovirus (heart and skeletal muscle inflammation)]	呼肠孤病毒科（Reoviridae）	双链RNA	大西洋鲑	海水
鲑白血病病毒（salmon leukaemia virus）	逆转录病毒科（Retroviridae）	单链RNA	大鳞大麻哈鱼	海水，美国的淡水养殖鲑
病毒性出血性败血症病毒（viral haemorrhagic septicaemia virus）	弹状病毒科（Rhabdoviridae）	单链RNA	虹鳟	主要为淡水
传染性造血器官坏死病毒（infectious haematopoietic necrosis virus）	弹状病毒科（Rhabdoviridae）	单链RNA	鲑，鳟	淡水
鲑甲病毒（salmonid alphavirus）	披膜病毒科（Togaviridae）	单链RNA	大西洋鲑，虹鳟	淡水，海水

（续）

病毒名称	分科	核酸	主要宿主	环境
鱼心肌炎病毒（心肌综合征）piscine myocarditis virus（cardiomyopathy syndrome）	全病毒科（Totiviridae）	双链RNA	大西洋鲑	海水
红细胞包涵体综合征（erythrocytic inclusion body syndrome）	虹彩病毒科（Iridovirus）	双链DNA	太平洋鲑，大西洋鲑	淡水，海水

第一节　传染性胰腺坏死病

传染性胰腺坏死病毒（infectious pancreatic necrosis virus, IPNV）是高传染性和急性卡他性肠炎"传染性胰腺坏死病"的病原，主要影响养殖鱼类（包括全球的虹鳟和大西洋鲑）。该病毒分布广泛，可感染多种野生鱼类。但目前尚无充分证据表明野生鱼类可将病原传播给养殖种群。

IPNV临床暴发时，鱼苗出现大量死亡，但成鱼的死亡率相对较低。而且，IPNV常暴发于刚在海水中度过银化期的幼鲑，幸存鱼将成为病毒的携带者，并继续向水体散布传染性的病原。IPNV可存在于鱼卵的表面或内部通过卵或精液垂直传播，因此携带者作为亲鱼将造成严重的危害。虽然卵子表层的病毒可通过适当的生物安保程序和消毒进行清除，但仍有极大的卵内传播风险，因此IPNV只能通过严格的检测亲鱼进行控制。

IPNV感染后，鲑鳟或出现临床症状并大量死亡，或成为无症状的隐性携带者。感染的临床症状包括：濒死鱼体表发黑、轻度消瘦、嗜睡；肉眼可见腹部肿胀、出血，眼球轻度至中度突出，肛门水肿突出；肝脏和肾脏发白，胃和肠道内无食糜（图5-1）。有时可观察到幽门盲囊，特别是胰腺周边脂肪处有出血斑，且该症状在海水养殖的患病鲑中也会出现（图5-2）。

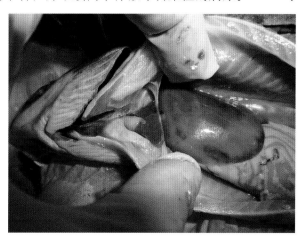

图5-1　养殖银化期鲑传染性胰腺坏死病（心脏和肝脏发白，伴有出血）

图5-2　养殖幼鲑传染性胰腺坏死病（胰腺及其周边脂肪的出血斑）

组织病理学上，传染性胰腺坏死病（infectious pancreatic necrosis, IPN）呈亚急性到急性感染，胰腺腺泡组织出现核浓缩，并伴有局部灶性坏死（图5-3），坏死灶被疏松结缔组织取代。在组织切片上，由于染色过程脂肪溶解，因此组织结构呈疏松状态。肠道可见肠黏膜上皮细胞凋亡并脱落于管腔，与过度分泌的黏液混合形成血样渗出物（图5-4）；而且，在肠壁颗粒层中可见嗜酸性粒细胞增加。在胰腺和肝脏组织中可能出现巨噬细胞和多形核白细胞浸润。肝脏的病理变化是IPN的典型特征：感染早期，表现为单个的肝细胞出现空泡变性或气球样变；随着疾病的发展，肝细胞空泡化逐步严重，向肝素和肝小叶的边缘扩大，凋亡的细胞数量增加（图5-5）。凋亡小体被邻近细胞吞噬，呈轻微或不明显的炎症反应（图5-6）。严重肝损伤在细胞凋亡后可出现坏死，但有时细胞可出现大面积的凋亡但无坏死发生。感染后期的典型特征为：凋亡细胞的胞核固缩，细胞完整性受损（图5-7）。偶见整个组织都受到影响，细胞大量坏死，并超过凋亡的细胞数量。传染性胰腺坏死病可能和其他病毒混合感染，如大西洋幼鲑的鲑甲病毒，因此诊断时需予以鉴别。

临床和组织病理学观察可用于IPN的初步诊断。如要确诊，则需使用中和试验、逆转录聚合酶链式反应（RT-PCR）与测序分析、或组织培养方法。适宜细胞系包括大鳞大麻哈鱼胚胎细胞（chinook salmon embryo, CHSE-214）、蓝鳃太阳鱼鱼苗细胞（bluegill fry, BF-2）和虹鳟性腺细胞（rainbow trout

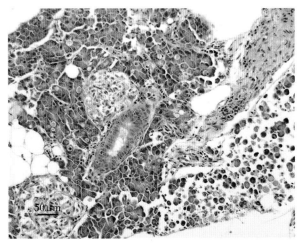

图5-3 养殖大西洋鲑幼鲑传染性胰腺坏死病

注：胰腺外分泌细胞坏死（右下方）和正常的组织（左上方）

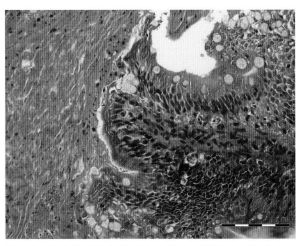

图5-4 患传染性胰腺坏死病的养殖大西洋鲑，肠道内有大量渗出物（标尺＝100 μm）

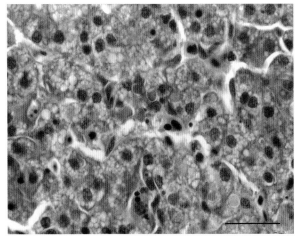

图5-5 大西洋鲑传染性胰腺坏死病（示单个肝细胞内空泡化或囊泡化，中倍）

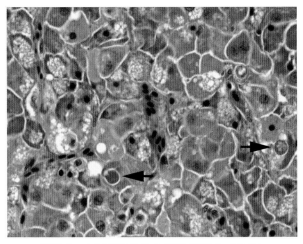

图5-6 大西洋鲑传染性胰腺坏死病（高倍）

注：箭头示肝细胞凋亡

gonad, RTG-2）等鲑科和非鲑鳟细胞系。此外，也可使用免疫荧光标记的特异性抗体检测贴壁白细胞（图5-8）。IPNV属于双链RNA病毒科的双链RNA病毒，至少含有9个血清型。目前，市场上已经有商品化的口服和注射疫苗。

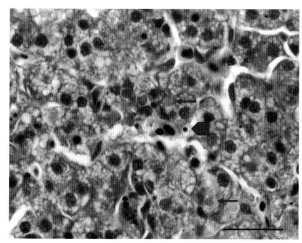

图5-7 大西洋鲑传染性胰腺坏死病感染后期特征（标尺＝20μm）

注：肝细胞核固缩（粗箭头），细胞完整性受损，并伴有凋亡（箭头）和坏死

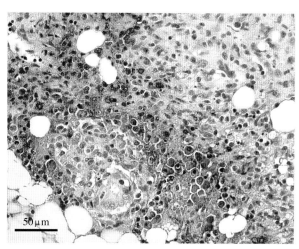

图5-8 养殖大西洋鲑传染性胰腺坏死病（免疫后胰腺区域肉芽组织免疫组化呈强阳性）

第二节 传染性鲑鱼贫血病

传染性鲑鱼贫血病（infectious salmon anaemia, ISA）是一种传染性较强的病毒性疾病，自然感染仅见于大西洋鲑。20世纪80年代中期，在挪威水产养殖中首次确诊，之后在加拿大、法罗群岛、苏格兰、美国、爱尔兰和智利养殖鱼类中也有报道。在海水养殖场或在掺有淡水用于调节海水的酸碱度（pH）或促进幼鲑发育的孵化场均有发病。在实验条件下，褐鳟可携带并传播该病毒。大多数新发疫情都与春秋季节温度的快速变化有关。鲑亲鱼对病毒的敏感性有较大差异。

病鱼嗜睡、精神萎靡，沉于网箱底部。在急性发病期死亡率很高，但是在发病的早期可能观察不到死亡。大体上病鱼表现为腹部膨大、眼球点状出血、鳃发白并伴有出血点。偶尔可见病鱼表现活动亢进，或围绕身体中轴打转的神经症状。剖检症状主要为腹水、鳔水肿、脾脏肿大、肝脏暗黑（图5-9）。

传染性鲑鱼贫血病病毒为不溶解内皮细胞的病毒，在感染循环系统的内皮细胞系后，不产生血管炎。而且，在肝脏、心脏和肾脏等坏死实质细胞中也不存在病毒颗粒。病毒吸附模式可反映病毒的分布情况，表明病毒受体对病毒的细胞偏好性以及红

图5-9 大西洋鲑传染性鲑鱼贫血病的典型症状（肝脏发黑）

细胞吸附性具有重要作用。发病后期，肾脏表现为典型的融合性出血灶，在北美亲鱼中尤为常见。挪威和苏格兰的患病鲑中可见肝血窦扩张，有桥状坏死灶①，残存肝组织包绕着小型和中型静脉（图5-10和图5-11）。前肠固有层充血明显并伴有广泛性出血，脾脏实质可见瘀血并伴有少量红细胞吞噬现象（图4-11）。

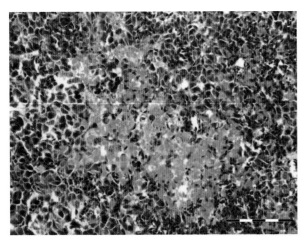

图5-10 大西洋鲑传染性鲑鱼贫血病（头肾局灶性出血，低倍）

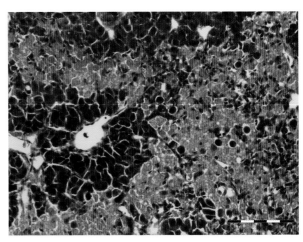

图5-11 养殖大西洋鲑传染性鲑鱼贫血病（肝脏呈典型的桥状坏死和出血，标尺＝100μm）

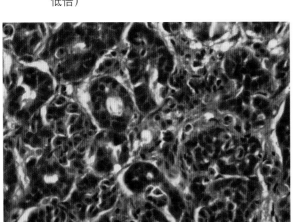

图5-12 大西洋鲑传染性鲑鱼贫血病，斯坦尼斯小体弥漫性出血（中倍）

同样，斯坦尼斯小体（corpuscles of Stannius）表现出广泛性出血（图5-12）。血液学的变化有：红细胞胞浆中出现空泡，白细胞减少，而且在一些患病严重的鱼体中血细胞比容降到5以下。在鉴别诊断时需与病毒性出血性败血症相区别。

ISA病毒属于正黏病毒科。尽管目前还不清楚该病毒的自然宿主，但存在于海洋生物中的可能性较大。在鳟、虹鳟、北极红点鲑、大麻哈鱼、大鳞大麻哈鱼、银鲑以及鳕和鲱等海水鱼类中都有亚临床感染的记录。有研究表明，病毒可通过血液、体表黏液和粪便进行传播，鳃的毛细血管网状结构是最重要的传播途径。病毒也可通过病毒携带者或患病鱼进行传播，如来自屠宰场的水和血液。海鲺（*Lepeophtheirus* spp. 和 *Caligus* spp.）也可能是病毒的载体。海鲺侵染造成应激，使得鱼体更加容易感染病毒。有观点认为病毒可垂直传播，但目前还存在争议，尚无定论。

该病的诊断主要依据典型的临床症状、组织病理学变化和病毒的细胞分离。适宜的细胞有鲑头肾细胞系（salmon head kidney, SHK-1）、大西洋鲑肾细胞系（Atlantic salmon kidney, ASK）和大鳞大麻哈鱼胚胎细胞系（chinook salmon embryo, CHSE-214）。免疫组化和PCR也可用于检测该病

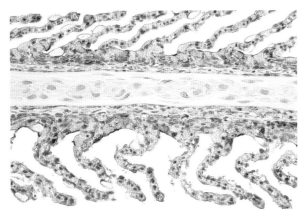

图5-13 养殖鲑传染性鲑鱼贫血病（鳃泌氯细胞呈强阳性，中倍）

① 译者注：相邻肝小叶的中央静脉之间，中央静脉与汇管区或汇管之间的条索状坏死。

毒，特别是造血组织、心内膜和泌氯细胞（图5-13）。ISAV不同毒株的高度多态区域（编码血凝素-酯酶蛋白的第6个基因片段中的区域，简称HPR）的基因序列有差别。HPR区域缺失（HPRΔISAV）是ISAV致病的可靠标志。HPR区域没有缺失的ISA毒株（HPR0ISAV）仅在无症状的鱼体中检出，目前尚未在病鱼中检测到。逆转录聚合酶链式反应（RT-PCR）是比较灵敏的检测方法，可用于检测带毒鱼。目前已有该病毒的商品化疫苗。

第三节　马苏大麻哈鱼病毒

马苏大麻哈鱼病毒（*Oncorhynchus masou* virus, OMV）是一种致命且会导致严重经济损失的病原。OMV最初分离自日本北海道马苏大麻哈鱼成鱼内陆养殖种群的卵巢液中，但目前在野生种群中也有报道。银鲑、大麻哈鱼、红鲑和虹鳟等其他鲑鳟的幼鱼也对马苏大麻哈鱼病毒易感，且死亡率很高。

患病鱼体色发黑，常出现明显的突眼和颌下部与腹侧点状出血。上皮瘤首先出现在口腔周围（上、下颌），继而出现在尾鳍、鳃盖和体表（图5-14）。肝脏表面出现白色斑点，随着疾病的发展，整个肝脏颜色变成珍珠白。肾脏发白，肝脏严重的多灶性坏死也是常见的解剖病变。鳃上皮细胞肿胀、脱落。脾脏明显肿大并伴有椭球体坏死，消化道中常无食糜。

人工感染马苏大麻哈鱼病毒的研究发现：不同种类的鲑苗的组织病理学变化有差异。对于大麻哈鱼，最明显的靶器官是肾脏，表现为造血组织坏死，透明滴状变，核固缩。脾脏、肝脏、胰腺和胃可见部分坏死。然而，马苏大麻哈鱼虽然也出现造血器官坏死的病理变化，但肾小球和肾小管变化不大。马苏大麻哈鱼病毒具有致癌性，幸存鱼下颌上皮出现肿瘤，肿瘤也可见于鳍条、体表、角膜处。根据增生物的多核有丝分裂现象，将这些赘生物定义为乳头状瘤（图5-15）。

图5-14　马苏大麻哈鱼病毒病，银鲑下颌乳头状瘤（标尺＝100μm）

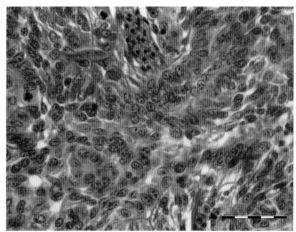

图5-15　患马苏大麻哈鱼病毒病的大麻哈鱼乳头状瘤横切面（标尺＝50μm）

注：示上皮细胞增生，由薄层结缔组织支撑

马苏大麻哈鱼病毒属鲑科疱疹病毒2型（salmonid herpesvirus type 2, SalHV-2），患病鱼和隐性携带者都可传播该病毒。SalHV-2存在于粪便、尿液和孵化时性腺的产物中，还有可能存在于体表黏液中。该病毒可通过直接接触、水体以及卵进行传播。有症状和无症状的带毒鱼都能将病毒传播给未感染的群体。

诊断该病可使用大鳞大麻哈鱼胚胎细胞系（CHSE-214）或虹鳟性腺细胞系（RTG-2）进行病毒分离，或使用抗马苏大麻哈鱼病毒的特异性血清做中和试验。用免疫荧光或ELISA能直接对组织进行病毒抗原检测。诊断时需与传染性造血器官坏死症、眩晕病和病毒性出血性败血症进行区别。

第四节　鱼呼肠孤病毒（心肌和骨骼肌炎症）

鱼呼肠孤病毒（piscine reovirus，PRV）近年来被报道是鱼心肌和骨骼肌炎症（heart and skeletal muscle inflammation，HSMI）。HSMI是海水养殖大西洋鲑的一种全身性病毒性疾病。1999年，该病在挪威首次发生后，很快在全国水产养殖范围内蔓延传播，并造成重大损失。在苏格兰的养殖鲑也发生了相同情况。用PCR对挪威海岸捕获的海水鱼进行检测，在银针鱼、毛鳞、大西洋鲱和鲭中都可检出PRV。

HSMI在鱼被转移到海水中生长5～9个月后暴发。受感染的网箱养殖鱼患病率极高，死亡率高达20%。临床症状表现为食欲减退、游动异常；剖检症状为心脏发白、肝脏呈黄橙色、腹水、脾脏肿大、内脏器官可见出血点。

在心脏和骨骼红肌中可观察到典型的组织病理学变化。红肌受到严重影响，病理变化为肌细胞变性和炎性细胞浸润（图5-16和图5-17）。心脏的病理变化早期表现为典型的冠状动脉血管相关分支的血管周炎、心内膜炎、局灶性心肌炎（图5-18）以及严重的心外膜炎（图5-19）。这些病变进一步扩散到整个心肌，并发展成为动脉性心肌炎、多灶性坏死，在心肌海绵层和致密层的肌细胞内及间质中有大量中性粒细胞和巨噬细胞浸润。感染的心肌细胞核浓缩、变小，或聚集呈巢状。此外，心肌细胞还可出现细胞核代偿性肥大，呈现Antischkow细胞核的特征[①]。心房的病灶类似于心肌海绵层的病灶，但程度较轻。

心脏以外的器官病灶较少，但是可以观察到整个肝脏充血，多灶性坏死，肝细胞空泡化、细胞核固缩和溶解。此外，在鳃、肾脏及脾脏有出血和红细胞淤积现象。

PRV属于呼肠孤病毒，广泛分布于养殖鲑科鱼类。目前尚不清楚其感染途径。但是，用实时荧光PCR检测发现挪威水域中几种非鲑科鱼类有较低的检出率，表明宿主和病毒携带者之间有复杂的关系。可依据组织病理及免疫组化方法观察心脏和红肌中的组织变化，并根据PCR检测PRV的结

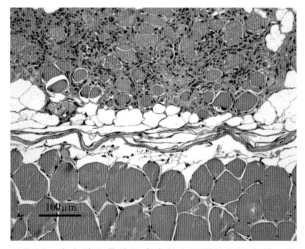

图5-16　患心脏和骨骼肌炎症的大西洋鲑红肌变性、发炎（上部）

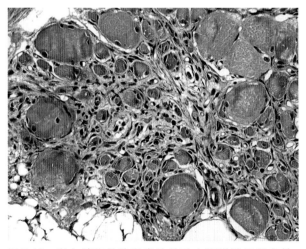

图5-17　患心脏和骨骼肌炎的养殖大西洋鲑红肌变性、发炎（横切面，中倍）

① 译者注：Antischkow细胞是急性风湿性心脏炎时一种特殊的细胞，细胞又细又长，有一个长梭形细胞核。

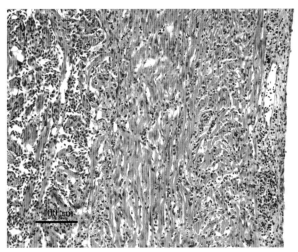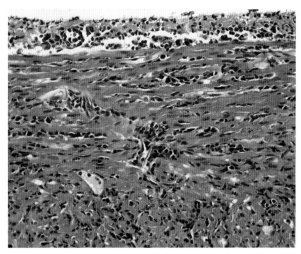

图5-18　患心脏和骨骼肌炎的养殖大西洋鲑严重的心肌　　图5-19　养殖大西洋鲑心脏和骨骼肌炎，心包炎，致密
　　　　炎和心外膜炎　　　　　　　　　　　　　　　　　　　　　　层心肌炎（中倍）

果进行诊断。可根据心脏的病变及部位、胰腺病变和红肌病理学变化，将鱼呼肠孤病毒病与胰腺病（pancreas disease, PD）、心肌病综合征（cardiomyopathy syndrome, CMS）鉴别开来。目前尚无有效的治疗方法和疫苗。减少活鱼运输中的应激和限制可预防该病。

第五节　鲑白血病病毒

　　鲑白血病病毒（salmon leukaemia virus, SLC）可引起北美西海岸养殖的大鳞大麻哈鱼出现浆细胞白血病（plasmacytoid leukaemia, PL）。美国淡水养殖的鲑和智利网箱养殖的鲑都有发生PL的报道。实验条件下，其他鲑科鱼类如银鲑、红鲑和大西洋鲑也易感。患病鱼体色发黑、嗜睡、双侧眼球明显外突。病鱼通常鳃发白，浮于水面。脾脏、肾脏和眼球后组织肿大出血，肝脏、肠系膜脂肪、胰腺和骨骼肌等器官点状出血。组织病理学变化表现为内脏器官和眼球后组织中浆母细胞和淋巴细胞的增生和浸润（图5-20和图5-21）。浆母细胞细胞核分叶，核仁明显。肾脏呈轻微到中度的造血组织增生。

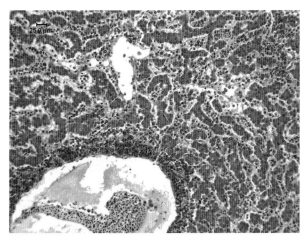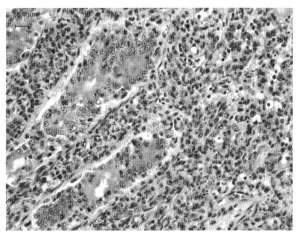

图5-20　养殖大鳞大麻哈鱼浆细胞白血病（肝血窦中浆　　图5-21　大鳞大麻哈鱼肠道固有层浆母细胞浸润（中倍）
　　　　母细胞浸润，中倍）

有研究结果表明该增生是瘤性增生而非一种反应性浆细胞增多。一些研究表明，核内寄生的微孢子虫（鲑核孢子虫 *Nucleospora salmonis*）与PL发生有关，推测其可能协同促发浆细胞白血病。浆细胞白血病的诊断，以检查到大量的浆母细胞为依据，结合间接免疫荧光法（IFAT）进行确诊。

第六节　病毒性出血性败血症

　　病毒性出血性败血症（viral haemorrhagic septicaemia, VHS）是一种严重的传染性疾病，主要感染虹鳟和褐鳟，同时也感染日本牙鲆、大菱鲆和白鲑。养殖在淡水中的虹鳟是主要的易感动物，其他淡水和海水环境中的鲑科和非鲑科鱼类也会被感染。2003年，北美五大湖暴发了VHSV（viral haemorrhagic septicaemia virus），表明该病毒能引起淡水鱼类广泛死亡。该病发生时多呈急性到慢性感染，在水温波动，特别是低于14℃时常发。

　　该病引起的病症较多。临床症状有：嗜睡，体色发黑，眼球突出，严重的出血性贫血，由于肝脏、脾脏和肾脏水肿造成腹部肿胀明显（图5-22和图5-23）。该病可能并伴有游动失调、腹水、肠道

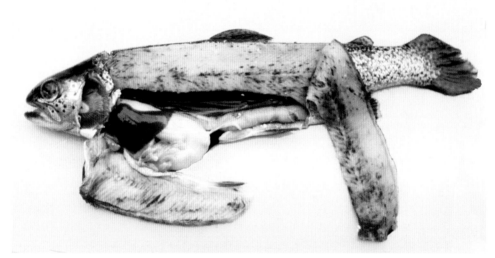

图5-22　虹鳟病毒性出血性败血症（示肌肉广泛性出血斑和鳃丝发白）

图5-23　养殖虹鳟病毒性出血性败血症（示幽门处大量出血斑）

内缺少食物的症状。大多数鱼体病理学变化不明显。感染VHSV的典型特征为血管内皮受损引起骨骼肌、脑膜、肠黏膜和眼睛出血。VHS急性发病时死亡率极高，且与发病年龄相关：鱼苗死亡率高达100%；成鱼死亡率相对较低，一般为30%～70%。从淡水移至海水中养殖的鱼在一个月内死亡率达80%。

　　病理学变化主要表现为：多灶性坏死性肝炎，偶见肝脏出血性坏死；心内膜炎；肾脏和脾脏表现明显的出血性坏死。感染后期肾小管坏死，严重时肾小球出现类似膜性肾小球肾炎的变化以及灶性坏死和变性，并伴有白细胞浸润和细胞碎片。肝血窦瘀血，肝细胞大面积坏死，大量细胞核固

缩或溶解。脾脏表现为严重的血管炎。脑坏死灶边缘出血，免疫组化染色显示小脑的蒲肯野氏细胞和内颗粒层呈阳性（图5-24）。肌纤维和肌束通常出现肌间出血（图5-25）。慢性发病死亡率低，病程长。在这个阶段，肝血窦瘀血、扩张。潜伏感染期或"敏感期"的死亡率很低，鱼体表现正常。但有些鱼因平衡受到影响而活动异常，常表现为旋转状游动。病毒携带者未见明显的组织病理学变化。

病毒的传播和疫病的暴发，与易感鱼的发育阶段及水温有关。VHSV在鱼体之间传播，幸存下来的鱼成为带毒鱼，不断释放病毒。实验证实：与病鱼混养、浸泡、口服和注射病毒都可以造成

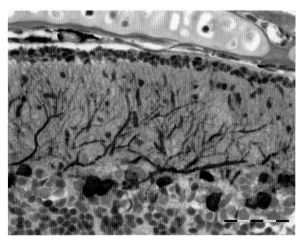

图5-24 虹鳟苗病毒性出血性败血症（标尺＝50μm）

注：小脑免疫组化染色，病毒位于蒲肯野氏细胞和内颗粒层

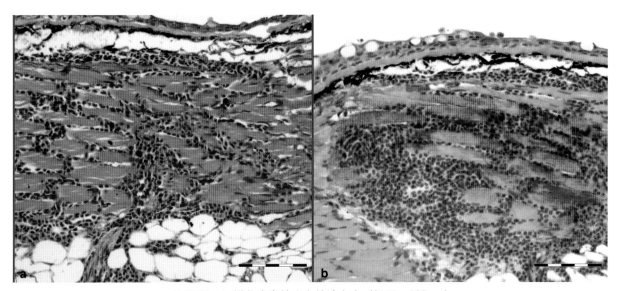

图5-25 虹鳟苗病毒性出血性败血症（标尺＝100μm）

a.肌间出血 b.同一区域免疫组化染色呈红色的VHSV

VHSV传播，但是尚未发现垂直传播的现象。VHSV从感染鱼体内释放到环境中，在水体中可存活数日。病毒通过水流扩散，对其他养殖鱼类或野生种群造成很大的威胁。有证据显示病毒可从野生海水鱼传播到养殖鱼。

VHSV为单链、负义链RNA病毒，属于弹状病毒科。序列分析显示不同地域的毒株差别较大，但来源于不同宿主的毒株序列差别不大。根据地域的不同，将所有病毒毒株分为4个基因型。

如果易感鱼出现很高的死亡率，特别是虹鳟鱼苗或一龄鱼有明显症状和行为异常，就可以进行初步诊断。组织病理学变化也可用于进一步的病毒确诊。通常，需要对肾脏和脾脏等组织中的病毒进行分离并用特异性抗体进行检测。适合VHSV增殖的细胞系有鲤上皮瘤细胞系（EPC）、蓝鳃太阳鱼细胞系（BF-2）和虹鳟性腺细胞系（RTG-2）。此外，可使用RT-PCR检测，对扩增产物进行测序鉴定。本病需要与出血性幼鲑综合征进行鉴别诊断。

第七节　传染性造血器官坏死症

传染性造血器官坏死症（infectious haematopoietic necrosis, IHN）是由传染性造血器官坏死病毒（infectious haematopoietic necrosis virus, IHNV）所引起的致死性、全身性的疾病，多发生于幼鱼。野生太平洋鲑对IHNV有天然的抗病力，但是加拿大太平洋沿岸养殖的大西洋鲑不是本地品种，不具有天然免疫力，极易暴发该病，造成大量死亡。养殖虹鳟中表现出IHNV有基因的变化，表明其与宿主特异性和病毒毒力有关。

该病毒最早出现于北美地区，感染动物的运输是病毒传播到亚洲和欧洲的主要因素。太平洋鲑、鳟和鲱是IHNV的携带者。水温是影响疾病发展的主要因素，自然环境下，IHN在15℃以上很少发生。急性感染时，死亡率迅速上升，鱼苗嗜睡，停留在水体边缘，游动异常（如旋转、惊厥等）。大鱼很少出现行为变化，表现为：鳃发白、体色发黑、眼球突出（图5-26），腹部肿胀，头部和背鳍之间皮下出血明显，体腔内和肠道内经常含水样、黄色的液体，腹膜脏层出血。

图5-26　虹鳟传染性造血器官坏死症（眼球突出、出血）

造血器官后肾、脾脏、胰腺和消化道出现明显的组织病理学损伤（图5-27和图5-28）。患病鱼肾脏首先出现变性坏死，接着巨噬细胞增多，之后细胞出现空泡变性、核染色质边移。随后所有器官的

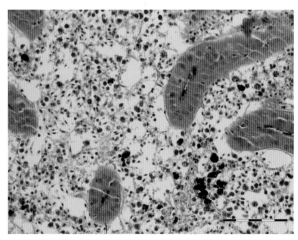

图5-27　虹鳟传染性造血器官坏死症（肾间质灶性坏死，标尺 = 100μm）

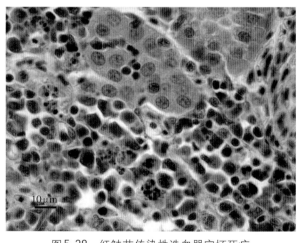

图5-28　红鲑苗传染性造血器官坏死症

注：图中肾造血组织细胞核固缩和碎裂，浅色的嗜酸性肾上腺细胞的胞核增大

组织均出现淋巴细胞坏死，细胞核固缩、核碎裂及溶解。此外，患病鱼出现血管严重受损和多发性心肌炎病变。肝脏和胰腺可能出现坏死。消化道颗粒层和致密层坏死是IHNV的特征性病理变化，坏死细胞的脱落和排出是该病的散播途径。

患IHN的亲鱼可作为该病的传染源，而通过鳃传播是最重要的传播途径。该病可水平传播，也可垂直传播。

IHN的病原IHNV是弹状病毒科弹状病毒属的代表种。IHN的诊断主要基于典型的组织病理学变化观察、免疫组化染色（图5-29和图5-30）、CHSE-214细胞系进行病毒的分离及用血清中和试验。该病需要与传染性胰腺坏死病相区别。目前已经证明口服IHN DNA疫苗可预防该病，但是这种方法仍需要进一步改进。

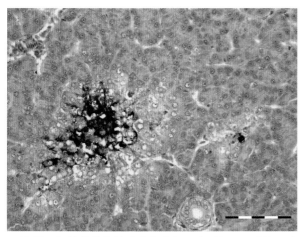

图5-29　红鲑苗传染性造血器官坏死症（标尺＝100μm）
注：图中肝细胞坏死，免疫组化检测呈强阳性

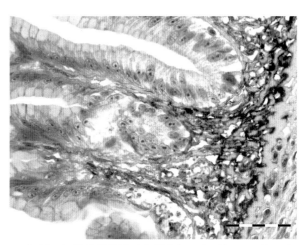

图5-30　红鲑苗传染性造血器官坏死症（标尺＝50μm）
注：免疫组化方法检测肠道固有层呈强阳性

第八节　牙鲆弹状病毒

1984年，牙鲆弹状病毒（hirame rhabdovirus，HRV）从患病日本牙鲆中首次被检出。随后，在鲷中也有发病的报道。在欧洲，波兰的一个河鳟和褐鳟的养殖场首次检出牙鲆弹状病毒，推测该病毒来自亚洲国家并且有可能造成了淡水鱼的感染。

对多种鲑科鱼类（如虹鳟、大麻哈鱼、银鲑、马苏大麻哈鱼和细鳞大麻哈鱼）进行感染实验研究，结果发现通过水体直接传播感染的虹鳟病毒滴度最高。组织病理学检查HRV感染的虹鳟，可见肾脏和脾脏坏死、出血，骨骼肌表现为出血和充血。因为该病症状和VHS有些类似，所以在对养殖虹鳟进行诊断时要与VHS鉴别开来。实时荧光定量PCR是一种可以定量检测样品中HRV的可靠、灵敏和特异性的检测方法。如发生病毒传播，还需进一步评估对养殖鱼类的潜在影响。

第九节　鲑甲病毒（胰腺和昏睡病）

鲑甲病毒病（salmonid alphavirus，SAV）是感染养殖大西洋鲑（胰腺病，pancreas disease，PD）和

虹鳟（昏睡病，sleeping disease, SD）的一种严重传染性疾病。1976年，苏格兰首次报道该病在鲑中发生，并相继在挪威和爱尔兰暴发。1994年，法国在虹鳟中出现类似的疾病；1995年，爱尔兰从患胰腺病的鱼体中分离到该病毒；1997年，法国在患昏睡病鱼体中分离到相同病毒，并最终确定病原为鲑甲病毒。SAV属于披膜病毒科甲病毒属一个不太典型的新成员。目前SAV具有6个亚型（SAV1型、2型、3型、4型、5型和6型），均可感染海水鲑，但仅3型和2型SAV在挪威养殖鲑中发现。从淡水虹鳟分离到的SAV被划分为2型，苏格兰海水鲑中也有2型SAV感染的报道。SAV已成为英国、爱尔兰和挪威养殖鲑鳟所面临的主要疾病。同时，在欧洲大陆的法国、西班牙、意大利和德国也有SD发生的病例；1987年在北美的大西洋鲑中也发生过一次。

　　PD和SD这两种疾病的临床症状相似，但是仅在虹鳟中有昏睡症状。其他共有症状包括：食欲废绝、身体消瘦（图5-31）、嗜睡、死亡率增加、聚集在浅水区域停止游动。在胰腺病后期，鱼体外观正常，可能出现螺旋状游动，或停留在网箱的底部（类似于昏睡病），对抓捕异常敏感，可能导致其"突然死亡"。这种现象在苏格兰和挪威鲑养殖的成鱼中比较常见。剖检发现肠道空虚无食物，幽门盲囊脂肪减少且有斑状出血。患病鱼常继发感染寄生虫或细菌，成为"发育不良"鱼。

图5-31　养殖大西洋鲑慢性胰腺病

　　自然发生胰腺病/昏睡病的鱼体，其病理学变化主要位于胰腺、心脏和骨骼肌。病灶的严重程度和分布取决于初始感染的时间。同一网箱中的同一批鱼群感染不可能同步，因此一个鱼群中不同个体的组织病理学变化的程度和严重性不同。首先出现的病灶是坏死的急性期的胰腺腺泡细胞。胰腺发生不同程度的炎症，从无到有中等程度的单核细胞浸润和/或周边组织的纤维化，同时外分泌部消失（图5-32）。胰腺分泌部分不是靶组织。几乎同时或稍后，可观察到心脏病变。心肌海绵层和致密层出现肌细胞变性和多灶性心肌坏死。病灶处呈典型的单个或多个细胞萎缩，细胞质嗜酸性增强，细胞核浓缩。自心室的致密层和海绵层连接处可见大量细胞增生，在疾病恢复期可见心肌细胞核肥大（图5-33和图5-34）。处于不同生活阶段（幼鲑与成鱼）的患病鱼表现症状不同，心肌细胞有丝分裂相在患病幼鲑均可观察到，而在患病成鱼则很少或不出现。在胰腺和心脏出现病理学变化3～4周后，骨骼肌开始出现变化。红肌和白肌均受到影响，肌纤维透明变性，肌浆肿胀（图5-35）。白肌的肌纤维呈强嗜酸性，细胞核向中心偏移。肌浆有吞噬巨噬细胞渗入，后期可见不同程度的炎症和纤维化。红肌层呈相似的肌浆病理学变化，但受损组织的比例要高于白肌。处于恢复中的嗜碱性的红肌中可见不同程度的炎症和肌内膜纤维化（图5-36）。肌酸磷酸激酶（creatine phosphokinase，CPK）水平在发病初期较低，但在慢性疾病期升高。

　　幸存鱼的胰腺可以恢复。在感染4周后，外分泌组织即开始再生。但是，部分鱼会发展成慢

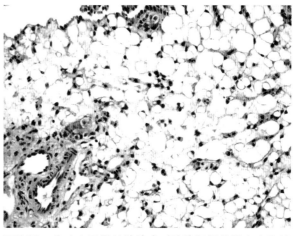

图5-32　养殖大西洋鲑胰腺病（胰腺组织轻微出血和消失，中倍）

性的胰腺病，腺泡细胞大量减少，周围组织可能纤维化。这种状况通常见于发育不良的鱼。

　　胰腺病主要发生于一龄的海水鲑，其他年龄段的鱼也易发生。PD在6月下旬到11月多发，且在

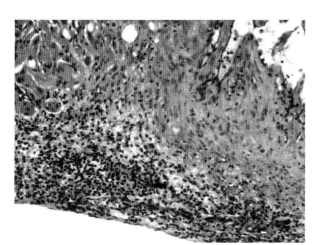

图5-33　大西洋鲑胰腺病（心室致密层与海绵层连接处细胞成分增多，中倍）

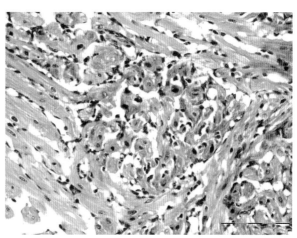

图5-34　养殖大西洋鲑胰腺病（心肌海绵层心肌细胞灶性坏死并伴有炎症反应，中倍）

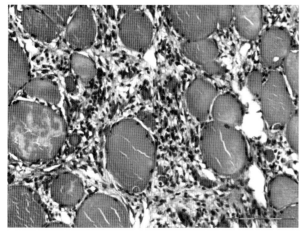

图5-35　大西洋鲑胰腺病（肌纤维变性肿胀、肌浆碎裂，中倍）

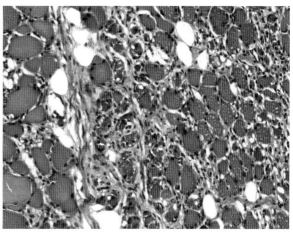

图5-36　大西洋鲑胰腺病（肌内膜炎症和纤维化，红肌纤维处于恢复状态，中倍）

海水养殖期间随时都会复发。对于昏睡病，则所有年龄段的鱼易感，水温10℃左右是发病高峰，鱼苗（10～15g）死亡率可达50%；和胰腺病一样，受到感染的成鱼不出现临床症状，但会长期带有病毒。

SAV亚临床感染情况下几乎不出现临床症状，没有明显死亡，组织病理学变化相对不大，表明一个种群发病的严重性受到环境、宿主和/或病原等多种因素的综合影响。此外，不论休塘期有多长，在曾发病的区域重新引入的鱼群比较容易发病。这说明在这些区域还有海水或淡水的病毒载体存在。实验室通常使用PCR检测病毒核酸，然后用分子进化分析E2基因来确定其亚型。

胰腺病的诊断主要基于组织病理学观察、病毒培养和PCR检测，检测的器官是心脏，而不是肾脏。诊断该病要与心肌病综合征（CMS）和鱼呼肠孤病毒病两种疾病鉴别开来。有证据表明，随着管理措施不断改进及疫苗的广泛使用，该病发病情况在不断减少。

第十节　鱼心肌炎病毒症（心肌病综合征）

心肌病综合征（cardiomyopathy syndrome, CMS）是一种慢性的心脏疾病，主要影响海水养殖的大西洋鲑，病原是鱼心肌炎病毒（piscine myocarditis virus, PMV）。在野生鲑中可见与心肌病综合征一样的病变，但是其他鲑科鱼类中还没有检出。1985年该病在挪威首次报道，随后在苏格兰、法罗群岛和加拿大等其他鲑养殖的主要地区也有发生。心肌病综合征是一种慢性病，病程在几个月以上。移至海水中的12～18个月大的鱼和靠近屠宰场养殖的鱼死亡率比较高（图5-37）。育成鱼养殖期间

图5-37　品质好、已到商品规格的患心肌病综合征的养殖大西洋鲑

的高死亡率不会引起经济损失，但是达到商品规格的价值较高的鱼突然死亡会带来较大的经济损失。患病鱼临床症状表现为大面积的腹侧体表鳞片囊性水肿和出血（图5-38）。剖检可见围心腔中心包积血和/或有血凝块。长期心功能不全和血凝块造成严重堵塞，使得心房或静脉窦出现或大或小的破裂，引起出血。当静脉窦破裂向后延伸到横隔，也可导致腹腔前部严重出血。此外，常见的症状还有腹水、肝脏颜色不均、外周有纤维蛋白膜包裹，以及全身性瘀血。心脏堵塞和血液大量丢失会造成急性死亡（图5-39）。心房呈现典型的扩张，有时充满血凝块。整个心室可能会隐藏在大的血凝块中（图5-40）。

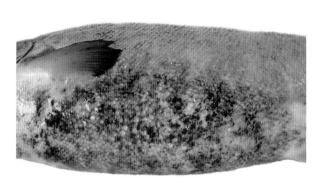

图5-38 养殖大西洋鲑心肌病综合征（腹侧鳞囊弥漫性水肿和出血）

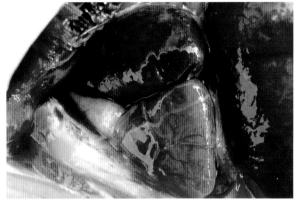

图5-39 养殖大西洋鲑心肌病综合征晚期（心房严重扩张）

　　组织病理学上，心房最早出现病变，可见多形细胞核，病变向心内膜下渗入。损伤发展至心室海绵层的内膜，肌纤维明显增厚，外层的致密层到海绵层心肌条纹轻度受损。损伤逐渐从心肌小梁的单病灶性发展成多病灶性或弥漫性变性，且围绕在冠状血管内壁以及心外膜中的单核细胞、淋巴细胞和浆细胞增多（图5-41和图5-42）。这些细胞经常侵入心内膜下（图5-43）。相关的病变还有附壁血栓（图5-44），心肌细胞核肥大（心脏衰竭的一个代偿反应），细胞核积聚成"巢状"。心室的心肌致密层通常不会受到影响，但心外膜严重的炎症反应较为常见（图5-45）。有些鱼可见心肌细胞核肥大，类似Anitschkow细胞，被认为与心肌修复有关。在一些肝脏切片上，还可观察到中央静脉内膜轻度的环状纤维化。本病应与鱼呼肠孤病毒病和鲑胰腺病（salmonid pancreas disease, PD）进行鉴别诊断，多种病毒性病原共同感染有时会影响组织病理学的判断。

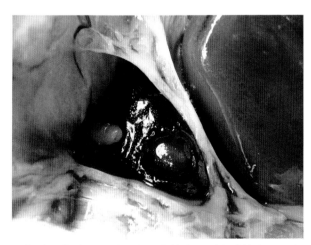

图5-40 养殖大西洋鲑心肌病综合征（心脏堵塞可见部分位于血凝块中的心室和动脉球）

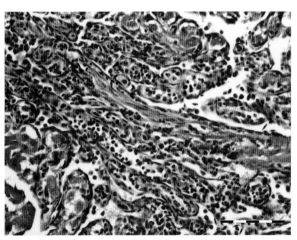

图5-41 养殖大西洋鲑心肌病综合征（心肌海绵层坏死、单核细胞浸润、明显的心内膜炎，标尺＝50μm）

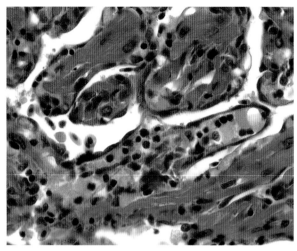

图 5-42　养殖大西洋鲑心肌病综合征（心肌海绵层出现严重的心肌变性和炎症，高倍）

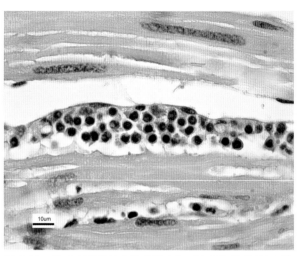

图 5-43　养殖大西洋鲑心肌病综合征（心肌海绵层纵切面）

注：可见早期心内膜下单核细胞的浸润

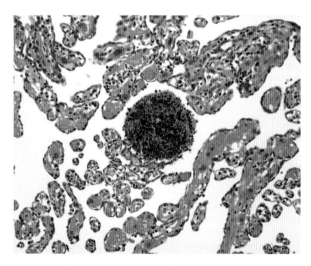

图 5-44　养殖大西洋鲑心肌病综合征（心肌海绵层血管中的血栓，中倍）

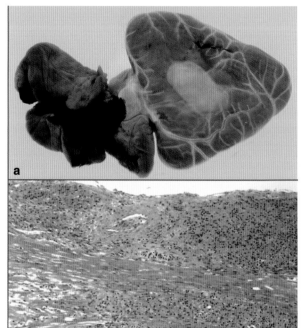

图 5-45　养殖大西洋鲑亲鱼心室后端（标尺 = 200μm）

a.纤维素性心外膜炎　b.增生性心外膜炎

第十一节　红细胞包涵体综合征

红细胞包涵体综合征（erythrocytic inclusion body syndrome，EIBS）是一种由红细胞包涵体病毒引起的疾病。曾有报道这类病毒可感染养殖和野生的大西洋鲑、大麻哈鱼、大鳞大麻哈鱼、银鲑和虹鳟。此病多发生在海水鱼，但也有一些淡水鱼发病的报道。

患病鱼可能表现为嗜睡、鳃丝发白、色素异常沉积。剖检症状为脾肿大和渐进性贫血，但是众多报道指出病毒感染和临床症状之间无明显相关性。实验室研究结果发现，病鱼的红细胞压积降低。每一个感染周期约为45天，水温升高是激发感染的一个因素，存活下来的鱼不易再次感染。该病造成的损失不大，但是鱼容易继发感染细菌和真菌，从而引起间接的死亡。组织学观察显示脾脏椭球体内有含铁血黄素沉积，但肾脏中则较少；尽管肾脏有造血器官坏死的报道。同样，肝细胞也较少发生坏死。

用姬姆萨染色患红细胞包涵体综合征鱼的血涂片，可观察到圆形到椭圆形、随机分散的、单个或多个嗜碱性的细胞质内包涵体（0.8～3μm）（图5-46）。电镜下，可观察到二十面体的球形病毒颗粒，核衣壳直径为60～80nm。病毒基因组为单股RNA，其特性与披膜病毒科（Togaviridae）的病毒相似。虽然将患病鱼与健康鱼共同饲养可成功建立感染模型，但目前尚未成功分离培养该病毒。

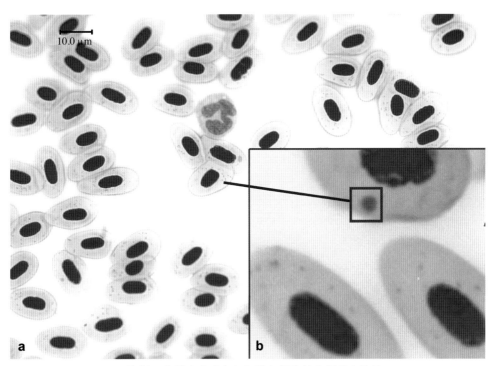

图5-46 大鳞大麻哈鱼红细胞包涵体综合征的血涂片

a.示红细胞内嗜碱性包涵体，姬姆萨染色 b.局部高倍放大

延伸阅读

Aamelfot M, Dale OB, Weil SC, Koppang E, Falk K (2012) Expression of the infectious salmon anemia virus receptor on Atlantic salmon endothelial cells correlates with the cell tropism of the virus. J Virol 86:10571–10578

Ahmadi N, Oryan A, Aklaghi M, Hosseini A (2013) Tissue distribution of infectious pancreatic necrosis virus serotype Sp in naturally infected cultured rainbow trout, *Oncorhynchus mykiss* (Walbaum): an immunohistochemical and nested-PCR study. J Fish Dis. doi:10.1111/jfd.12072

Al-Hussinee L, Lord S, Stevenson RMW, Casey RN, Groocock GH, Britt KL, Kohler KH, Wooster GA, Getchell RG, Bowser PR, Lumsden JS (2011) Immunohistochemistry and pathology of multiple Great

Lakes fish from mortality events associated with viral haemorrhagic septicemia virus type IVb. Dis Aquat Org 93:117–127

Aldrin M, Storvik B, Frigessi A, Viljugrein H, Jansen PA (2010) A stochastic model for the assessment of the transmission pathways of heart and skeletal muscle inflammation, pancreas disease and infectious salmon anaemia in marine fish farms in Norway. Prev Vet Med 93:51–61

Boucher P, Baudin Laurencin F (1994) Sleeping disease (SD) of salmonids. Bull Eur Assoc Fish Pathol 14:179–180

Brudeseth BE, Castric J, Evensen Ø (2002) Studies on pathogenesis following single and double infection with viral haemorrhagic septicemia virus and infectious hematopoietic necrosis virus in rainbow trout (Oncorhynchus mykiss). Vet Rec 39:180–189

Brun E, Poppe T, Skrudland A, Jarp J (2003) Cardiomyopathy syndrome in farmed Atlantic salmon Salmo salar: occurrence and direct financial losses for Norwegian aquaculture. Dis Aquat Org 56:241–247

Bruno DW (2004) Changes in prevalence of clinical infectious pancreatic necrosis among farmed Scottish Atlantic salmon, Salmo salar L. Aquaculture 235:13–26

Bruno DW, Noguera PA (2009) Experimental transmission of cardiomyopathy syndrome (CMS) in Atlantic salmon Salmo salar. Dis Aquat Org 87:235–242

Christiansen DH, Østergaard PS, Snow M, Dale OB, Falk K (2011) A low-pathogenic variant of infectious salmon anemia virus (ISAVHPR0) is highly prevalent and causes a non-clinical transient infection in farmed Atlantic salmon (Salmo salar L.) in the Faroe Islands. J Gen Virol 92:909–918

Craig S, Kent ML, Dawe SC (1993) Hepatic megalocytosis in wild and farmed chinook salmon Oncorhynchus tschawytscha in British Columbia, Canada. Dis Aquat Org 16:35–39

Crane M, Hyatt A (2011) Examples of emerging virus diseases in salmonid aquaculture. Viruses 3:2025–2046

Eaton WD, Folkins B, Bagshaw J, Traxler G, Kent M (1993) Isolation of a retrovirus from two fish cell lines developed from Chinook salmon (Oncorhynchus tshawytscha) with plasmacytoid leukaemia. J Gen Virol 74:2299–2302

Evensen Ø, Thorud KE, Olsen YA (1991) A morphological study of the gross and light microscopic lesions of infectious salmon anaemia in Atlantic salmon (Salmo salar). Res Vet Sci 51:215–222

Ferguson HW, Poppe T, Speare DJ (1990) Cardiomyopathy in farmed Norwegian salmon. Dis Aquat Org 8:225–231

Ferguson HW, Kongtorp RT, Taksdal T, Graham D, Falk K (2005) An outbreak of disease resembling heart and skeletal muscle inflammation in Scottish farmed salmon, Salmo salar L., with observations on myocardial regeneration. J Fish Dis 28:119–123

Finstad OW, Falk K, Løvoll M, Evensen Ø, Rimstad E (2012) Immunohistochemical detection of piscine reovirus (PRV) in hearts of Atlantic salmon coincide with the course of heart and skeletal muscle inflammation (HSMI). Vet Res 43:27–37

Fritsvold C, Kongtorp RT, Taksdal T, Ørpetveit I, Heum M, Poppe TT (2009) Experimental transmission of cardiomyopathy syndrome (CMS) in Atlantic salmon Salmo salar. Dis Aquat Org 87:225–234

Garseth AH, Fritsvold C, Opheim M, Skjerve E, Biering E (2012) Piscine reovirus (PRV) in wild

Atlantic salmon, Salmo salar L and seatrout *Salmo trutta* L. in Norway. J Fish Dis. doi:10.1111/j.1365-2761.2012.01450.x

Godoy MG, Aedo A, Kibenge MJT, Groman DB, Yason CV, Grothusen H, Lisperguer A, Calbucura M, Avendano F, Imilán M, Jarpa M, Kibenge FSB (2008) First detection, isolation and molecular characterization of infectious salmon anaemia virus associated with clinical disease in farmed Atlantic salmon (*Salmo salar*) in Chile. BMC Vet Res 4:28. doi:10.1186/1746-6148-4-28

Graham DA, Frost P, McLaughlin K, Rowley HM, Gabestad I, Gordon A, McLoughlin MF (2011) A comparative study of marine salmonid alphavirus subtypes 1–6 using an experimental cohabitation challenge model. J Fish Dis 34:273–286

Graham DA, Brown A, Savage P, Frost P (2012a) Detection of salmon pancreas disease virus in the faeces and mucus of Atlantic salmon, *Salmo salar* L., by real-time RT-PCR and cell culture following experimental challenge. J Fish Dis 35:949–951

Graham DA, Fringuelli E, Rowley HM, Cockerill D, Cox DI, Turnbull T, Rodger D, Morris D, McLoughlin MF (2012b) Geographical distribution of salmonid alphavirus subtypes in marine farmed Atlantic salmon, *Salmo salar* L., in Scotland and Ireland. J Fish Dis 35:755–765

Grammes F, Rørvik K-A, Takle H (2012) Tetradecylthioacetic acid modulates cardiac transcription in Atlantic salmon, *Salmo salar* L., suffering heart and skeletal muscle inflammation. J Fish Dis 35:109–117

Grove G, Austbø L, Hodneland K, Frost P, Løvoll M, McLoughlin M, Thim HL, Braaen S, König M, Syed M, Jørgensen JB, Rimstad E (2013) Immune parameters correlating with reduced susceptibility to pancreas disease in experimentally challenged Atlantic salmon (*Salmo salar*). Fish Shell Immunol 34:789–798

Haugland Ø, Mikalsen AB, Nilsen P, Lindmo K, Thu BJ, Eliassen TM, Roos N, Rode M, Evensen Ø (2011) Cardiomyopathy syndrome of Atlantic salmon (*Salmo salar* L.) is caused by a double-stranded RNA virus of the Totiviridae family. J Virol 85:5275–5286

Hjortaas MJ, Skjelstad HR, Taksdal T, Olsen AB, Johansen R, Bang-Jensen B, Ørpetveit I, Sindre H (2012) The first detections of subtype 2–related salmonid alphavirus (SAV2) in Atlantic salmon, *Salmo salar* L., in Norway. J Fish Dis 36:71–74

Hodneland K, Bratland A, Christie KE, Endressen C, Nylund A (2005) New subtype of salmonid alphavirus (SAV), Togaviridae, from Atlantic salmon, *Salmo salar* and rainbow trout *Oncorhynchus mykiss* in Norway. Dis Aquatic Org 66:113–120

Jensen BB, Kristofferesen AB, Myr C, Brun E (2012) Cohort study of effect of vaccination on pancreas diseases in Norwegian salmon aquaculture. Dis Aquat Org 102:23–31

Kent ML, Groff JM, Traxler GS, Zinkl JG, Bagshaw JW (1990) Plasmacytoid leukemia in salt water reared chinook salmon *Oncorhynchus tshawytscha*. Dis Aquat Org 8:199–209

Kim R, Faisal M (2011) Emergence and resurgence of the viral hemorrhagic septicemia virus (Novirhabdovirus, Rhabdoviridae, *Mononegavirales*). J Adv Res 2:9–23

Kongtorp RT, Taksdal T (2009) Studies with experimental transmission of heart and skeletal muscle inflammation in Atlantic salmon, *Salmo salar* L. J Fish Dis 32:253–262

Kongtorp RT, Kjerstad A, Taksdal T, Guttvik A, Falk K (2004a) Heart and skeletal muscle inflammation in Atlantic salmon, *Salmo salar* L.: a new infectious disease. J Fish Dis 27:351–358

Kongtorp RT, Taksdal T, Lyngøy A (2004b) Pathology of heart and skeletal muscle inflammation (HSMI) in farmed Atlantic salmon *Salmo salar*. Dis Aquat Org 59:217–244

Kongtorp RT, Halse M, Taksdal T, Falk K (2006) Longitudinal study of a natural outbreak of heart and skeletal muscle inflammation in Atlantic salmon, *Salmo salar* L. J Fish Dis 29:1–12

Koren CWR, Nylund A (1997) Morphology and morphogenesis of infectious salmon anaemia virus replicating in the endothelium of Atlantic salmon *Salmo salar*. Dis Aquat Org 29:99–109

Larsson T, Krasnov A, Lerfall J, Taksdal T, Pedersen M, Mørkøre T (2012) Fillet quality and gene transcriptome profiling of heart tissue of Atlantic salmon with pancreas disease (PD). Aquaculture 330-333:82-91

Leek SL (1987) Viral erythrocytic inclusion body syndrome (EIBS) occurring in juvenile spring chinook salmon (*Oncorhynchus tshawytscha*) reared in freshwater. Can J Fish Aquat Sci 44:685–688

Lester K, Black J, Bruno DW (2011) Prevalence and phylogenetic analysis of salmonid alphavirus in Scottish fish farms from 2000–2009. Bull Eur Assoc Fish Pathol 31:199–202

Løvoll M, Wiik-Nielsen J, Grove S, Wiik-Nielsen CR, Kristoffersen AB, Faller R, Poppe T, Jung J, Pedamallu CS, Nederbragt AJ, Meyerson M, Rimstad E, Tengs T (2010) A novel totivirus and piscine reovirus (PRV) in Atlantic salmon (*Salmo salar*) with cardiomyopathy syndrome (CMS). Virol J 7:309–315

Lunder T, Thorud K, Poppe TT, Holt RA, Rohovec JS (1990) Particles similar to the virus of erythrocytic inclusion body syndrome, EIBS, detected in Atlantic salmon (*Salmo salar*) in Norway. Bull Eur Assoc Fish Pathol 10:21–23

McKnight IJ, Roberts RJ (1976) The pathology of infectious pancreatic necrosis. 1. The sequential histopathology of the naturally occurring condition. Br Vet J 132:76–86

McLoughlin M, Graham AA (2007) Alphavirus infections in salmonids– a review. J Fish Dis 9:511–531

McVicar AH (1987) Pancreas disease of farmed Atlantic salmon, Salmo salar, in Scotland: epidemiology and early pathology. Aquaculture 67:71–78

Mikalsen AB, Haugland O, Rode M, Solbakk IT, Evensen O (2012) Atlantic salmon reovirus infection causes a CD8 T Cell myocarditis in Atlantic salmon (*Salmo salar* L.). PLoS One 7(6):e37269

Mladineo I, Zrnčić S, Loijkić I, Oraić D (2011) Molecular identification of a new strain of infectious pancreatic necrosis virus (IPNV) in a Croatian rainbow trout (*Oncorhynchus mykiss*) farm. J Appl Ichthyol 27:1165–1168

Mulcahy D, Klaybor D, Batts WN (1990) Isolation of infectious hematopoietic necrosis virus from a leech (*Piscicola salmositica*) and a copepod (*Salmincola* sp.), ectoparasites of sockeye salmon *Oncorhynchus nerka*. Dis Aquat Org 8:29–34

Munro ALS, Ellis AE, McVicar AH, McLay HA, Needham EA (1984) An exocrine pancreas disease of farmed Atlantic salmon in Scotland. Helgolander Meeresuntersuch 37:571–586

Murray AG, Busby CD, Bruno DW (2003) Infectious pancreatic necrosis virus in Scottish Atlantic salmon farms 1996–2001. Emerg Infect Dis 9:455–460

Newbound GC, Kent ML (1991) Experimental interspecies transmission of plasmacytoid leukemia in salmonid fishes. Dis Aquat Org 10:159–166

Noguera PA, Bruno DW (2010) Liver involvement in post smolt Atlantic salmon, *Salmo salar* infected with infectious pancreatic necrosis virus (IPNV) a retrospective histopathological study. J Fish Dis 33:819–832

Palacios G, Lovoll M, Tengs T, Hornig M, Hutchison S, Hui J, Kongtorp R-T, Savji N, Bussetti AV, Solovyov A, Kristoffersen AB, Celone C, Street C, Trifonov V, Hirschberg DL, Rabadan RR, Egholm M, Rimstad E, Lipkin WI (2010) Heart and skeletal muscle inflammation of farmed salmon is associated with infection with a novel reovirus. PLos One 5:1–7. doi:10.1371/journal.pone.0011487

Poppe TT, Seierstad SL (2003) First description of cardiomyopathy syndrome (CMS)-related lesions in wild Atlantic salmon *Salmo salar* in Norway. Dis Aquat Org 56:87–88

Poppe T, Rimstad E, Hyllseth B (1989) Pancreas disease in Atlantic salmon (*Salmo salar*) postsmolts infected with infectious pancreatic necrosis virus (IPNV). Bull Eur Assoc Fish Pathol 9:83–85

Rimstad E (2011) Examples of emerging virus diseases in salmonid aquaculture. Aqua Res 42(suppl s1):86–89

Robertsen B (2011) Examples of emerging virus diseases in salmonid aquaculture. Aqua Res 42(suppl S1):125–131

Rodger HD (2007) Erythrocytic inclusion body syndrome virus in wild Atlantic salmon, *Salmo salar* L. J Fish Dis 30:411–418

Ronza P, Bermúdez R, Losada AP, Robles A, Quiroga MI (2011) Mucosal CD3ε + cell proliferation and gut epithelial apoptosis: implications in rainbow trout gastroenteritis (RTGE). J Fish Dis 34:433–443

Schönherz AA, Hansen MHH, Jørgensen HBH, Berg P, Lorenzen N, Einer-Jensen K (2012) Oral transmission as a route of infection for viral haemorrhagic septicaemia virus in rainbow trout, *Oncorhynchus mykiss* (Walbaum). J Fish Dis 35:395–406

Smail DA, McFarlane L, Bruno DW, McVicar AH (1995) The pathology of an IPN-Sp sub-type (Sh) in farmed Atlantic salmon, *Salmo salar* in the Shetland Isles, Scotland. J Fish Dis 18:631–638

Smail DA, Bain N, Bruno DW, King JA, Thompson F, Pendrey DJ, Morrice S, Cunningham CO (2006) Infectious pancreatic necrosis virus (IPNV) in Atlantic salmon, *Salmo salar* L. post-smolts in the in Shetland Isles, Scotland: virus identification, histopathology, immunohistochemistry and genetic comparison with Scottish mainland isolates. J Fish Dis 29:31–41

Snow M, Raynard RS, Bruno DW (2001) Comparative susceptibility of Arctic char (*Salvelinus alpinus*), rainbow trout (*Oncorhyncus mykiss*) and brown trout (*Salmo trutta*) to the Scottish isolate of infectious salmon anaemia virus (ISAV). Aquaculture 196:47–54

Snow M, Black J, Matejusova I, McIntosh R, Baretto E, Wallace IS, Bruno DW (2010) Evidence for the detection of salmonid alphavirus (SAV) RNA in wild marine fish caught in areas remote from aquaculture activity: implications for the origins of salmon pancreas disease (SPD) in aquaculture. Dis Aquat Org 91:177–188

Tengs T, Böckerman I (2012) A strain of piscine myocarditis virus infecting Atlantic argentine, *Argentina silus* (Ascanius). J Fish Dis 35:545–547

Watanabe K, Karlsen M, Devold M, Isdal E, Litlabø A, Nylund A (2006) Virus-like particles associated with heart and skeletal muscle inflammation (HSMI). Dis Aquat Org 70:183–192

Weli SC, Aamelfot M, Dale OB, Koppang EO, Falk K (2013) Infectious salmon anaemia virus infection of Atlantic salmon gill epithelial cells. Virol J 10:5. doi:10.1186/1743-422X-10-5

Wiik-Nielsen CR, Løvoll M, Fritsvold C, Kristoffersen AB, Haugland Ø, Hordvik I, Aamelfot M, Jirillo E, Koppang EO, Grove S (2012a) Characterization of myocardial lesions associated with cardiomyopathy syndrome in Atlantic salmon, *Salmo salar* L., using laser capture microdissection. J Fish Dis 35:907–916

Wiik-Nielsen CR, Løvoll M, Sandlund N, Faller R, Wiik-Nielsen J, Jensen BB (2012b) First detection of piscine reovirus (PRV) in marine fish species. Dis Aquat Org 97:255–258

Yousaf MN, Koppang EO, Skjødt K, Hordvik I, Zou J, Secombes C, Powell MD (2012) Cardiac pathological changes of Atlantic salmon (*Salmo salar* L.) affected with heart and skeletal muscle inflammation (HSMI), cardiomyopathy syndrome (CMS) and pancreas disease (PD). Vet Immunol Immunopathol 151:49–62

第六章 细菌性疾病

摘 要 <<<<<<<<<<<<<<<<<<<<<<<<<<<<<<<<<<<<<< •

细菌感染包括专性细菌感染和条件致病菌感染。由于宿主防御系统的对抗能力由病原毒力决定，故"原发性感染""兼性感染"或"条件致病性感染"之间没有严格的界限。在淡水和海水中，鲑鳟的细菌性疾病主要以革兰氏阴性菌感染为主，只有少数病例由革兰氏阳性菌感染引起。本章讲述了鲑鳟在淡水和海水中感染的急性、慢性、全身性和局部性细菌性疾病。

关 键 词：细菌；感染；鲑；鳟

　　细菌无处不在，而且很多细菌可以不依赖于宿主单独存活。一些特定的细菌本身能够入侵宿主并引发疾病，即为专性病原菌；另外一些细菌仅在特定条件下可以致病，称为条件致病菌或兼性致病菌。由于宿主防御系统的对抗能力主要由病原毒力决定，所以"原发性感染""兼性感染"或"条件致病性感染"之间没有严格的界限。病原菌的致病性会在鱼群和环境（如应激、水质或一些混合感染的情况）中发生改变。一种细菌存在于特定宿主中并引起相应的疾病时，往往被认为是"原发性病原"；而某些病原一般情况下不危害鱼体健康，在某种条件下才导致疾病时被称作"条件性病原"。细菌存在于宿主体内并繁殖，但是宿主不表现相应的临床症状时，这种携带了细菌的鱼被称作"无临床症状携带者"。细菌感染引起的病理变化或结果会受到病原、宿主或环境因子的影响。

　　细菌可通过鳃、肠道或皮肤侵入鱼体并迅速感染全身各个部位。当感染变为全身性感染时，它们会导致急性病变：外在表现为眼球突出，充血，有出血点；体内病变为腹水、充血和出血。然而，一些细菌会造成慢性感染并伴随组织增生和修复等过程，导致鱼体形成典型的肉芽肿。

　　引起淡水和海水鲑鳟细菌性疾病的主要是革兰氏阴性菌，如杀鲑气单胞菌（*Aeromonas salmonicida*）、鳗利斯顿菌（*Listonella anguillarum*）和鲁氏耶尔森菌（*Yersinia ruckeri*）。但是有一些重要的疾病也可由革兰氏阳性菌引起，如感染淡水和海水中鲑和鳟的鲑肾杆菌（*Renibacterium salmoninarum*）。衣原体和立克次体分别属于衣原体属和立克次体属，都是专性胞内寄生病原体，可在膜性胞质中繁殖。由这些病原引发的感染大多数都发生于海水或溯河性宿主中，但在淡水鱼中的感染也有报道。鱼类养殖过程中预防和控制这些疾病暴发的方法主要是使用疫苗或抗生素。

　　在过去10年中，病原分类学取得了重大发展，从依靠培养技术中的表型特征和生理指标，发展到利用分子技术中16S RNA和基因序列测定。在传统的细菌分类学方法基础上，结合新技术能更加准确和快速地诊断某些病原。表6-1中列举了一些感染鲑鳟的主要病原。

表6-1 鲑鳟主要和新出现的细菌和衣原体性疾病

病　　　　原	疾病名称	主要宿主	水环境
革兰氏阴性菌			
嗜水气单胞菌（*Aeromonas hydrophila*）		虹鳟	淡水

（续）

病　　原	疾病名称	主要宿主	水环境
杀鲑气单胞菌杀鲑亚种（*Aeromonas salmonicida* subsp. *salmonicida*）	疖病	大多数鲑科鱼	淡水
鳗利斯顿菌（*Listonella anguillarum*）	弧菌病	鲑科鱼	海水
杀鲑弧菌（*Aliivibrio salmonicida*） 钛云母弧菌（*A. wodanis*），火神弧菌（*A. logei*）	冷水弧菌病	大西洋鲑	海水
黏放线菌（*Moritella viscosa*）	冬季溃疡症	大西洋鲑	海水
鲁氏耶尔森菌（*Yersinia ruckeri*）	肠炎红嘴病	虹鳟	淡水
荧光假单胞菌（*Pseudomonas fluorescens*）		虹鳟	淡水
嗜冷黄杆菌（*Flavobacterium psychrophilum*）	虹鳟鱼苗综合征，烂尾病	虹鳟	淡水
柱状黄杆菌，水栖/约氏黄杆菌（*Flavobacterium columnare, hydatis/johnsoniae*）	柱形病	虹鳟	淡水
海洋屈挠杆菌（*Tenacibaculum maritimum*）	黑斑坏死病，海洋屈挠杆菌病	大西洋鲑	海水
蜂房哈夫尼菌（*Hafnia alvei*）		虹鳟	淡水
金黄杆菌（*Chryseobacterium* spp.）		虹鳟	淡水
巴斯德菌（*Pasteurella skyensis*）		大西洋鲑	海水
弗朗西斯菌属亚种（*Francisella noatunensis* subsp. *noatunensis*）		大西洋鲑	海水
革兰氏阳性菌			
鲑肾杆菌（*Renibacterium salmoninarum*）	细菌性肾病	虹鳟/鲑	淡水，海水
肉食杆菌 *Carnobacterium maltaromaticum*	假性肾病	虹鳟/大鳞大麻哈鱼	淡水
海豹链球菌（*Streptococcus phocae*）		大西洋鲑	海水
抗酸性细菌			
龟分枝杆菌（*Mycobacterium chelonae*），偶发分枝杆菌（*M. fortuitum*），海分枝杆菌（*M. marinum Nocardia* sp.）	分枝杆菌病	鲑	海水
诺卡菌（*Nocardia* sp.）	诺卡菌病		
衣原体（*Chlamydiaceae*）			
鲑立克次体（*Piscirickettsia salmonis*）	鲑立克次体败血症	鲑	海水
鲑衣原体（待定）（*Candidatus* Piscichlamydia salmonis）、鲑棒状衣原体（待定）（*Candidatus* Clavochlamydia salmonicola）	上皮红胞囊肿病	大西洋鲑，红点鲑，褐鳟	淡水，海水
囊肿鳃单胞菌（待定）（*Candidatus* Branchiomonas cysticola）	上皮红胞囊肿病	鲑	海水
分节丝状菌（待定）（*Candidatus arthromitus*）	虹鳟胃肠炎	虹鳟	淡水

第一节　嗜水气单胞菌

　　嗜水气单胞菌（*Aeromonas hydrophila*）是一种分布十分广泛的淡水细菌，也是气单胞菌败血症的病原。该菌可感染野生鱼和养殖鱼，当水温10℃以上时，随着水质状况的恶化，感染会逐渐加重。20世纪70年代，嗜水气单胞菌对鱼类养殖业造成了重大的损失，直到80年代疫苗开始应用，情况才有所好转。但是，目前仍然有该病原引起疾病暴发的报道。病鱼外部症状表现为体色发黑，腹部膨大，眼球突出，尾部和鳍条有不同程度的坏死和糜烂，鳃出血或鳃丝苍白肿胀，肛门和大部分皮肤出血，且出血区域可以进一步恶化为水肿性溃烂或溃疡，易引起水霉等微生物的继发感染。

　　病理剖检中呈现明显的贫血，腹腔内聚集清亮或血样腹水。一般可见脾脏、肾脏肿胀。组织学病变中，往往伴有败血症，以及鳃、脑、心、肠道、肾脏和肝脏等组织的局灶性病变。肝脏和肾脏中可观察到液化性坏死和出血，肠道有浆液渗出。这些病理变化与假单胞菌感染相似（见荧光假单胞菌）。该疾病可通过水体水平传播。

　　嗜水气单胞菌是一种运动性、革兰氏阴性杆菌，可产生过氧化氢酶和细胞色素氧化酶。从肾脏或其他组织器官中取样，在非选择性培养基中培养可得到足量细菌。诊断可根据临床特征结合形态学观察，并对病原菌进行分离鉴定。

第二节　杀鲑气单胞菌杀鲑亚种

疖病是由杀鲑气单胞菌杀鲑亚种（*Aeromonas salmonicida* subsp. *salmonicida*）感染引起的疾病。感染可发生于野生和养殖鲑，已报道在大西洋鲑、褐鳟、红点鲑、溪鳟和湖鳟中发现该病。疖病的慢性和急性感染取决于水温、鱼的年龄和病原毒力。另外，该病的暴发还与某些环境胁迫因素有关，例如水温变化、养殖管理不善、水质差或养殖密度高等。

急性感染中，鱼死亡时没有或仅表现轻微临床症状和病理变化。慢性发病过程中，鱼表现出昏睡、食欲缺乏和体表变黑等临床症状，与大多数细菌性败血症相似。除了眼球突出外，腹鳍出血十分常见，特别是靠近胸鳍基部、骨盆和臀鳍的区域。剖检时可见腹水、脾脏肿大、出血性肠炎、幽门盲囊和肝被膜下血肿。慢性感染中，体侧骨骼肌可变为液化性坏死和"血性疖疮"（图6-1至图6-4）。这些疖疮破裂后可以在皮肤表面形成开放性溃疡。大量细菌从伤口中释放，有助于该菌的传播和感染。虽然"疖疮"的症状很明显，但其不一定在所有病鱼中都存在，因而不能作为一个诊断依据。感染该菌后，鱼体可以作为病原携带者。

图6-1　人工养殖溪红点鲑疖病（皮肤轻微溃烂的疖疮）

图6-2　成年红大麻哈鱼疖病（腹部皮下肌肉疖疮病变）

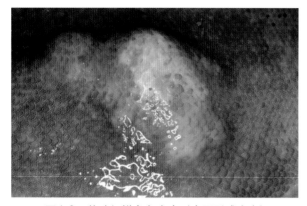

图6-3 养殖虹鳟亲鱼疖病（皮下形成疖疮）

组织病理学损伤与心脏、肾脏、脾脏、肌肉和鳃等组织中的细菌密度相关（图6-5和图6-6）。感染后期，细菌在鳃毛细血管中大量定植后会形成血栓。可在血管和脾椭圆体内壁观察到由于大量细菌定植而形成的附壁血栓。感染早期，在细菌聚集区只有很小的组织损伤，感染后期和慢性感染期间，可观察到组织损伤和液化性坏死。

杀鲑气单胞菌杀鲑亚种是一种革兰氏阴性、非运动性、兼性厌氧杆菌。其致病机制与A蛋白层相关。A蛋白层是一种主要包括A蛋白的表层蛋白，具有对抗宿主防御系统的能力。细菌生长

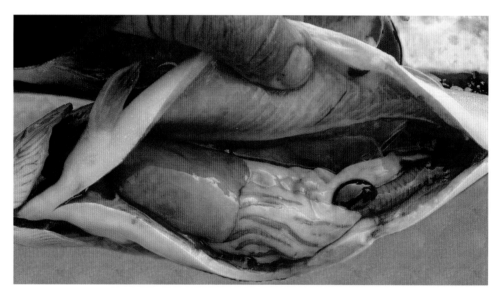

图6-4 养殖红点鲑疖病（腹水、脾脏肿大）

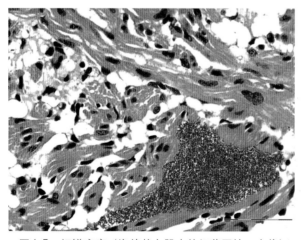

图6-5 虹鳟疖病（海绵状心肌中的细菌团块，中倍）

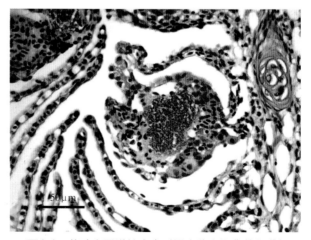

图6-6 养殖大西洋鲑疖病（鳃小片上聚集的细菌）

过程中，至少会释放25种胞外产物，这些产物可以针对性地损伤宿主组织并导致鱼体死亡。病原可以从肾脏等组织中于22℃下在TSA或脑心培养基（BHIA）中分离培养。大多数菌株呈氧化酶阳性并

能在含有胰蛋白胨的培养基中产生褐色色素。该病原的非典型菌株是杀鲑气单胞菌无色亚种，其在一般生长条件下不会产生色素，确认该类病原需要额外的生化鉴定。杀鲑气单胞菌的诊断依赖于其表型特征和引起的组织病变，致病菌可通过免疫组化、血清分型及分子生物学方法等分离鉴定。在 H&E 染色的切片中，可观察到细菌感染的特征性组织学病变（图6-5）。

第三节　鳗利斯顿菌

鳗利斯顿菌（海弧菌）（*Listonella anguillarum*）是一种影响海水鲑的重要病原，会引起出血性败血症，在夏季温度10℃以上时尤为严重。海弧菌和其他一些弧菌感染引起的疾病都被称作"弧菌病"，这些弧菌与鳗利斯顿菌（*L. anguillarum*）感染表现出相似的临床症状和病理变化。临床症状和病理损伤可能是多样的，与水温、鱼龄和病原毒力相关，但是与一些革兰氏阴性菌引起的败血症相似。鳗利斯顿菌也可存在于鱼的肠道菌群中，外界胁迫激活肠道中的毒力株从而引发疾病。水质太差或水温变化幅度过大也可以激活该菌的水平感染。该病的临床症状为体表皮肤发黑、厌食、鳃苍白且黏液增多、眼眶周围水肿、肛门肿大出血（图6-7），胸鳍和腹鳍基部出血。海弧菌容易导致肌肉和皮肤出血。此外，该菌大量繁殖可引起广泛性的多病灶肌肉液化性坏死和出血（图6-8）。真皮和皮下损伤经常伴有充血和出血，偶尔会有出血性的疖疮。这些疖疮破裂后会导致血液和细菌向周围环境释放。剖检可能会见到腹膜表面和内脏器官表面出现瘀点。肝脏往往会发生肿胀，甚至出现瘀点（图6-9）。细菌菌落可见于整个消化道和疏松结缔组织中，如在鳃中、眼球后部可以检测到细菌，伴有角膜浑浊坏死、溃疡、眼眶内容物脱落（图6-10）。患病鱼一般可见脾脏肿大，甚至发生器官破裂，该症状在虹鳟中特别明显。组织学变化上，消化道前段血管扩张，黏膜和肌层大面积坏死，脾脏和造血组织可见坏死和水肿。慢性感染的病例中，溶血性贫血导致脾脏椭球体内有大量吞噬含铁血黄素的巨噬细胞。

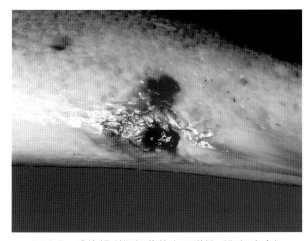

图6-7　感染鳗利斯顿菌的大西洋鲑（肛门出血）

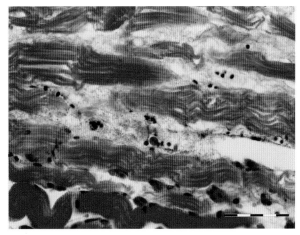

图6-8　感染鳗利斯顿菌的大西洋鲑（肌肉病变，标尺＝50μm）

鳗利斯顿菌是一种伴有两极着色嗜盐性、革兰氏阴性、略弯、有鞭毛的运动性杆状细菌。该菌在标准培养基上生长良好，最适合培养温度为22℃，在血平板上能表现出溶血活性。感染鲑最常见的两种血清型是O1型和O2型，此外还有20种以上不同的血清型。

鳗利斯顿菌的诊断依靠典型的病理特征和病原分离，室温下用含NaCl的血平板或TSA平板对病

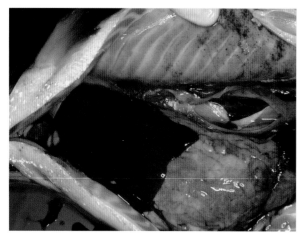

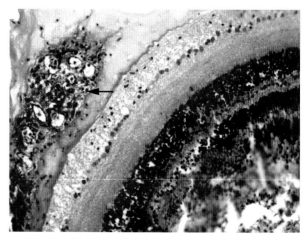

图6-9　人工养殖大西洋鲑感染鳗利斯顿菌后肝脏和腹膜
　　　　有大量出血斑

图6-10　鳗利斯顿菌感染虹鳟（革兰氏染色，低倍）
　　　　注：箭头所示眼球后部增殖的细菌

原进行分离，同时还需要ELISA进一步确认。快速凝集检测试剂盒可以进行血清学分型。目前，针对鳗利斯顿菌血清O1型和O2型的油佐剂多价疫苗有较好保护效果。

第四节　杀鲑弧菌

冷水性弧菌病（Hitra病或出血性综合征）是大西洋鲑的一种败血症，由运动性杀鲑弧菌 [Aliivibrio（Vibrio）salmonicida] 感染引起。1977年，该病首次在挪威北部被发现并报道。随后，20世纪80年代早期，该病给人工养殖鲑的发展带来了严重的危害。苏格兰、法罗群岛、冰岛以及美国和加拿大的东海岸都有该病暴发的记载。目前，多价油佐剂疫苗能较好地控制冷水性弧菌病的发生。因此，该病带来的影响已大幅降低。

冷水性弧菌病的发病时间一般在冬季。感染鱼的临床症状为厌食、昏睡、体色发黑，常游于水面。与其他养殖鲑的疾病相似，即使表观健康的鱼也可能严重感染。外观病变包括眼球突出，肛门肿大和出血，腹部、胸鳍和臀鳍基部有出血点。剖检可见肝脏微黄，有时可见瘀点和血样腹水（图6-11），脾脏肿大，出血性肠炎和大面积水肿，一般在胃幽门部可见瘀点。早期坏死组织的血管中能检测到大量细菌，随后在心脏、肾脏、肌肉和脾脏中也能检测到病原，但是组织损伤较轻微（图6-12）。发病后

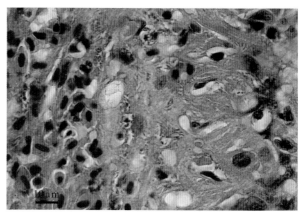

图6-11　感染弧菌的大西洋鲑贫血（肝脏苍白并
　　　　有出血点）

图6-12　大西洋鲑暴发冷水性弧菌病后心肌海绵层可见
　　　　杀鲑弧菌弥漫性浸润（高倍）

期，小动脉管壁坏死，血栓形成，肾小管坏死，骨骼肌溶解。该病需与病毒性败血症区别诊断。

　　眼观病变、组织学观察和病原分离鉴定可对杀鲑弧菌病进行诊断。病原菌为嗜冷性、中度嗜盐性、革兰氏阴性弧状或杆状细菌，其运动依赖9根极生鞭毛。该菌能在添加了NaCl（最佳盐浓度为1.5 %）的血平板上于15℃生长，形成小的、淡灰色、不溶血的菌落，其为兼性厌氧，氧化酶阳性，对抑弧菌剂0/129敏感。

第五节　黏放线菌

　　黏放线菌（*Moritella viscosa*）是冬季溃疡症的病原之一，常引起养殖鲑和虹鳟的皮肤发生病变。该病在挪威、冰岛、法罗群岛和苏格兰等地区有报道。*M. marina* 也可引起上述疾病。该病导致鲑科鱼的死亡率升高并引起屠宰质量下降，从而造成一定的经济损失。该病感染养殖的大西洋鲑，常常发生在一年中温度较低的几个月，但是，暴发该病的概率一般较低。该病的意义主要在于会影响动物福利，降低鱼体渗透调节能力，使其更易感染其他疾病，同时降低其市场价值。临床可见鱼体两侧皮肤慢慢溃烂。这种溃烂会逐渐扩大至整个皮肤和肌肉深层（图6-13）。溃烂呈特征性的圆形或椭圆形，并在正常皮肤之间形成一个白色区域。可通过升高温度使该症状得到缓解并留下疤痕组织，有时体表部分区域还会变黑。该病可发展为全身性感染，在腹部出现大量出血点（图6-14），剖检可在腹膜、脂肪组织、幽门部和肝脏见到大量出血点（图6-15）。

图6-13　黏放线菌感染养殖大西洋鲑引起的冬季溃疡症

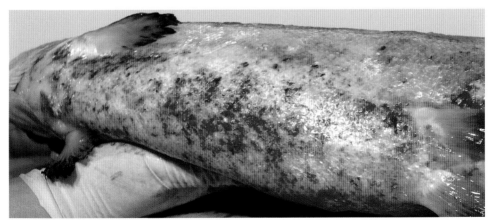

图6-14　大西洋鲑发生黏放线菌全身性感染（腹部有大量出血点和出血斑）

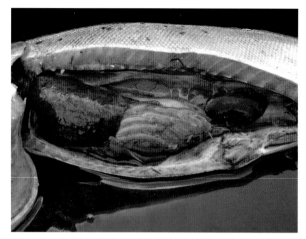

图 6-15 大西洋鲑发生黏放线菌全身性感染（肝脏出血和脾脏肿大）

溃疡程度的不同可引起不同的组织病变。初期主要是水肿，继而向下发展到真皮的致密层，还会伴有炎症细胞的浸润。感染后期，坏死可达肌肉层，并在肌束、出血区和微血栓之间产生大量炎症产物。在坏死区周围可检测到细菌。在自愈阶段，肉芽组织可从边缘开始覆盖坏死区，并逐渐取代坏死的表皮层和真皮层，而且不会产生鳞片。目前，该病的诊断主要依靠临床症状和细菌的分离鉴定。注意与其他弧菌的鉴别和诊断。

黏放线菌是一种嗜冷性革兰氏阴性菌，运动性，有鞭毛，棒状。在鲑养殖业中，大多数使用的多价注射疫苗已包含该病原，但是保护效果并不稳定。

第六节　鲁氏耶尔森菌

鲁氏耶尔森菌（*Yersinia ruckeri*）是耶尔森病或肠炎红嘴病（ERM）的病原，在淡水和海水中都可引起野生和养殖鲑发病。鲁氏耶尔森菌的宿主范围广，多数鲑都易感。该病原可水平传播，如许多无症状的带毒鱼和鸟类都可携带鲁氏耶尔森菌。该病暴发往往由环境胁迫诱导，例如水质变差、水温升高、鱼群分池处理等。与其他革兰氏阴性菌相似，该病的临床症状和病理变化可表现为最急性、急性和慢性。在最急性感染中，淡水中的鱼苗或小鱼死亡率高但无明显临床症状。大多数情况下为慢性感染，鱼体表现为体色改变、共济失调和昏睡等症状，还会伴有腹水、眼球突出、皮肤出血和鳃丝末端出血等其他症状。由于肠道黏膜下层和口腔及下颌充血，因此该病也称肠炎红嘴病，但并非所有鱼都会出现这种症状（图 6-16）。在剖检中可见肠道充血、出血，浆膜有瘀点，伴有脾、肾肿大（图 6-17）。组织学病变中，可见充血、出血、水肿，在鳃和脑中通常可见定殖的细菌。在肾小球和脾脏中常可见因细菌定殖而引起的坏死（图 6-18）。

图 6-16　鲁氏耶尔森菌感染的虹鳟幼鱼（下颌出血）

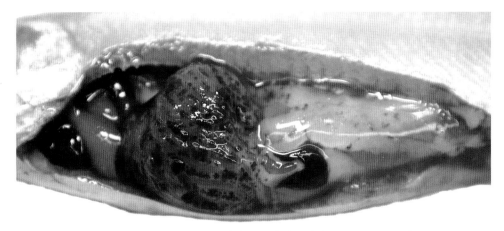

图6-17 养殖虹鳟肠炎红嘴病（肝胰腺区域有大量瘀点和瘀斑）

由于组织学和眼观病变特征性可能不明显，因此诊断该病还需要在TSA和血平板上对病原进行分离（22℃）。鲁氏耶尔森菌是一种革兰氏阴性、运动性杆状细菌，呈过氧化氢酶阳性和氧化酶阴性，目前已鉴定出多种血清型。鲁氏耶尔森菌在TSA上培养24h后形成圆形、透明、反光、淡黄色的菌落。可通过免疫组织化学、荧光抗体和ELISA确认该病原（图6-19）。临床上浸泡疫苗和注射疫苗能起到较好的预防效果。

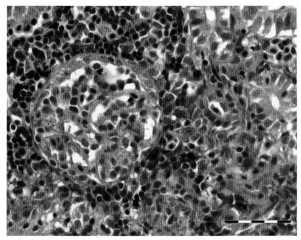

图6-18 虹鳟感染鲁氏耶尔森菌（在肾小球血管和基底膜中可见细菌，标尺＝50μm）

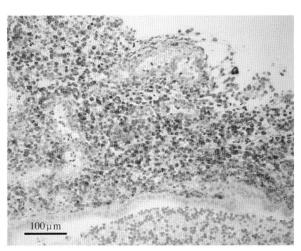

图6-19 患肠炎红嘴病的养殖虹鳟出现脑膜炎（免疫组化染色）

第七节 荧光假单胞菌

荧光假单胞菌（*Pseudomonas fluorescens*）无处不在，一般认为是一种非致病性腐生菌，但在外界胁迫和水质变差的情况下，该菌也可成为野生或养殖鲑的一种条件致病菌。养殖过程中，该病原通常在接种疫苗后或与其他病原共同感染（如传染性胰腺坏死病）时暴发。一些亚临床症状的幼鲑在由河入海的过程中可能表现出临床症状。鱼体感染后具有多种临床表现，包括慢性感染、无症状感染和急性出血性坏死，其死亡率较高（＞15%）。外部症状包括眼球突出，烂鳍、烂鳃，皮肤溃疡、溃疡边缘出血，腹部有瘀点和体色发黑（图6-20）。剖检症状与其他细菌感染相似，包括腹水、内脏器官瘀血和肝脏苍白；比较典型的病变为心外膜化脓（图6-21）。

图6-20 感染荧光假单胞菌的大西洋鲑幼鱼

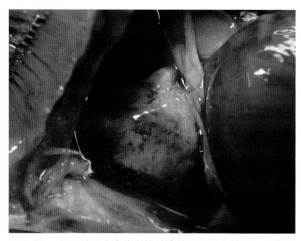

图6-21 大西洋鲑感染荧光假单胞菌后出现化脓性心外膜炎

组织学病变包括鳃小片中细菌团块形成的感染性血栓；脾脏、肾脏中可见细菌；心脏表现为心外膜炎。其他的假单胞菌，包括鳗败血假单胞菌，也可引起野生和养殖鲑患病，临床症状和病理变化与荧光假单胞菌相似。

荧光假单胞菌是一种运动性、革兰氏阴性杆状细菌，在土壤、淡水和植物表面都有存在。它可产生水溶性黄绿色素，能在紫外光下发出荧光。主要通过对营养培养基上生长病原的分离鉴定和免疫组化进行确诊。

第八节　嗜冷黄杆菌

嗜冷黄杆菌（*Flavobacterium psychrophilum*）是虹鳟鱼苗综合征（rainbow trout fry syndrome, RTFS）或细菌性冷水病的病原，对淡水或低温养殖鲑可造成重大的经济损失。该病也曾被称为幼鱼死亡综合征、烂尾病或冷水病。RTFS常见于幼鱼，可通过尾鳍或尾柄坏死、黏液增加进行初步诊断（图6-22）。患病鱼伴有其他临床症状，包括昏睡、皮肤出现色斑、运动失衡、眼球突出、腹部膨胀、鳃丝苍白、脊柱畸形和皮肤颜色变黄（图6-23）。体重超过60g的病鱼，可能表现出体表某处或多处皮下坏死（图6-24），并通常整个尾鳍部有坏死。剖检变化主要包括腹水、肠炎、脾脏肿大和肝脏颜色变浅。

图6-22　感染嗜冷黄杆菌的虹鳟（皮肤溃疡和严重烂尾）

图6-23　海水中感染嗜冷黄杆菌的大西洋鲑（表面有一层黄色细菌，皮肤坏死）

图6-24　感染嗜冷黄杆菌的虹鳟（皮肤溃烂，周边呈淡黄色）

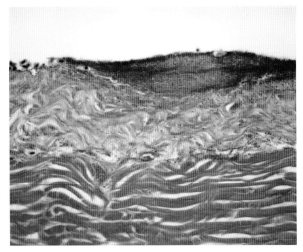

图6-25　柱状样细菌覆盖在大西洋鲑皮肤坏死区域（中倍）

注：本图无上皮和鳞片

在组织病理方面，H&E染色的切片通常可见鳍条、鳃和皮肤中散在的丝状嗜冷黄杆菌，染色较浅（图6-25）。该菌可侵入视网膜引发炎症，并伴有大量中性粒细胞浸润。在肝脏的门静脉周围可观察到大量细菌浸润，然而该症状也被认为是多数细菌性疾病感染的特征。脾脏出现含铁血黄素沉积、出血、坏死，边缘丧失清晰度，被疏松的嗜酸性粒细胞层取代，有纤维素性炎，细胞间水肿。

感染鱼在存活的几个月时间内会不断向水体释放细菌。该病可垂直传播，因此亲鱼可成为细菌感染源。另外，死亡鱼体也向水体中释放大量细菌并通过创口感染其他鱼。该病需与虹鳟幼鱼败血症进行鉴别诊断。

尽管目前有许多诊断方法，但其中比较可靠的诊断方法仍然过于耗时。该病的诊断仍基于临床症状和病原分离鉴定。嗜冷黄杆菌是一种革兰氏阴性、有柔性和伸缩性的细长细菌，可使用Anacker和Ordal培养基分离。15℃，培养14d后，可见轻微突起的黄色黏稠样菌落，伴有薄且散发的边缘。特异性Taqman PCR可用于鉴别，而荧光原位杂交（FISH）可用于组织定位。根据嗜冷黄杆菌的毒力差异，推测其至少存在三种以上血清型。

第九节　柱状黄杆菌

柱状黄杆菌（*Flavobacterium columnare*），曾用名为柱状屈挠杆菌（*F. columnaris*），是柱形病的病原，可感染包括鲑鳟在内的多种淡水鱼。该病的暴发与环境胁迫相关，如高温、溶氧量低、氨和有机物过高等，直接与病鱼接触可以发生水平传播。

早期感染表现为非典型的临床症状，如嗜睡、食欲缺乏、浮头、呼吸困难。感染后期多为特异性症状，如皮肤褪色、背鳍受损（图6-26）、鳃片尖端损伤、鳃坏死呈黄色。损伤进一步发展至下颌

图6-26　感染柱状黄杆菌的虹鳟呈现特征性马鞍状病变

和上颌部，导致皮下组织受损，将造成严重的渗透压改变。此外，鳃坏死导致的组织缺氧和皮肤坏死导致的生理功能紊乱都可能导致鱼死亡。细菌借助物理损伤黏附于鳃组织，从而进入鱼体，因此鳃部病变对致病非常重要。剖检可见大量腹水。

组织学观察可见鳃小片变短、上皮细胞和杯状细胞增生，并伴有中等程度坏死。这些损伤迅速发展成主要由嗜中性粒细胞参与的严重炎症，导致鳃严重坏死。急性感染期，鳃大面积损伤导致组织缺氧和鱼体死亡。

根据典型的临床特征和病理变化以及细菌的分离鉴定可对疾病进行诊断。柱状黄杆菌是革兰氏阴性、细杆状细菌，长 3 ~ 5μm。可以从鳃、体表坏死灶和内脏器官（如肾脏、肝脏和脾脏）中分离到细菌。湿涂片上，细菌呈柱形排列。常规生化检测后，在筛选培养基（如Cytophaga培养基或Shieh培养基）上长出黄色的菌落即可最终确诊。

第十节　海洋屈挠杆菌

海洋屈挠杆菌（*Tenacibaculum maritimum*，又称为*Flexibacter maritimus*）是一种条件致病菌，主要感染皮肤，可以造成大西洋鲑和虹鳟等多种鱼的溃疡性皮炎。该病的感染特征为嘴部出血和坏死、躯体和头部有坏死性病灶，鳍腐烂、鳞片脱落、基部水肿，部分出现鳃水肿（图6-27和图6-28）。慢性感染病例中，肝脏和皮肤中能够检测到丝状细菌团块（图6-29）。组织学病变，早期症状主要为皮肤表皮细胞坏死，伴有表皮中间层的炎性细胞浸润及真皮层血管阻塞和出血。坏死性口腔炎可能进一步发展为蜂窝组织炎，甚至在下颌形成穿孔。被感染的鳃组织表现为坏死性鳃炎和急性毛细血管扩张并伴有局灶性鳃小片水肿。在整个表皮坏死前，黏附有细菌的皮肤鳞囊炎症反应较弱。通常来说，如果缺乏炎性应答，细菌会感染结缔组织，甚至感染肌肉组织。

根据临床特征和病原分离鉴定可以对海洋屈挠杆菌病进行诊断。海洋屈挠杆菌是一种革兰氏阴性、丝状需氧杆菌，在潮湿表面可进行滑行运动（滑行细菌）。细菌菌落平坦、有不均匀的淡黄色的边缘。病原的诊断需要在湿涂片上能观察到细丝状杆菌，同时需要在适当的培养基上培养，例如Anacker和Ordal或海洋微生物培养基，并结合其他检测方法（如巢氏PCR等）。

图6-27 感染海洋屈挠杆菌的人工养殖大西洋鲑（头颅部和眼球被严重侵蚀）

图6-28 感染海洋屈挠杆菌的海水养殖大西洋鲑（尾部严重腐烂）

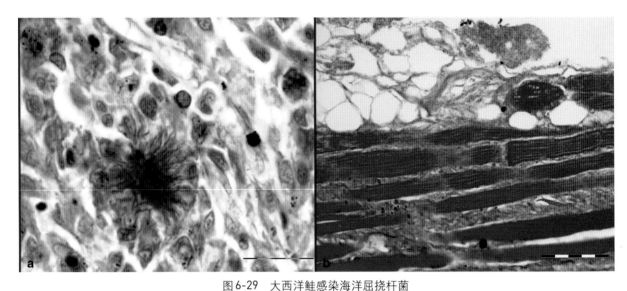

图6-29　大西洋鲑感染海洋屈挠杆菌

a.人工养殖大西洋鲑肾脏中的海洋屈挠杆菌菌团（高倍）　b.海洋屈挠杆菌导致大西洋鲑的溃疡性皮炎

第十一节　蜂房哈夫尼菌

蜂房哈夫尼菌（*Hafnia alvei*）是一种条件致病菌。在欧洲发现该菌可感染褐鳟和虹鳟的幼鱼并致死，在日本发现该菌可导致马苏大麻哈鱼发病死亡。患病鱼外观表现为体色变暗、游动异常和腹部膨胀。

组织病理学观察发现肾脏坏死、肝脏空泡变性、脾脏淋巴组织缺失，同时有典型的全身性败血症病变。

根据临床症状和病原分离鉴定可进行诊断。蜂房哈夫尼菌是一种革兰氏阴性杆菌，兼性厌氧，属于肠杆菌科。该菌在形态学及血清学上与肠炎红嘴病的病原鲁氏耶尔森菌（*Yersinia ruckeri*）相似，但通过理化特性可对两者进行区分。

第十二节　金黄杆菌

金黄杆菌属（*Chryseobacterium*）细菌分布广泛，存在于各种环境中。目前还未将金黄杆菌（*Chryseobacterium* spp.）看作致病菌。但近年来智利和芬兰的临床病例报道逐渐增加，从虹鳟和大西洋鲑中均分离到不同种的金黄杆菌。患病鱼体侧、肛门或尾柄处皮肤和肌肉出现溃疡性病变。

组织病理学观察显示，患病鱼肾小管出现退行性变性，可见吸收性蛋白滴状变性、肾间质组织水肿。其他组织学变化表现为嗜异染的蜂窝织炎和心肌变性。

从内脏分离到的细菌为革兰氏阴性菌，无运动性，过氧化氢酶试验阴性。16S rRNA基因序列分析表明分离株可归为金黄杆菌属，因而命名为鱼害金黄杆菌属新种（*C. piscicola* sp. *nov.*），后来命名为内脏金黄杆菌属新种（*C. viscerum* sp. *nov.*）。该菌需要与嗜冷黄杆菌（*Flavobacterium psychrophilum*）区别诊断。

第十三节　巴斯德菌

巴斯德菌（*Pasteurella skyensis*）为苏格兰鲑养殖场鉴定到的一种新型革兰氏阴性菌。然而相关的组织病理学及病原分离研究较少，目前认为该种细菌不是养殖鱼类的主要病原菌。

组织学观察可见肾脏、肝脏和脾脏均出现多灶性肉芽肿，伴有轻度纤维包裹。大多数肉芽肿中含有多核巨细胞并包含一个嗜酸性干酪样坏死中心（图6-30和图6-31）。组织包裹肉芽肿，部分细胞出现核碎裂。心室的致密层和海绵层出现增生性病变，在两层交界处有肉芽肿，伴有纤维素性心包炎，着色较浅。动脉球结构破坏。鳃小片可见陈旧性微动脉瘤、鳃小片增长和基底细胞增生，新的上皮组织生长过度。可见多核巨细胞和小型肉芽肿。初级鳃瓣周围结缔组织层增厚，后期可致鳃组织几近缺少。

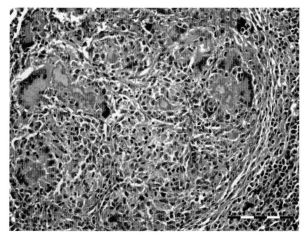
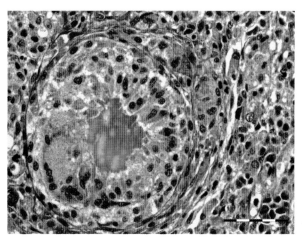

图6-30　养殖大西洋鲑感染巴斯德菌后出现肉芽肿炎症并伴有多核巨细胞（标尺＝100μm）

图6-31　养殖大西洋鲑感染巴斯德菌后出现肉芽肿炎症并伴有多核巨细胞（标尺＝50μm）

第十四节　弗朗西斯菌属亚种

弗朗西斯菌病首次见报道于挪威的一个鳕养殖场，其危害严重，发病率高。主要表现为全身性、慢性和肉芽肿性的感染，导致不同程度的死亡，死亡率一般为5%～20%。2006年，智利延基韦湖（Lake Llanquihue, Chile）淡水网箱养殖的大西洋鲑幼鲑也出现弗朗西斯菌感染，疾病的发展状况与流行模式相似，不依赖于宿主或区域。

弗朗西斯菌（*Francisella noatunensis*）是一种革兰氏阴性、兼性胞内寄生菌，此菌在实验室标准培养基上不能生长，需在培养基中加入胱氨酸。利用PCR技术对16S rRNA基因进行扩增，序列比对分析表明智利大西洋鲑分离株与挪威鳕分离株弗朗西斯菌属亚种（*F. noatunensis* subsp. *noatunensis*）的相似性达到98%～100%。该菌对养殖鲑鳟的危害性有待进一步研究。

第十五节　鲑肾杆菌

　　鲑肾杆菌（*Renibacterium salmoninarum*）是细菌性肾病（BKD）的病原菌。该病为慢性疾病，可感染野生和养殖鲑并造成严重危害。19世纪30年代，苏格兰首次报道野生大西洋鲑感染BKD。目前该病在世界各主要鲑养殖地区均有发生，且淡水和海水养殖环境下也都有暴发。该病可通过混养水平传播，也可在卵巢排卵时通过卵进行垂直传播。水温达到12℃时死亡率最高。

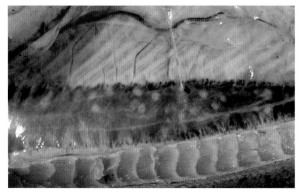

图6-32　患细菌性肾病大西洋鲑肾脏出现肉芽肿

　　患病鱼临床和外部无典型症状，但一般表现出游动失去平衡、体色发黑、皮肤有花斑、腹部膨胀、眼球突出、胸鳍基部及侧线有出血点等症状，严重时体表可见囊泡、溃疡或脓肿。

　　剖检可见鳃和内脏器官表现出贫血性苍白；其中肾脏病变最为严重，肿胀且有灰白色结节。心脏、肝脏和脾脏也出现相同的灰白色结节（图6-32至图6-35）。有报道指出患病鱼的肌肉、腹部

图6-33　患细菌性肾病的大西洋鲑肾脏中含有大量肉芽肿

有点状出血，并伴有腹水；幽门盲囊外观呈脂肪样的苍白色。感染鱼体内脏器官表面有弥散性的白色膜（伪膜）包裹（图6-34）。肠道发炎充血或肠腔内有黄色黏液。

　　组织学观察可见造血器官或组织有慢性增生性肉芽肿。大多数坏死区域或肉芽肿部位呈现上皮样细胞和淋巴细胞浸润（图6-36至图6-38）。在感染早期，鲑肾杆菌易聚集于脾脏表面及胰腺周围，随后大量扩散导致组织坏死，椭圆体内细胞皱缩。纤维素性包囊由周围的坏死组织、感染性细菌和吞噬性细胞构成（图6-39）。据报道，鲑肾杆菌可造成鱼肾脏局部坏死或水肿，引起免疫复合物沉积，从而导致肉芽肿炎症反应和膜性肾病。如果鲑肾杆菌被宿主细胞杀死，这种肉芽肿炎症会逐渐消失。

图6-34　患细菌性肾病的大西洋鲑（腹水，脾肿大并由一层纤维素样的包膜）

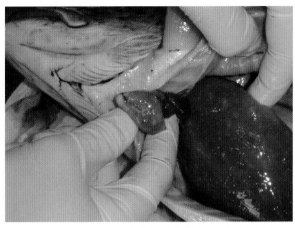

图6-35　养殖大西洋鲑感染鲑肾杆菌后出现心外膜炎和多发性肝肉芽肿

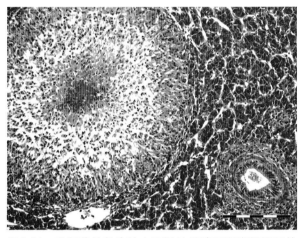

图6-36　患细菌性肾病的大西洋鲑肝脏出现溶解坏死的肉芽肿（标尺＝200μm）

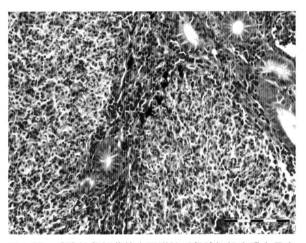

图6-37　感染鲑肾杆菌的大西洋鲑（肾脏组织出现大量肉芽肿，在边界处有特征性黑色素沉积，标尺＝100μm）

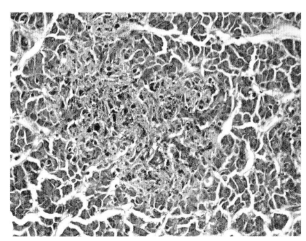

图6-38　感染鲑肾杆菌的大西洋鲑肝脏组织坏死灶处细菌聚集（中倍）

图6-39　鲑肾杆菌聚集在脾脏的包囊中（革兰氏染色，标尺＝100μm）

注：深染的假膜为脾脏的包囊，里面存在大量的鲑肾杆菌

在鳃丝中也能发现鲑肾杆菌（图6-40）。

肉芽肿性腹膜炎发生在胰腺区，伴有大量细菌及白细胞局灶性浸润（图6-41）。肝实质内小的病灶含有被吞噬的鲑肾杆菌，这些病灶增大融合可以成为炎症反应中心。鳔和肠道周围聚集有纤维蛋白和胶原蛋白的沉积物，同时聚集大量含有细菌的吞噬细胞。纤维蛋白、胶原蛋白和含有鲑肾杆菌的巨噬细胞（可引起缩窄性心包炎）组成心包炎的薄膜层。

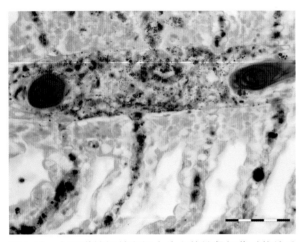 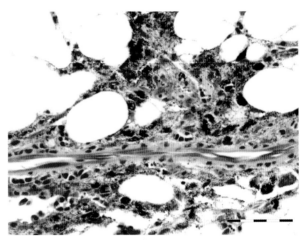

图6-40 大西洋鲑鳃丝和鳃小片上的鲑肾杆菌（革兰氏染色，标尺＝50μm）　图6-41 大鳞大麻哈鱼胰腺组织中鲑肾杆菌菌落（革兰氏染色，标尺＝50μm）

在加拿大，有报道指出成熟虹鳟中存在季节性的"产卵皮疹"症状，患病鱼的脓包性皮炎可能遍及皮肤的大部分区域，表皮处出现许多小水泡或表现为出血性结节。肉芽肿组织入侵相邻部位并沿真皮纤维组织层纵向扩展。

鲑肾杆菌可以感染中枢神经系统，有报道称是随血液扩散进入脑膜。鲑肾杆菌感染神经的路线也可能从眼色素层后部开始，逆向沿着视神经的神经外膜和神经束膜到达间脑层。

鲑肾杆菌可存在于巨噬细胞内且容易繁殖，这种特性使其可以逃避宿主防御机制并抵消抗生素的治疗效果。

根据典型的临床症状和对组织/吞噬细胞内的革兰氏阳性杆菌的组织学观察，可对细菌性肾病做出诊断。鲑肾杆菌可通过革兰氏染色和PAS染色进行检测，H&E染色不能用来鉴定该菌。鲑肾杆菌是一种小的革兰氏阳性杆菌，大小为0.5～1.0μm，生长缓慢，不抗酸，无运动性，最适生长温度为15℃。该菌可水解蛋白质，产生氧化酶，并对L-半胱氨酸有绝对的营养需求。在含有L-半胱氨酸盐的MH培养基上培养几周后可以获得培养物。通常使用酶联免疫吸附法（ELISA）和实时荧光定量PCR法对病原进行检测和诊断。

第十六节　肉食杆菌

肉食杆菌（*Carnobacterium maltaromaticum*）是造成鲑鳟假性肾病的主要原因。目前，已从北美洲的虹鳟、大鳞大麻哈鱼、白鲑等体内分离到该种细菌，欧洲、澳大利亚和南美洲也有少量报道。肉食杆菌属包括乳酸杆菌和与乳酸相关的菌种。乳酸杆菌可从看似健康的鱼体中分离到，可能是胃肠道中正常菌群的一部分。研究发现，乳酸杆菌可从一龄以上的鲑甚至淡水养殖的亲鱼体内分离到。人为操作、产卵及其他形式的胁迫似乎是诱发疾病的因素，并使其发展成为一种慢性疾病。虽然很少见，但仍有少量疾病暴发的报道。有报道称该菌可造成冷熏麻哈鱼的自溶性变化。

　　该病没有典型的临床症状，但总体来看都存在败血症，一般临床症状为体表发黑、皮下出现水泡、腹部膨胀、双侧眼球突出等（图6-42）。剖检可见有腹膜炎、脾脏肿大，在肌肉、肝脏和鳔处可见弥散性出血。组织病理学观察可见肾小管上皮细胞变性和局灶性坏死、肝窦瘀血、肝细胞透明滴状变、胰腺腺泡细胞坏死等。

图6-42　养殖虹鳟感染肉食杆菌后体色发黑、脾脏肿大、肝脏有出血点

　　根据临床症状、组织切片观察和病原分离可对该病进行诊断。麦芽香肉食杆菌为革兰氏阳性杆菌，无运动性，22℃于TSA培养基上生长良好并能以单菌落或短链状形式存在。诊断时需要与鲑肾杆菌进行区别。

第十七节　海豹链球菌

　　海豹链球菌（*Streptococcus phocae*）是一种条件致病菌。据报道，在智利河口和海洋水域中养殖的大西洋鲑幼鱼和成鱼中发现该菌感染。链球菌病主要发生在夏季水温超过15℃时，某些情况下累积死亡率可达到25%。受感染的鱼表现为眼球突出，眼睛周围有化脓性和出血性液体聚集，腹侧有点状出血。剖检可见腹部脂肪出血，有心包炎，肝脏肿大；脾脏和肾脏可见病理改变。

　　海豹链球菌为革兰氏阳性菌，有β溶血现象。需要通过进一步的研究来确定该菌对鲑养殖业的临床意义。

第十八节　分枝杆菌

　　硬骨鱼类的分枝杆菌（*Mycobacterium* spp.）主要有三种：龟分枝杆菌（*M. chelonae*）、偶发分枝杆菌（*M. fortuitum*）和海分枝杆菌（*M. marinum*）。该类菌可感染多种鱼类包括鲑鳟，并引发典型的慢性疾病，可能需要几年的时间才表现出临床病症。

分枝杆菌病的临床症状通常表现为鱼体消瘦、眼球突出、体色异常、鳍条溃烂、皮肤溃疡等，外部检查可见腹侧皮下有红斑和肉芽肿。剖检可见有腹水，许多内脏器官有灰白色结节，尤其是心脏、肾脏、肝脏和脾脏逐渐变得肿胀并覆盖有白色薄膜（如图6-43）。组织病理学观察表明，慢性或增生性病灶肉芽肿由各种形式的免疫细胞组成，包括成纤维细胞、粒性白细胞、中心位置的上皮样细胞和巨噬细胞等（如图6-44）。这些肉芽肿的周围呈黑化或空泡化。

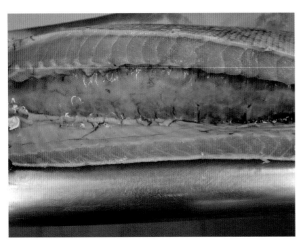

图6-43 感染分枝杆菌的大西洋鲑肾脏出现肉芽肿和坏死灶

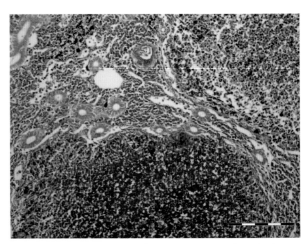

图6-44 感染分枝杆菌的养殖大西洋鲑组织切片

注：在肾脏肉芽肿中可见有大量抗酸细菌（Ziehl-Nielsen染色，标尺＝200μm）

对该病的诊断主要基于典型病变和组织切片中抗酸细菌的存在等，进一步结合病原的分离鉴定进行确诊。分枝杆菌属细菌是革兰氏阳性产气杆菌，菌体形态笔直或略微弯曲。很多分枝杆菌分离株本身对营养的要求很高，很难在实验室条件下培养。PCR方法有助于检测感染鱼体中的分枝杆菌，注意与鲑肾杆菌、真菌性肾炎的区别诊断。

第十九节　诺　卡　菌

诺卡菌病由诺卡菌（*Nocardia* sp.）引起。诺卡菌属为革兰氏阳性丝状菌，部分抗酸，产气。诺卡菌可导致患病鱼鳃、脾脏、肾脏和肝脏出现结节性病变，有时伴有皮肤溃疡。诺卡菌很少感染鲑鳟，因此在本书中不作详细介绍。但是，诺卡菌需要与分枝杆菌进行鉴别诊断，可通过有效的实验方法来区分不同菌种。

第二十节　鲑立克次体

鲑立克次体（*Piscirickettsia salmonis*）是鲑立克次体败血症（SRS）的主要病原，可严重危害海水养殖苗种，智利淡水养殖虹鳟中偶有发病。在其他国家，SRS对养殖影响不大。SRS临床症状通常表现为昏睡、浮于水面且游动异常、体色变暗等。严重时在皮肤处可见大面积的出血，一些患病鱼可能一直维持这种状态。剖检可见患病鱼鳃贫血，有腹水，脾脏肿大，肝脏中有乳酪色的局灶性有包膜的结节，纤维素性心包炎，肾脏肿大发灰（图6-45至图6-47）。大多数器官如脑、心脏、肾脏、肝脏、卵巢和脾脏中均可见组织病理学变化。鳃上皮细胞增生、坏死。肾脏出现造血组织广泛性坏死、水肿，炎性细胞浸润，肾小球肾炎，肾小囊腔扩大，正常的造血组织和淋巴组织被炎性细胞代替。肝脏呈弥散性坏死性肝炎，有时可形成肉芽肿（图6-48）。脾脏中也有类似的局灶性肉芽肿（图6-49）。可能有脑膜炎、心内膜炎、腹膜炎、胰腺炎和支气管炎发生，伴随血管的慢性炎性变化，形成与肝脏中类似的肉芽肿。心脏表现为不同程度的心内膜炎或心包炎。鳔和胃肠道常可见点状出血、固有层坏死和炎症反应。脑、胰腺和脂肪组织中有轻度炎症和血栓病变。严重贫血的鱼缺乏中性粒细胞。

　　根据特征性临床症状、组织病理学变化和病原分离鉴定可诊断该病。在光学显微镜下观察组织切片（H&E、亚甲基蓝或姬姆萨染色切片）时，可在细胞质内有隔膜的空泡内观察到该细菌，这可作为该病的初步诊断依据。同样，通过观察染色的外周血涂片检测到含鲑立克次体的巨噬细胞，也可作为初步诊断的依据。鲑立克次体是一种革兰氏阴性菌，抗酸，无运动力，主要为球形，无包膜。曾用CHSE-214和RTG-2等细胞系以及无抗生素培养基首次从肾脏中分离到鲑立克次体。通过ELISA、细胞培养、PCR或原位杂交试验可对病原进行确诊。与耗时费力的细胞培养相比，在海生菌肉汤培养

图6-45　感染鲑立克次体的大西洋鲑出现纤维素样心包炎及眼球发炎

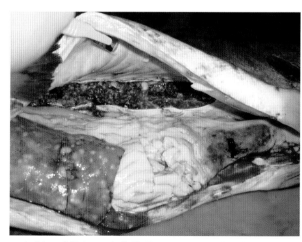

图6-46　感染鲑立克次体的大西洋鲑肝脏、肾脏和脾脏中出现大量肉芽肿

图6-47　感染鲑立克次体的大西洋鲑肝脏中出现大量肉芽肿

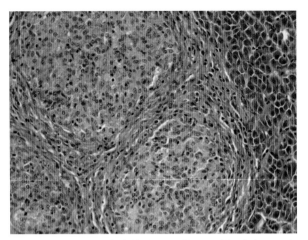

图6-48 感染鲑立克次体的大西洋鲑肝脏切片中可见肉芽肿性病变（中倍）

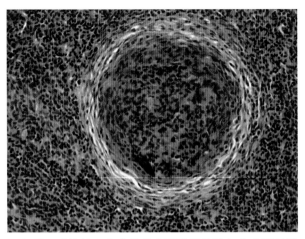

图6-49 感染鲑立克次体的大西洋鲑脾脏切片中可见灶性纤维化肉芽肿（中倍）

基中额外添加L-半胱氨酸，可单独成功培养鲑立克次体。此外，这种方法可以避免难以消除的宿主细胞碎片污染。诊断时需注意与病毒性出血性败血症进行区别。

第二十一节　上皮细胞囊肿病

至少有三种病原体可能引起鲑鳟的上皮细胞囊肿病（epitheliocystis）。其中，鲑衣原体（待定）（*Candidatus* Piscichlamydia salmonis）主要分离自爱尔兰和挪威的海水鱼类，而属于衣原体门的鲑棒状衣原体（待定）（*Candidatus* Clavochlamydia salmonicola）则来自于淡水鱼类。该类病原是一种含有胞内颗粒的嗜碱性革兰氏阴性病原体，大多数被认为是条件致病而非主要病原体。据报道，这两种衣原体已从瑞士野生淡水褐鳟中分离到，且从北美洲养殖的北极红点鲑、爱尔兰和挪威养殖的大西洋鲑中均检出鲑绿菌（待定）（*Candidatus* Piscichlamydia salmonis）。鲑棒状衣原体导致上皮细胞囊肿病的鲑在转入海水中6周后病症会消失。由于鱼类鳃病往往病因复杂，因此很难确定不同病原体和环境因素的确切作用。

患病鱼的临床症状表现为鳃的严重增生性炎症引起的嗜睡、换气过度、鳃盖张开和黏液分泌增加等。海水养殖鲑的死亡率差异很大，最高可达80%，死亡率主要依赖于环境因素和其他病原体的协同作用。该病通常在秋季高发并表现出典型的季节性，因此推测水温可能是影响该病发生的一个重要因素。

组织病理观察可见患病鱼鳃上感染衣原体的细胞被嗜酸性透明胶囊所包绕，呈圆形结构（图6-50和图6-51）。上皮细胞囊肿病的病理变化差异很大，但下列症状可用作初步诊断：循环障碍、上皮增生、上皮组织和上皮组织下轻度和重度肥大或增生、鳃小片融合导致的黏液增加、毛细血管扩张、巨噬细胞浸润等。

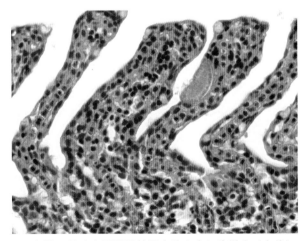

图6-50 养殖大西洋鲑的鳃小片上皮细胞增生（中倍）

　　根据临床症状、组织病理学观察（上述组织病理特征性病变和上皮细胞增生现象）和实时荧光定量PCR方法可对上皮细胞囊肿病做出诊断。

　　囊肿鳃单胞菌（待定）（*Candidatus* Branchiomonas cysticola）是一类非衣原体细菌，也可以造成海水养殖的大西洋鲑发生上皮细胞囊肿病，在爱尔兰和挪威有过相关报道。病原体以鳃小片上皮细胞为靶细胞，可感染海／淡水多种鱼类，细菌感染后上皮细胞肿胀，细胞大小从10μm到400μm不等。目前认为大西洋鲑的上皮细胞囊肿病是由多种病因引起的，后期可发展成已知的增生性鳃炎（PGI）。

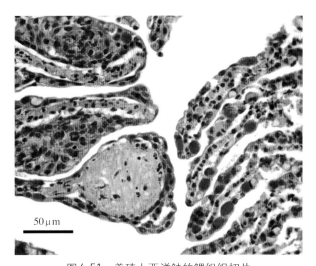

图6-51　养殖大西洋鲑的鳃组织切片

注：左侧为陈旧的动脉瘤；右侧为大量特征性的上皮细胞增生

第二十二节　分节丝状菌（待定）

　　虹鳟胃肠炎（RTGE）是欧洲虹鳟养殖过程中新发现的一种疾病。患病鱼在肠道末端或幽门盲囊处存在大量分段丝状细菌即分节丝状菌（待定）（*Candidatus arthromitus*），表明这些部位是分节丝状菌（待定）的主要感染位点。病鱼感染分节丝状菌（待定）后表现出食欲减退、昏沉嗜睡、黏性排泄物堆积、弥漫性出血等临床症状，在夏季尤其明显（图6-52）。组织病理学观察可见肠道上皮细胞脱落，肠固有层和外膜层充血（图6-53）。这些细菌不单存在于病变区，表明在致病过程中除了这些细菌发挥作用外，细菌的胞外产物、T细胞或者细胞凋亡都可能在RTGE的发病机制中发挥着重要作用。超微显微观察，可见肠道微绒毛结构缺失、胞膜空泡化、线粒体水肿、肠上皮细胞水肿变性。肠道固有层大范围裸露有可能导致渗透平衡失调，并可使其他病原侵入。虽然通过对新鲜样品检查（图6-54）和分子生物学方法可以检测到病原，但是仍需要进一步研究分节丝状菌（待定）与RTGE的相关性。

图6-52　患胃肠炎的虹鳟肠道扩张充血

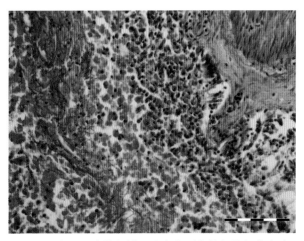

图6-53　患胃肠炎的虹鳟肠壁出血（有特征性细菌存在，标尺＝100μm）

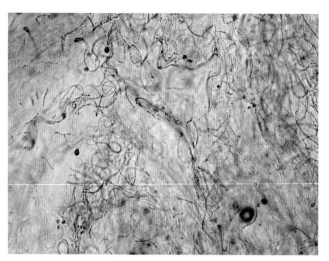

图6-54 患胃肠炎的虹鳟肠道内容物中有典型的丝状细菌（高倍）

第二十三节 红斑综合征（冷水鱼草莓病）

红斑综合征（red mark syndrome，RMS）是一种影响养殖虹鳟皮肤健康状况的疾病，于2003年首次在苏格兰发现。患病鱼体侧尤其是侧线下部有一个或多个明显的红色补丁样病变，病变部位大小不一，从几毫米到4cm不等，通常病变中心部位鳞片缺失。鳞片的缺失可能是由于机械损伤造成，缺失部位可能演变成溃疡，患病鱼无明显异常行为。目前，RMS广泛流行，在英国、美国和欧洲大陆的一些地区如瑞士、澳大利亚、德国和法国等地均有RMS感染虹鳟的报道。

RMS常发生于体重超过100g的鱼，流行水温在15℃以下。随着温度升高，临床症状逐渐消失。RMS发病率较高但通常不致死，患病鱼摄食和生长均不受影响，仅当病变处溃疡严重时可影响养殖鱼类的价值。

发病早期，鱼体患病处皮肤微微凸出，剖检可见界限清晰、离散、肿胀、圆形或椭圆形的区域，通常不透明或呈乳白色（图6-55至图6-57）。随着病变程度的加深，病灶处明显充血发红，根据此症状将该病命名为红斑综合征。

组织病理学观察可见患病鱼皮肤出现严重炎症，所有真皮层包括皮下组织有明显的炎症和增生，偶有病变涉及浅层肌层。真皮弥散性的炎症伴有中度至重度水肿以及巨噬细胞、淋巴细胞和粒细胞的浸润，鳞囊肿胀。破骨细胞的出现导致鳞片退化或完全消失（重吸收）（图6-58），并有

图6-55 患RMS的养殖虹鳟皮肤病变

充血或出血以及少量色素细胞。病变程度加重时，在表皮基底层下及真皮致密层和底层脂肪组织之间的区域，炎症细胞增多，结缔组织变性和坏死；仅有少数报道表皮处有淋巴细胞浸润及多灶溃烂。在病变愈合处有鳞片再生。此外，病鱼内部器官也有明显病变：肾脏变性，肝脏局灶性坏死，心脏、肠道平滑肌和结缔组织等出现炎症病变。值得注意的是，临床诊断情况复杂，内脏病变情况及其与RMS的相关性有待进一步证实。

图6-56　患RMS的养殖虹鳟体表有特征性的带状病变

图6-57　养殖虹鳟红斑综合征病灶放大可见明显垂直的
　　　　出血性病变

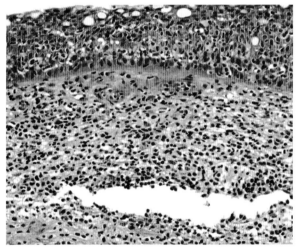

图6-58　患RMS虹鳟的典型皮炎症状（中倍）

据报道，RMS可以通过抗生素治疗得到有效控制，尽管目前并无科学证据证实其有效性，而且受感染的鱼种表现出不受干预的自发恢复现象。尽管如此，RMS还是造成了劳动力成本上升和产品质量下降等问题，使得商品鱼的市场价值降低，为渔民带来了严重的经济损失。

实验及现场调查发现，RMS可通过活鱼运输进行传播。有报道，类立克次体（rickettsia-like organism，RLO）可能是引起RMS的主要原因，但目前缺乏确切证据表明RMS是由类立克次体感染鱼体造成的。

RMS与英国温水水域中养殖虹鳟的草莓病（strawberry disease）有很多相似的病症；另外，

在美国也报道了一种与RMS具有相似临床症状的疾病，被命名为"美国草莓病（SD-USA）"。近来，研究表明SD-USA与RMS为同一种病，应该被称为"冷水鱼草莓病（cold water strawberry disease）"，而在英国报道的虹鳟草莓病（SD-UK）被认为是温水鱼草莓病（warm water strawberry disease）。可依据疾病的发生温度来进行鉴别，从而避免误诊。目前，RMS主要采用光学显微镜进行诊断。

延伸阅读

Apablaza P, Løland AD, Brevik ØJ, Iiardi P, Battaglia J, Nylund A (2013) Genetic variation among *Flavobacterium psychrophilum* isolates from wild and farmed salmonids in Norway and Chile. J Appl Microbiol. doi:10.1111/jam.12121

Barnes ME, Brown ML (2011) A review of *Flavobacterium psychrophilum* biology, clinical signs, and bacterial cold water disease prevention and treatment. Open Fish Sci J 4:40–48

Bernardet JF, Kerouault B (1989) Phenotypic and genomic studies of *Cytophaga psychrophila* isolated from diseased rainbow trout (*Oncorhynchus mykiss*) in France. Appl Environ Microbiol 55:1796–1800

Birbeck TH, Bordevik M, Frøystad MK, Baklien A (2007) Identification of *Francisella* sp. from Atlantic salmon, *Salmo salar* L., in Chile. J Fish Dis 30:505–507

Birkbeck TH, Laidler LA, Grant AN, Cox DI (2002) *Pasteurella skyensis* sp. nov., isolated from Atlantic salmon (*Salmo salar* L.). Int J Syst Evol Microbiol 52:699–704

Birrell J, Mitchell S, Bruno DW (2003) *Piscirickettsia salmonis* in farmed Atlantic salmon *Salmo salar* in Scotland. Bull Eur Assoc Fish Pathol 23:213–217

Bohle H, Tapia E, Martínez A, Rozas M, Figueroa A, Bustos P (2009) *Francisella philomiragia,* a bacteria associated with high mortalities in Atlantic salmon (*Salmo salar*) cage-farmed in Llanquihue lake. Arch de Med Vet 41:237–244

Bradley TM, Newcomer CE, Maxwell KO (1988) Epitheliocystis associated with massive mortalities of cultured lake trout *Salvelinus namaycush*. Dis Aquat Org 4:9–17

Bricknell IR, Bruno DW, Stone J (1996) *Aeromonas salmonicida* infectivity studies in goldsinny wrasse, *Ctenolabrus rupestris* (L)J Fish Dis 19:469–474

Bruno DW (1986a) Scottish experience with bacterial kidney disease in farmed salmonids between 1976 and 1985. Aquac Fish Manag17:185–190

Bruno DW (1986b) Histopathology of bacterial kidney disease in laboratory infected rainbow trout, *Salmo gairdneri,* Richardson, and Atlantic salmon, *Salmo salar* L. J Fish Dis 9:523–537

Bruno DW (1988) The relationship between auto-agglutination, cell surface hydrophobicity and virulence of the fish pathogen *Renibacterium salmoninarum*. FEMS Microbiol Lett 51:135–140

Bruno DW (1990) Presence of a saline extractable protein associated with virulent strains of the fish pathogen, *Renibacterium salmoninarum*. Bull Eur Assoc Fish Pathol 10:8–10

Bruno DW (2004) Prevalence and diagnosis of bacterial kidney disease (BKD) in Scotland between 1990 and 2002. Dis Aquat Org 59:125–130

Bruno DW, Brown LL (1999) The occurrence of *Renibacterium salmoninarum* within vaccine adhesion components from Atlantic salmon, *Salmo salar* L. and Coho salmon, *Oncorhynchus kisutch* Walbaum.

Aquaculture 170:1–5

Bruno DW, Munro ALS (1986) Observations on *Renibacterium salmoninarum* and the salmonid egg. Dis Aquat Org 1:83–87

Bruno DW, Munro ALS (1989) Immunity in Atlantic salmon, *Salmo salar* L., fry following vaccination against *Yersinia ruckeri*, and the influence of body weight and infectious pancreatic necrosis virus (IPNV) on the detection of carriers. Aquaculture 89:205–211

Bruno DW, Hastings TS, Ellis AE (1986) Histopathology, bacteriology and experimental transmission of a cold water vibriosis in Atlantic salmon *Salmo salar*. Dis Aquat Org 1:163–168

Bruno DW, Griffiths J, Mitchell CG, Wood BP, Fletcher ZJ, Drobniewski FA, Hastings TS (1998a) Pathology attributed to *Mycobacterium chelonae* infection among farmed and laboratory infected Atlantic salmon *Salmo salar*. Dis Aquat Org 33:101–109

Bruno DW, Griffiths J, Petrie J, Hastings TS (1998b) *Vibrio viscosus* in farmed Atlantic salmon *Salmo salar* in Scotland, field and experimental observations. Dis Aquat Org 34:161–166

Del-Pozo J, Crumlish M, Ferguson HW, Turnbull JF (2009) A retrospective cross-sectional study on "*Candidatus arthromitus*" associated rainbow trout gastroenteritis (RTGE) in the UK. Aquaculture 290:22–27

Del-Pozo J, Turnbull JF, Crumlish M, FergusonHW(2010a) A study of gross, histological and blood biochemical changes in rainbow trout, *Oncorhynchus mykiss* (Walbaum), with rainbow trout gastroenteritis (RTGE). J Fish Dis 33:301–310

Del-Pozo J, Turnbull JF, Ferguson HW, Crumlish M (2010b) A comparative molecular study of the presence of "*Candidatus arthromitus*" in the digestive system of rainbow trout, *Oncorhynchus mykiss* (Walbaum), healthy and affected with rainbow trout gastroenteritis. J Fish Dis 33:241–250

Draghi A, Bebak J, Daniels S, Tulman ER, Geary J, West AB, Popov V, Frasca S Jr (2010) Identification of *Candidatus* Piscichlamydia salmonis in Arctic charr *Salvelinus alpinus* during a survey of charr production facilities in North America. Dis Aquat Org 89:39–49

Egidius E, Andersen K, Clausen E, Raa J (1981) Cold-water vibriosis or "Hitra disease" in Norwegian salmonid farming. J Fish Dis 4:353–354

Egidius E,Wiik R, Andersen KA, Hjeltnes B (1986) *Vibrio salmonicida* sp. nov., a new fish pathogen. Int J Syst Bacteriol 36:518–520

Faisal M, Loch TP, Fujimoto M, Woodiga SA, Eissa AE, Honeyfield DC, Wolgamood M, Walker ED, Marsh TL (2011) Characterization of novel *Flavobacterium* spp. Involved in the mortality of Coho salmon (*Oncorhynchus kisutch*) in their early life stages. Aquac Res Dev S2:005. doi:10.4172/2155-9546.S2-005

Fryer JL, Hedrick RP (2003) *Piscirickettsia salmonis:* a gram-negative intracellular bacterial pathogen of fish. J Fish Dis 26:251–262

Holten-Andersen L, Dalsgaard I, Buchmann K (2012) Baltic salmon, *Salmo salar,* from Swedish river Lule Alv is more resistant to furunculosis compared to rainbow trout. PLoS One 7(1):e29571. doi:10.1371/journal.pone.0029571

Keeling SE, Johnston C, Wallis R, Brosnahan CL, Gudkovs N, McDonald WL (2012) Development and validation of real-time PCR for the detection of *Yersinia ruckeri*. J Fish Dis 35:119–125

Loch TP, Kumar R, Xu W, Faisal M (2011) Carnobacterium maltaromaticum infections in feral *Oncorhynchus* spp. (Family Salmonidae) in Michigan. J Microbiol 49:703–713

Lunder T (1992) "Winter ulcer" in Atlantic salmon: a study of pathological changes, transmissibility and bacterial isolates. Dr. Scient. thesis. Norwegian School of Veterinary Science

Mauel MJ, Giovannoni SJ, Fryer JL (1996) Development of polymerase chain reaction assays for detection, identification, and differentiation of *Piscirickettsia salmonis*. Dis Aquat Org 26:189–195

Mitchell SO, Rodger HD (2011) A review of infectious gill diseases in marine salmonid fish. J Fish Dis 34:411–432

Mitchell SO, Steinum T, Holland C, Rodger H, Colquhoun DJ (2010) Epitheliocystis in Atlantic salmon, *Salmo salar* L., farmed in fresh water in Ireland is associated with "*Candidatus* Clavochlamydia salmonicola" infection. J Fish Dis 33:665–673

Nese L, Enger Ø (1993) Isolation of *Aeromonas salmonicida* from salmon lice *Lepeophtheirus salmonis* and marine plankton. Dis Aquat Org 16:79–81

Nilsen H, Johansen R, Colquhoun DJ, Kaada I, Bottolfsen K, Vagnes Ø, Olsen AB (2011) Flavobacterium psychrophilum associated with septicaemia and necrotic myositis in Atlantic salmon *Salmo salar:* a case report. Dis Aquat Org 97:37–46

Nowak BF, La Patra S (2006) Epitheliocystis in fish. J Fish Dis 29:573–588

Oidtmann B, Verner-Jeffreys D, Pond M, Peeler EJ, Noguera PA, Bruno DW, LaPatra SE, St-Hilaire S, Schubiger CB, Snekvik K, Crumlish M, Green DM, Metselaar M, Rodger H, Schmidt-Posthaus H, Galeotti M, Feist SW (2013) Differential characterisation of emerging skin diseases of rainbow trout – a standardised approach to capturing disease characteristics and development of case definitions. J Fish Dis. doi:10.1111/jfd.12086

Olsen AB, Nilsen H, Sandlund N, Mikkelsen H, Sørum H, Colquhoun DJ (2011) Tenacibaculum sp. associated with winter ulcers in sea-reared Atlantic salmon *Salmo salar*. Dis Aquat Org 94:189–199

Ostland VE, Byrne PJ, Hoover G, Ferguson HW (2000) Necrotic myositis of rainbow trout, *Oncorhynchus mykiss* (Walbaum): proteolytic characteristics of a crude extracellular preparation from *Flavobacterium psychrophilum*. J Fish Dis 23:329–336

Pacha RE, Porter S (1968) Characteristics of myxobacteria isolated from the surface of freshwater fish. Appl Microbiol 16:1901–1906

Poppe T, Hastein T, Salte R (1985) 'Hitra disease' (haemorrhagic syndrome) in Norwegian salmon farming: present status. In: Ellis AE (ed) Fish shellfish pathology. Academic Press, London, pp 223–229

Powel P, Carson J, van Gelderen R (2004) Experimental induction of gill disease in Atlantic salmon *Salmo salar* smolts with *Tenacibaculum maritimum*. Dis Aquat Org 61:179–185

Rhodes LD, Rice CA, Greene CM, Teel DJ, Nance SL, Moran P,Durkin CA, Gezhegne SB (2011) Nearshore ecosystem predictors of a bacterial infection in juvenile Chinook salmon. Mar Ecol Prog Ser 432:161–172

Rodrı´guez L, Gallardo C, Acosta F, Nietop P, Real F (1998) Hafnia alvei as an opportunistic pathogen causing mortality in brown trout, *Salmo trutta*. J Fish Dis 21:365–370

Schmidt-Posthaus H, Polkinghorne A, Nufer L, Schifferli A, Zimmerman D, Segner H, Steiner P,

Vaughan L (2011) A natural freshwater origin for two chlamydial species, *Candidatus* Piscichlamydia salmonis and *Candidatus* Clavochlamydia salmonicola, causing mixed infections in wild brown trout (*Salmo trutta*). Environ Microbiol. doi:10.1111/j.1462-2920.2011.02670.x

Sørum H, Poppe TT, Olsvik Ø (1988) Plasmids in *Vibrio salmonicida* isolated from salmonids with haemorrhagic syndrome (Hitra disease). J Clin Microbiol 26:1679–1683

Starliper CE (2010) Bacterial coldwater disease of fishes caused by *Flavobacterium psychrophilum*. J Adv Res 2:97–108

Steinum T, Kvellestad A, Colquhoun D, Heum M, Mohammad S, Grøndtvedt RN, Falk K (2010) Microbial studies of proliferative gill inflammation in Norwegian salt water reared Atlantic salmon. Dis Aquat Org 91:201–211

Toenshoff E, Kvellestad A, Mitchell SO, Steinum TM, Falk K, Colquhoun DJ, Horn M (2012) A novel Betaproteobacterial agent of gill epitheliocystis in salt water farmed Atlantic salmon (*Salmo salar*). PLoS One 7(3):e32696. doi:10.1371/journal.pone 0032696

Verner-Jeffreys DW, Algoet M, Feist SW, Bateman K, Peeler EJ, Branson EJ (2006) Studies on red mark syndrome. Finfish News 1:19–22

Verner-Jeffreys DW, Pond MJ, Peeler EJ, Rimmer GSE, Oidtmann B, Way K, Mewett J, Jeffrey K, Batemann K, Reese RA, Feist SW (2008) Emergence of cold water strawberry disease of rainbow trout *Oncorynchus mykiss* in England and Wales: outbreak investigations and transmission studies. Dis Aquat Org 79:207–218

Wiklund T, Madsen L, Bruun MS, Dalsgaard I (2000) Detection of *Flavobacterium psychrophilum* from fish tissue and water samples by PCR amplification. J Appl Microbiol 88:299–307

Yañez AJ, Valenzuela K, Silva H, Retamales J, Romero A, Enriquez R, Figueroa J, Claude A, Gonzalez J, Avendaño-Herrera R, Carcamo JG (2012) Broth medium for the successful culture of the fish pathogen *Piscirickettsia salmonis*. Dis Aquat Org 97:197–205

Zamora L, Vela AI, Palacios MA, Domínguez L, Fernández-Garayzábal JF (2012) First isolation and characterization of *Chryseobacterium shigense* from rainbow trout. BMC Vet Res 8:77–81

Zerihun MA, Nilsen H, Hodeland S, Colquhoun DJ (2011) *Mycobacterium salmoniphilum* infection in farmed Atlantic salmon, *Salmo salar* L. J Fish Dis 34:769–781

第七章 真菌和相关卵菌感染

摘要 <<<<<<<<<<<<<<<<<<<<<<<<<<<<<<<<<<<<<<<

　　卵菌（真菌样）是感染海水和淡水中野生及养殖鲑鳟的初级和次级病原体。如果不采取防治措施，卵菌感染会导致养殖鱼类死亡。目前有证据表明，卵菌是由简单的菌丝样海洋寄生虫进化而来，分子测序技术完善了我们对这些种群的系统发育关系的认识。这一章涵盖了鲑鳟常见的卵菌感染。

关 键 词：卵菌；真菌；鲑；鳟

　　卵菌（真菌样）是海水和淡水中常见的野生及养殖鲑鳟感染的初级和次级病原体（图7-1）。如果不采取防治措施，这种感染会导致养殖鱼类的死亡。目前有证据表明，不同的卵菌种群是由简单的菌丝样海洋寄生虫进化而来，分子测序技术完善了我们对这些种群的系统发育关系的认识。表7-1总结了主要真菌和卵菌感染的例子。

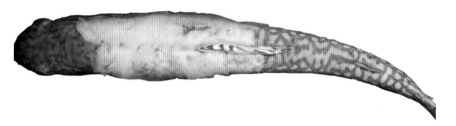

图7-1　操作不当引起的溪红点鲑水霉严重感染

表7-1　感染鲑鳟的常见真菌和卵菌病

病　　原	科	主要鲑鳟宿主	环境
水霉（*Saprolegnia* spp.）	水霉科	所有鲑鳟	淡水
外瓶霉（*Exophiala salmonis, E. psycrophila*）	小疱毛壳科	虹鳟，大西洋鲑	海水
瓶霉（*Phialophora* sp.）	小疱毛壳科	虹鳟，大西洋鲑	淡水
虫草棒束孢（粉质拟青霉）[*Isaria farinosa*（曾用名*Paecilomyces farinosus*）]	虫草科	大西洋鲑幼鲑	淡水
草茎点霉（*Phoma herbarum*）	小双腔菌科	奇努克大麻哈鱼稚鱼	淡水

第一节　水霉属

　　水霉科的卵菌感染可能是由共生的或作为初级感染性的病原体直接作用引起。一般来说，寄生水霉（*Saprokegnia parasitica*）和异丝水霉（*S. diclina*）这两种可对淡水中的野生和养殖鱼类的生长时期造成影响（图7-2至图7-5）。水霉菌感染很可能造成鱼类体表，特别是鳃或卵表面出现羊毛样毛簇。患病鱼在病灶处可见环状或新月形、稀疏、白色或灰色的丝线状菌落呈放射状延伸，直至与邻近菌落连接成片（图7-6和图7-7）。在死亡前，患病鱼表现为游动无力、丧失平衡、血液稀薄，有致命危险。当霉菌感染鳃时，患病鱼会出现呼吸困难的症状。

图7-2　大西洋鲑成鱼洄游在淡水中产卵时感染水霉

图7-3　野生大西洋鲑成鱼头部和胸鳍基部感染水霉

图7-4　野生大西洋鲑成鱼头部、腹部及尾部有水霉大面积感染

图7-5 产卵期白鲑头部、体侧及尾部的水霉感染形成的斑块

图7-6 大西洋鲑成鱼背鳍及周围皮肤大面积感染水霉

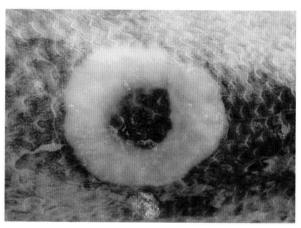

图7-7 产卵期野生大西洋鲑体侧典型的环状感染

显微镜下可以观察到病原体呈特有的丝状，有许多游动孢子囊和多核菌丝体组成的无间隔菌丝。早期感染的症状为肌肉组织快速退化及其导致的扩散性水肿。来自感染中心的扩散性感染不仅损伤表皮，菌丝还会渗透进基底层，持续生长的菌丝将进入表皮、真皮和肌肉组织（图7-8）。经常可以观察到由于菌丝渗透造成的血管内血栓。伴随着肌纤维的明显退化，患病鱼会出现表皮不完整和真皮水肿等现象。严重感染时，可引起结缔组织肿胀，细胞核消失和宿主临床症状不明显。更严重的病变则表现为肌纤维和病灶内的其他细胞坏死，表皮棘细胞层细胞水泡变性，最终表皮脱落。

有报道指出，患病鱼表现为明显的淋巴细胞减少和造血组织损伤，也会出现淋巴细胞变性、坏死、血管病变和肝窦内皮细胞肥大等现象；实质组织结构改变很大，大片区域细胞密度显著降低。

多种培养基可用于分离水霉，根据培养后形成的或从疑似病灶组织中观察到的无分隔菌丝可用于对其进行诊断。PCR方法也可用于水霉的鉴定。

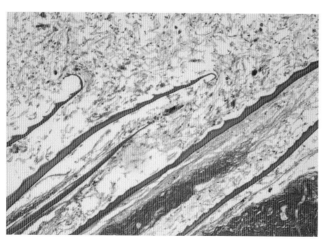

图7-8 水霉菌丝覆盖的虹鳟鳞片（低倍）

第二节 虫草棒束孢（粉质拟青霉）

虫草棒束孢（粉质拟青霉）[*Isaria farinosa*（曾用名 *Paecilomyces farinosus*）] 是一种从土壤中分离的真菌，它也是偶尔导致大西洋鲑幼鲑死亡的原因。感染该菌后，鱼体变黑，有轻微的失衡现象，腹部膨大，肛门红肿。该真菌最先发现于鳔中，鳔增厚且充满大量白色菌丝（图7-9和图7-10）。严重者也可感染内脏、腹壁及骨骼肌。

图7-9 大西洋鲑幼鲑的鳔后端感染虫草棒束孢

图7-10 大西洋鲑幼鲑感染虫草棒束孢（鳔横切后可见腔内充满菌丝）

病理组织切片可见菌丝已刺透鳔，侵入至外层纤维层，组织被完全破坏（图7-11和图7-12），其他组织中未观察到菌丝。

图7-11 大西洋鲑幼鲑的鳔虫草棒束孢病（虫草棒束孢充满鳔且鳔壁上有出血现象，中倍）

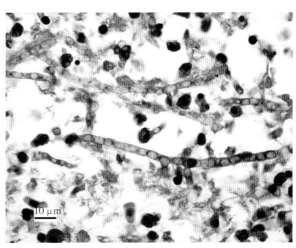

图7-12 感染大西洋鲑幼鲑的虫草棒束孢（高倍）

由分生孢子生长而成的虫草棒束孢在许多培养基上都生长良好，菌落为纤细的颗粒状和由大量分生孢子形成的菌簇。虫草棒束孢是一种分枝、有隔真菌，是一种普遍存在的昆虫病原体。通常对鱼进行剖检可作出初步诊断，通过镜检形态学特征及核糖体DNA的ITS序列信息可确诊。

第三节　瓶　霉　属

瓶霉（*Phialophora*）营寄生和腐生生活，在低温下偶尔引起虹鳟和大西洋鲑的全身感染。虹鳟的感染与脑足分枝菌（Mycetoma）病相关。患病鲑表现为鳍出血和腹部体表有出血点，内脏器官苍白，鳔充满白色黏稠物质且黏着于体壁和其他内脏器官，包括后肾和肠。除脂肪组织及肠系膜出血外，某些特定组织也会对菌丝有反应。显微镜下可观察到一个有隔和分枝菌丝的密集菌丝体。鱼苗通过鳔管从水面吸收空气填充鳔是其感染途径，感染来源未知；但是瓶霉菌属在环境中分布广泛。养殖过程中，真菌以薄壁、分枝菌丝的形式缓慢生长。

第四节　草茎点霉

草茎点霉（*Phoma herbarum*）的全身感染偶尔有发生，特别是在美国太平洋西北海岸孵卵饲养的奇努克大麻哈鱼幼鱼。感染鱼表现为游动异常、失衡，眼球外突，有时肛门充血外突。内部最主要病理变化包括鳔内有大量白色乳脂状黏性物质、鳔壁增厚、有腹水、内脏组织粘连。显微镜观察，发现感染与坏死和出血相关，且伴随着轻度至中度的淋巴细胞和组织细胞浸润。感染还会蔓延至其他器官，导致肾炎和一种严重的包括背主动脉壁和腔在内的全身性肉芽肿反应（图7-13）。

草茎点霉属营腐生生活，广泛分布于土壤、植物和污水的有机物质中，通常认为草茎点霉通过鳔管感染，然而分生孢子器的缺乏表明鱼类不是该病的最初宿主。有报道指出，在沙氏琼脂培养基中添加葡萄糖后长出褐色菌落，镜检发现大量有隔、分枝菌丝，

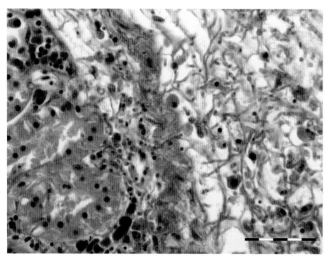

图7-13　感染草茎点霉的奇努克大麻哈鱼肾脏中可见广泛分布的坏死细胞（中倍）

直径5～12μm，呈透明状。疾病诊断多基于形态特征和感染组织中过碘酸雪夫染色（PAS染色）阳性菌丝，也可通过分子生物学方法进行验证。

第五节　外　瓶　霉

鲑外瓶霉（*Exophiala salmonis*）属于小疱毛壳科（Herpotrichiellaceae），是一种变形的黑酵母菌。该菌可导致海水养殖鲑（如大西洋鲑）出现一种低发性全身感染的霉菌病。感染鱼可能会继续进食，但游动失常，随后出现旋转游动。常见患病鱼眼球外凸和头部皮肤溃疡，但这些临床症状并不能被

作为疾病诊断的特征性变化。有研究报道指出，患病鱼可出现严重的腹腔肿胀现象。典型的病例症状是肾脏肿胀呈不透明囊状，灰白色结节内充满大量菌丝（图7-14和图7-15）；宿主试图通过典型的由巨噬细胞和多核巨细胞引起的全身性肉芽肿反应来抑制外瓶霉入侵血管（图7-16至图7-19）。当菌丝穿透肾小管、血管及其他器官如心脏、脾脏和有急性多灶性肝炎的肝脏时，会出现肝脏纤维化和萎缩现象，伴有嗜酸性胃炎和肠炎。严重感染的肌肉组织可能呈苍白色。另外，已有报道表明该病可与多囊肝并发感染。

据报道，外瓶霉（*E. psycrophila*）不仅可感染淡水鱼类如虹鳟，也可感染海水鱼类如大西洋鲑等。大西洋鲑头部感染的外瓶霉通过菌丝的移动扩散至整个鱼体侧线系统，愈合的病灶组织纤维化，引起的病理变化与鲑外瓶霉（*E.salmonis*）相似。

通过眼观病变和H&E切片观察有无被染色的有隔菌丝，可对该病进行初步诊断。同时，通过观察过碘酸-雪夫氏糖蛋白（PAS）染色感染组织也是一种有效的诊断方法。在沙氏琼脂培养基上25℃培养14d后，鲑外瓶霉菌落呈灰色，背面颜色较深，大小5～8mm，且有大量孢子。温度达到37℃时菌落停止生长。

图7-14 养殖大西洋鲑幼鲑全身性感染外瓶霉（肾脏和肝脏中有大量肉芽肿）

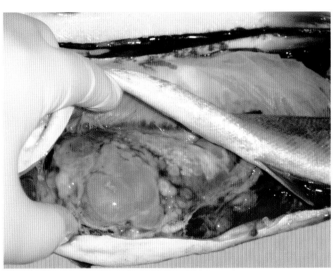

图7-15 外瓶霉感染引起大西洋鲑的大量肉芽肿反应和多囊肝

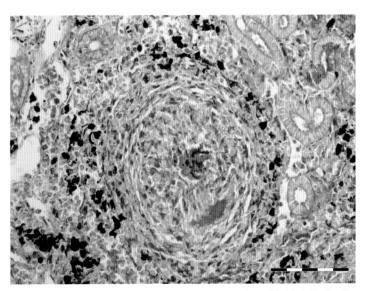

图7-16 感染外瓶霉的养殖大西洋鲑（肾脏中可见由中心菌丝引起的肉芽肿，标尺＝100μm）

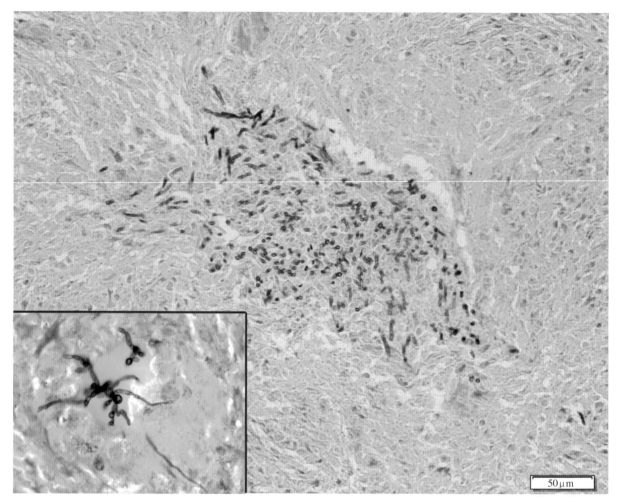

图7-17 大西洋鲑肾中的外瓶霉

注：小图显示菌丝的具体结构（高倍）

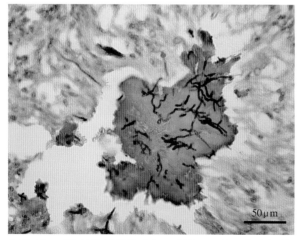

图7-18 感染外瓶霉的养殖大西洋鲑巨细胞形成（中倍）

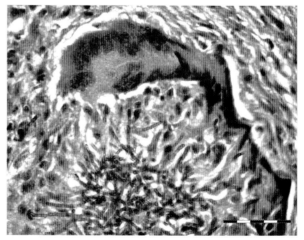

图7-19 感染外瓶霉的养殖大西洋鲑肝脏可见明显的坏死和肉芽肿反应

注：中间为多核巨细胞（中倍）

延伸阅读 ▼

Blazer VS, Wolke RE (1979) An *Exophiala*-like fungus as the cause of a systemic mycosis of marine fish. J Fish Dis 2:145–152

Bruno DW (1989) Observations on a swim bladder fungus of farmed Atlantic salmon, *Salmo salar* L. Bull Eur Assoc Fish Pathol 9:7–8

Bruno DW, Stamps DJ (1987) Saprolegniasis of Atlantic salmon *Salmo salar* L. fry. J Fish Dis 10:513–517

Carmichael JW (1966) Cerebral mycetoma of trout due to a *Phialophora*-like fungus. Sabouraudia 6:120–123

Ellis AE, Waddell IF, Minter DW (1983) A systemic fungal disease in Atlantic salmon parr, *Salmo salar* L., caused by a species of *Phialophora*. J Fish Dis 6:511–523

FaisalM, Elsayed E, Fitzgerald SD, SilvaV,Mendoza L (2007) Outbreaks of phaeohyphomycosis in the chinook salmon (*Oncorhynchus tshawytscha*) caused by *Phoma herbarum*. Mycopathologia 163:41–48

Khoshkho Z, Matin RH (2013) Efficacy of medication therapy to control of Saprolegniasis on rainbow trout (*Oncorhynchus mykiss*) eggs. Global Vet 10:80–83

Pedersen O, Langvad F (1988) *Exophiala psychrophila* sp. nov., a pathogenic species of the black yeasts isolated from farmed Atlantic salmon. Mycol Res 92:53–156

Richards RH, Holliman A, Helgason S (1978) *Exophiala salmonis* infection in Atlantic salmon *Salmo salar* L. J Fish Dis 1:357–368

Ross AJ, Yasutake WT, Leek S (1975) *Phoma herbarum*, a fungal plant saprophyte, as a fish pathogen. J Fish Res Board Can 32:1648–1652

Thoen E, Evensen Ø, Skaar I (2012) Pathogenicity of *Saprolegnia* spp. to Atlantic salmon, *Salmo salar* L., eggs. J Fish Dis 34:601–608

第八章 原生动物

摘 要 <<<<<<<<<<<<<<<<<<<<<<<<<<<<<<<<<<<<

　　原生动物是一类真核微生物，目前其在生物界中的分类还没有确切的定论。分子生物学研究发现原生动物种类繁多、亲缘关系较远。它们都拥有相对简单的组织结构，可以是单细胞也可以是多细胞，但暂未发现原生动物特有的组织结构。在鱼类中发现的原生动物主要为寄生虫，部分寄生虫能够引起鱼类大量死亡，但有些寄生虫也能和鱼形成共生关系。当鱼类养殖密度过大或者水质条件等环境因素发生改变时，寄生虫会快速增殖，这将使鱼类变得易感，尤其是发生继发感染的机会大大增加。本章主要选择了一些在鲑中常见的原生动物进行介绍。

关 键 词：原生动物；鲑；鳟

　　原生动物是一类真核微生物，其在分类学上的地位还没有确切的定论。分子信息学表明原生动物种类繁多，且亲缘关系较远，它们拥有相对简单的组织结构，可以是单细胞也可以是多细胞，但暂未发现原生动物特有的组织结构。总体来说，原生动物之间在进化上没有明显的关联性。它们拥有不同的生活史、营养等级、运动方式和细胞结构。鱼类中主要的原生动物是寄生虫，部分寄生虫能够导致鱼类大量死亡，但有些寄生虫也能和鱼类形成共生关系。在特定条件下，例如，养殖密度过大或水体环境改变（水质恶化），水体中的寄生虫将大量增殖。鱼感染寄生虫后体重下降、渗透压调节能力减弱，并且更易被病原微生物感染或被其他生物捕食。作者从感染大西洋鲑的原生动物中筛选了一部分，用于研究寄生虫对宿主的影响，并对这部分寄生虫的生态学和生活史进行了研究，这有助于我们了解病原微生物感染后引起宿主发病的具体机制。表8-1列举了常见原生动物的分类及其在鱼体和环境中的定殖情况。

表8-1　感染鲑的主要原生动物

物种名称	分类	组织定位	水体类型
副变形虫属一种（*Paramoeba perurans*）	变形虫门	鳃	海水
鱼卡氏吸管虫（*Capriniana piscium*）	纤毛虫门	鳃	淡水
鱼蛭斜管虫（*Chilodonella piscicola*）	纤毛虫门	鳃；外表皮	淡水
累枝虫（*Epistylis* spp.）	纤毛虫门	鳃；外表皮	淡水
多子小瓜虫（*Ichthyophthirius multifiliis*）	纤毛虫门	鳃；口腔；外表皮	淡水
特鲁车轮虫（*Trichodina truttae*）	纤毛虫门	鳃；外表皮	海水及淡水
霍氏鱼醉菌（*Ichthyophonus hoferi*）	中黏菌门	肌肉组织	海水及淡水
蜷丝球虫（*Sphaerothecum destruens*）	中黏菌门	脾脏及肾脏的巨噬细胞	淡水
鲑肤胞虫（*Dermocystidium salmonis*）	中黏菌门	口腔；外表皮	海水及淡水
武田卡巴塔那虫（*Kabatana takedai*；一种微孢虫）	小孢子虫目	肌肉；鳃	海水及淡水
鲑洛马虫（*Loma salmonae*；一种微孢虫）	小孢子虫目	鳃	淡水
拟核孢子虫属一种（*Candidatus Paranucleospora theridion*）	小孢子虫目	多种器官均有	海水

（续）

物种名称	分类	组织定位	水体类型
鲑隐鞭虫（*Cryptobia salmositica*）	肉足鞭毛虫亚门	血液	淡水
波豆虫（*Ichthyobodo* spp.）	肉足鞭毛虫亚门	鳃；外表皮	海水及淡水
杀鲑旋核六鞭毛虫（*Spironucleus salmonicida*）	肉足鞭毛虫亚门	全身性感染	海水及淡水
鲑旋核虫（*Spironucleus salmonis*）	肉足鞭毛虫亚门	肠道	淡水
巴克汉旋核六鞭毛虫（*Spironuclueus barkhanus*）	肉足鞭毛虫亚门	胆囊；肠道	淡水

第一节 变形虫门

一、副变形虫属一种（*Paramoeba perurans*）

阿米巴鳃病（amoebic gill disease，AGD）在全世界范围内对水产养殖业造成了巨大的影响，该病主要由副变形虫属中的一种变形虫（*Paramoeba perurans*）感染引起，最近小变形虫属（*Neoparamoeba*）也被归入到副变形虫属。大西洋鲑在感染副变形虫后，鳃会发生严重的增生反应，最终导致大量死亡。晚夏和早冬是阿米巴鳃病的主要暴发季节。当水温降到10 ~ 12°C时，该疾病容易暴发，但在更低的温度下也发现了该疾病。最近的研究发现，相较于温度，高盐度可能与该疾病的暴发更加相关。通常在鱼的鳃表面能够检测到变形虫，但变形虫有时候也能穿透上皮组织并引起组织病变。发病严重时，鱼常表现为活力下降并在水面聚集，鱼鳃分泌的黏液增多，鳃盖处可见明显的病灶、白色的斑点和大量的黏稠液体（图8-1）。从病鱼鳃分离的变形虫大小为15 ~ 40μm，拥有一个明显的大伪足和一个清晰的透明质。高盐度（降雨量少）、气温升高、池塘有机质和污物过多、养殖密度过高和鳃损伤都可能引起阿米巴鳃病的暴发。

变形虫刚刚附着在鳃上时会刺激鳃并引起宿主细胞发生病变，如上皮组织的鳞状复层增生

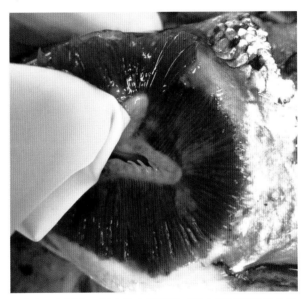

图8-1 患阿米巴鳃病的大西洋鲑（鳃上可见明显的白色结节和斑块）

（图8-2）。随后病变区域表层的上皮细胞出现肥大和增生，感染区域黏液分泌细胞增多、泌氯细胞减少，并在鳃小片内形成巨大的空腔或囊泡。在较小或者中等大小的腔隙常能观察到变形虫，但大的腔隙一般不含有细胞碎片（图8-3）。淡水养殖的溪红点鲑同样也会被变形虫感染，鳃也会出现类似的病症（图8-4）。根据鱼鳃的大体评估方法（如鳃的评分），当发现鱼体出现中等程度的感染时可以用淡水浸泡的方式进行有效治疗。但也有报道发现在鱼体浸泡2周后出现了再次感染，在这段浸泡期内，鱼体并未表现出阿米巴鳃病的典型病症，包括出血、坏死或者组织增生。

在病鱼鳃湿片中能够直接观察到变形虫，但建议后续增加组织学检测来提高诊断的准确性。具体的诊断应包含以下几方面：鳃组织是否增生、鳃小片是否融合、鳃小片是否形成空腔和囊泡以及是否有扁平上皮细胞和变形虫。但如果想进行准确的虫种鉴定，需借用分子生物学的检测方法，如实时定量双重PCR。病原诊断的目的主要是将某种寄生虫与其他原生动物或来源于水体的细菌和其他刺激物区分开来。

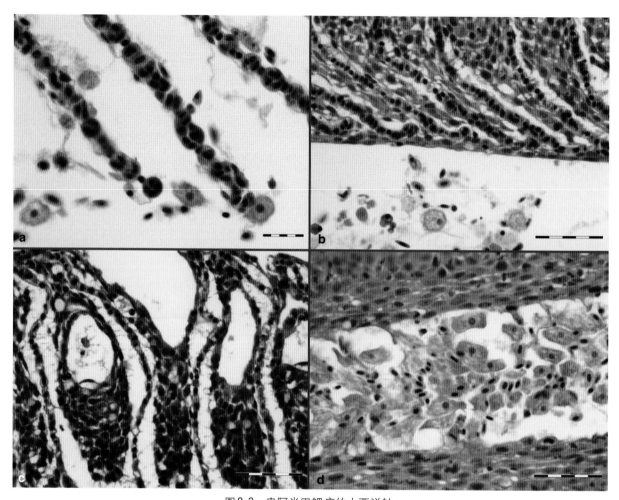

图8-2　患阿米巴鳃病的大西洋鲑

a.变形虫导致鳃小片充血（标尺=20μm）　b.呼吸上皮层组织增生，鳃小片融合（标尺=50μm）
c.鳃小片内出现空腔或囊泡（标尺=50μm）　d.上皮层严重感染变形虫（标尺=50μm）

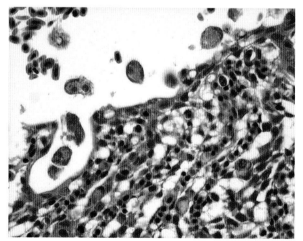

图8-3　患阿米巴鳃病的大西洋鲑鳃（中倍）

注：鳃上皮组织增生，可见密集的变形虫

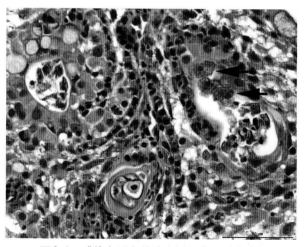

图8-4　感染变形虫的淡水溪红点鲑（中倍）

注：鳃上皮组织出现增生（箭头所指位置），在增生组织的间隙中可见变形虫

第二节　纤毛虫门

一、鱼卡氏吸管虫（*Capriniana piscium*）

吸管虫，又名毛管虫（*Trichophrya*），是一类体外共生的原生动物，在多种淡水鱼的鳃中均有发现。这类寄生生物形态多变，但大部分为囊状结构，大小基本在 50～100μm。通常情况下吸管虫通过一扁平附着面（又名类帚胚）与鳃小片相连，其附着面相对的细胞质中常常延伸出 10～35 条触角，称为延伸组织（图8-5）。吸管虫通常以游离的活细胞为食，并没有致病性。但吸管虫数量过多会阻碍鳃上水流的流动和氧气的交换，对黏膜组织也有一定的刺激。通过采集活鱼的皮肤和鳃组织制作切片，在显微镜下对吸管虫进行观察和鉴定。此外，还能通过组织学方法对此纤毛虫进行进一步的诊断。

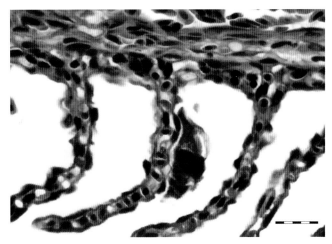

图8-5　银大麻哈鱼鳃小片上的吸管虫（标尺=20μm）

二、鱼蛭斜管虫（*Chilodonella piscicola*）

作为一种全球性分布的体外寄生虫，鱼蛭斜管虫在美国的南部和北部、欧洲和日本的淡水和微咸水水域中广泛分布。鱼蛭斜管虫是一类危害较大的病原，对多种鱼类的鳃和皮肤都有损害。鱼蛭斜管虫对野生鱼和孵化场饲养的鲑都有影响，特别是在养殖条件较差的养殖场。鲑在感染鱼蛭斜管虫后死亡率非常高。

鱼鲑斜管虫多为卵圆形或梨形，体长最长能达到70μm，其身体后缘有明显的凹陷，表面上布满成排的纤毛。鱼蛭斜管虫主要以滑动的方式在上皮层运动，并以上皮层为食，这会给鱼类造成严重的危害。在特定情况下，鱼蛭斜管虫能够以包囊的形式存活很长一段时间。鱼感染鱼蛭斜管虫后的临床症状主要表现为黏液增多、缺氧和生长速度减慢；鳃上病灶的典型特征包括组织增生和坏死、鳃功能损伤，随后出现嗜酸粒细胞的浸润。鱼感染斜管虫后极易死亡，主要原因可能是鳃糜烂后增生和炎症导致的呼吸衰竭。通过制作新鲜的皮肤和鳃组织玻片可以进行病原诊断，在显微镜下可以清楚地观察到鱼蛭斜管虫典型的纤毛结构，通过组织学方法可以作进一步鉴定（图8-6）。

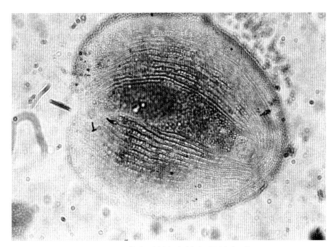

图8-6　鱼蛭斜管虫的银浸渍标本

注：鱼蛭斜管虫为圆形并有典型的末端凹陷结构

三、多子小瓜虫（*Ichthyophthirius multifiliis*）

多子小瓜虫病，又称白点病，是鱼类主要的纤毛虫病之一。该病主要在人工养殖区域较为常见。小瓜虫在全球范围内广泛分布，几乎所有的淡水鱼都极易感染这类寄生虫，而且这类寄生虫对鱼类生长速度的影响非常大。

鱼感染多子小瓜虫后，在体表、鳃部和口腔内部能清楚观察到大量的白色小点。这些小点的直径通常＜0.5mm（图8-7）。病鱼的临床症状主要表现为鳍条磨损、皮肤变暗、黏液增多和呼吸急促；解剖后可见脾脏肿大、肝脏上有白色斑点。

图8-7 严重感染小瓜虫的虹鳟（体色较正常虹鳟暗）

成熟的多子小瓜虫为圆形或卵圆形，体表密布短的纤毛。多子小瓜虫的生活史较短，主要包括捕食阶段和黏附于鱼体后的生长阶段。生长阶段主要在鱼的皮肤和鳃的上皮层进行，并表现为可见的白色斑点。当囊孢成熟后，小瓜虫最终会从宿主的鳃或者表皮上皮层底部的囊孢中穿出，并成为独立生活的新个体（图8-8）。这些分裂前体通常会沉入水体底部（或者土壤基质中），其体表为黏性的胶囊结构，这能够协助它们附着在植物或者网的表面。在池塘的底部水层或者土壤基质中，小瓜虫的生活史还在持续进行，主要为封闭的分裂阶段（或称为囊孢阶段）。分裂前体的增殖速度主要与温度有关，一个分裂前体通常能够分裂成几千个新个体，即小瓜虫幼虫。这些从囊孢中分裂出来的新个体主要为梨形，并有很强的感染性，它们需要在有限的时间（2～4d）内找到新的宿主。掠食体穿入宿主皮肤形成滋养体，会继续发育最后成为新的囊孢。这个过程是持续循环的，

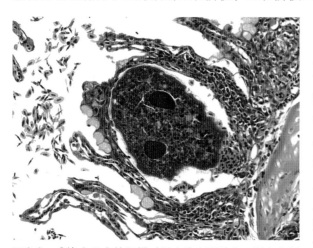

图8-8 感染小瓜虫的虹鳟（鳃小片出现融合，鳃小片间可见小瓜虫）

小瓜虫在鱼的皮肤下移动，以死亡的细胞和自身产生的液体为食。

通过组织学的方法可以发现小瓜虫有一个很容易被辨识的大核和纤毛，在细胞与基膜相连处的间隙可以清楚地观察到小瓜虫。随着滋养体的不断发育，滋养体会代替原先上皮层细胞所占的位置，并引起细胞水肿和空泡化，最终坏死。小瓜虫穿过上皮层感染宿主后会引起宿主表皮腐烂，随后出现皮炎、鳞片脱落和组织增生等，这会提高宿主被其他病原二次感染的可能性。在鳃上可以清楚地观察

到鳃小片增生和鳃小片间隙减小，鳃小片会因为上皮组织的不断增殖、组织的过分拥挤、淋巴细胞的浸润而肿大，最终与外层相连而封闭。

我们可以从病鱼的鳃、尾部、鳍条和体表上取湿润的组织进行检测，在显微镜下可以看到一个 200 ~ 800μm 大小的多纤毛囊胚结构和马蹄状的大核，借此我们可以很快鉴定出小瓜虫。

小瓜虫感染通常会引起虹鳟产生相应的免疫保护反应，腹腔内注射活的虫体也能产生类似的反应。但到目前为止，小瓜虫的疫苗开发还存在一定的困难。

四、特鲁车轮虫（*Trichodina truttae*）

特鲁车轮虫广泛分布于世界各地，为多纤毛型结构，主要在鱼的鳃、皮肤和鳍条上发现。此外，在鱼的侧线管和泌尿生殖系统内也有发现。大部分车轮虫的生活史较简单，主要以外共生的方式寄生在鱼体上，而鱼体则充当附着的基质。少数种类能够寄居在淡水和海水鱼的鳃和体表上，并成为致病原。据报道，特鲁车轮虫只感染鲑科鱼类，目前已报道的有特鲁车轮虫感染的鱼类有不列颠哥伦比亚省的银大麻哈鱼幼鱼和日本的马苏大麻哈鱼。

车轮虫主要以悬浮的细菌为食，当细菌浓度较高时，可作为车轮虫充足的食物来源，这有利于车轮虫的繁殖。因此，当车轮虫成为养殖环境的一个问题时就意味着水质出现了问题，可能存在水体富营养化。

当鱼体严重感染车轮虫时，常表现为活力低、游动不规则、不吃食、体表泛绿色荧光、鱼体瘦弱和渗透压调节困难等。另外，车轮虫还具有运动功能，它们并非长久固定在附着的地方。车轮虫附着于鳃时会刺激鳃小片并导致鳃黏液分泌增多、呼吸压力增加。组织学检查可以发现鳃出现明显的组织增生和上皮细胞脱落。此外，水质对于诊断的准确性具有一定的影响。

车轮虫主要为圆形和碟形，与其他淡水寄生生物相比，特鲁车轮虫的体型较大，一般在 114 ~ 179μm，在体表有一明显的纵向脊和两根长度不同的纤毛，入口和出口因一个突出的基盘而缩短（图8-9和图8-10）。

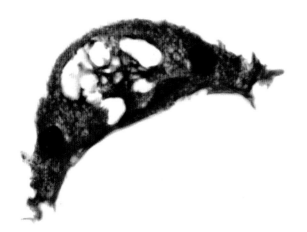

图8-9　大西洋鲑鳃组织横切面中的车轮虫（高倍）

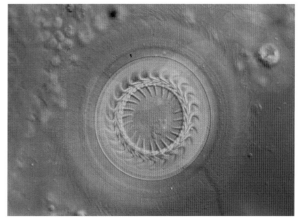

图8-10　诺马斯基干涉相差显微镜拍摄的车轮虫反面（高倍）

通过采集鳃和鱼体表面的湿润组织进行诊断，可以发现一杯状或者圆顶状的生物，在前极具有一前口纤毛环，并以极具特色的圆形方式运动。通过组织学切片和形态学观察可以发现在黏附盘上有齿状纹路，从而可以确定该寄生生物为车轮虫。

五、杯状虫 （*Scyphidia*, *Riboscyphidia*, *Ambiphyra*）

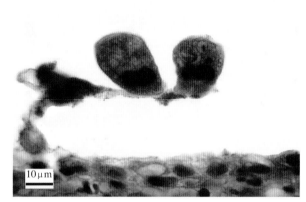

图8-11　感染大西洋鲑幼鲑鳃小片上黏附的鳃的杯状虫

虽然在分类学地位上还不尽一致，但*Scyphidia*, *Riboscyphidia* 和 *Ambiphyra* 被认为是同义词，都是指杯状虫。这类体外共生生物为固着性缘毛纤毛虫，通过释放蛋白酶类物质致使淡水鱼体表形成一定的伤口，而这个区域又容易被细菌感染。杯状虫的慢性感染会引起上皮层呼吸功能障碍，这是病鱼死亡的主要因素。通过组织学方法或者对鳃刮屑物质的观察可以对这类寄生虫进行鉴定（图8-11）。

第三节　中生黏菌虫

一、霍氏鱼醉菌 （*Ichthyophonus hoferi*）

霍氏鱼醉菌主要引起海洋鱼类肉芽肿性全身性疾病，与几种广泛报道的流行病发生于包括虹鳟和大鳞大麻哈鱼在内的野生鱼类之中。养殖鲑和鳟易受到感染，导致生长缓慢。其临床症状和病理学变化多样，但主要取决于受感染的器官和感染程度。在鲑中，特别是感染位于中枢神经系统时，有报道其行为异常，如昏睡和游动不协调。

目前认为传染源存在于海洋鱼类中，养殖虹鳟感染的一般途径可能为摄取受污染的食物。摄入的多核球形虫体出芽生长后，刺入胃黏膜后进入血液循环，随血流传播至多个器官并在这些器官中形成囊肿。

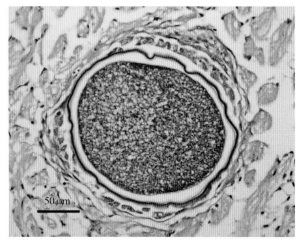

图8-12　野生大鳞大麻哈鱼心肌中肉芽肿包围的霍氏鱼醉菌（PAS染色）

鱼体解剖时，在心脏、肌肉、肾脏、肝脏和脾脏等很多器官中可见白色结节。显微镜下观察，有典型的严重肉芽肿反应，并常伴有大量巨噬细胞和多核巨细胞。可观察到该菌的多个发育阶段，但在很多器官中，常见的是孢子或休眠阶段。这一阶段孢子为球形，有双层壁，PAS染色呈强阳性，大小10～250μm（图8-12）。组织学观察可见到霍氏鱼醉菌的出芽孢子。这些孢子的特征是有出芽的细胞质突起穿过休眠孢子厚厚的外壁（图8-13）。

霍氏鱼醉菌是在分类学地位上分散的一类微生物。过去曾错误地将霍氏鱼醉菌归入单孢子虫门并称之为嗜胃鱼孢子虫（*Ichthyosporidium gastrophilum*）。目前，基于18s小亚基核糖体DNA，认为该菌是原生生物中生黏菌虫进化支的成员。

诊断基于病理学和组织学上的观察结果。亦可用湿片法显微观察新鲜肾脏来进行诊断，其明确的特征为出现菌丝状突起穿过孢子外壁。诊断时应注意区别伴随肉芽肿反应的细菌性疾病。

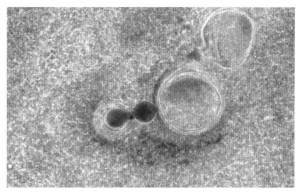

图 8-13 霍氏鱼醉菌（相差显微镜，高倍）

注：球状突起显示典型的孢子发芽

二、蜷丝球虫（*Sphaerothecum destruens*）

蜷丝球虫是一种专性单细胞真核寄生虫，曾按形状描述其为"玫瑰状病原体"。蜷丝球虫可感染多种鲑鳟鱼类，但感染后的鱼体组织病理学变化因宿主不同而有差异。在美国，感染导致设施水产养殖中的大鳞大麻哈鱼发病并具有高死亡率，特别是夏秋两季的死亡率较高。在英国，根据测定其对野生大西洋鲑潜在威胁的实验进行推测，当腹腔注射时，孢子能够复制，并与死亡率升高有关（高达90%）。

病鱼外部病变特征通常不明显，但有报道称会出现脾肿大和肾肥大。另外，受感染的鲑鳟可能出现贫血，在感染晚期，还可能有轻微的消瘦。

蜷丝球虫主要感染脾脏和肾脏（图8-14），但在重度感染病例中，可出现在其他器官中并有孢子的胞内发育，导致宿主肉芽肿反应。在体外，孢子（2～6μm）在鲑细胞系中通过无性分裂进行复制和产生子孢子。

球虫属（*Sphaerothecum*）与肤孢虫属（*Dermocystidium*）相近，基于小亚基核糖体DNA的系统发育分析，将其归入中生黏菌虫纲（以前称作鱼孢子纲）。组织学上可检测到该寄生虫，在自然感染的成鱼组织内通过巢式PCR也可检测到该寄生虫。

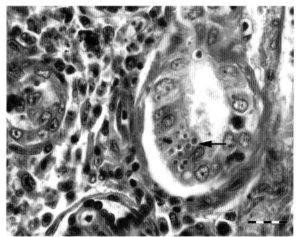

图 8-14 大鳞大麻哈鱼肾小管中的蜷丝球虫（标尺＝20μm）

注：箭头所指即蜷丝球虫

三、鲑肤孢虫（*Dermocystidium salmonis*）

肤孢虫（*Dermocystidium* spp.）影响很多淡水和海水鱼类。鲑肤孢虫（*Dermocystidium salmonis*）可发生在鱼类所有生活阶段，除大西洋鲑外，也有报道大鳞大麻哈鱼、银鲑和红鲑受到影响。尽管通常不会致命，但肤孢虫与幼鱼的死亡有关，特别是水温较低时。

该病通常影响鳃瓣、口腔和皮肤，偶尔有全身感染的报道。大量孢囊在鳃中寄生时，可妨碍鳃盖的关闭，导致缺氧和死亡。在受感染鳃或皮肤的新鲜涂片上，可见许多球形至椭圆形孢子（直径7～12μm）。孢子的特征性形态学种类可能代表该寄生虫的不同发育阶段，但最具特征性的类型是所谓的"印戒细胞"或休眠孢子，表现为有大的折光性液泡和边缘狭窄的细胞质。其他孢子液泡不规则，有一或多个突出的核。

　　肿胀的腹部内含有小而圆的白色孢囊（直径约1mm），组织器官可见明显的空腔和大量突起的孢囊（图8-15）。

图8-15　虹鳟上的肤孢虫
注：腹部已打开以显示孢囊和显著的炎症反应

　　脾和肝损伤的特点是边界清晰的肉芽肿和白细胞增多（图8-16）。每个孢囊含有大量的单核孢子，引起皮肤肉芽肿，其症状为显著的炎症反应、出血、增生和水样变性。

　　目前在分类上将肤孢虫归入中生黏菌虫纲（以前称作鱼孢子纲），在最近确定的后鞭毛动物（*Opisthokonta*）群体中，它是进化分支位于动物和真菌之间、具有相当多样化的一类生物。肤孢虫的PAS染色为阳性，可通过显微镜检进行诊断（图8-17）。

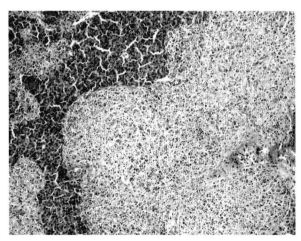
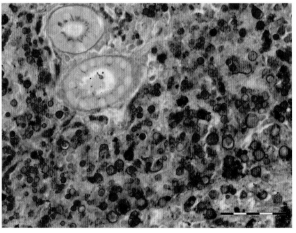

图8-16　虹鳟心脏中的肤孢虫（低倍）　　　　图8-17　虹鳟肾脏中的肤孢虫（PAS染色，标尺＝50μm）

第四节　微孢子虫

一、武田卡巴塔那虫（*Kabatana takedai*；一种微孢虫）

武田卡巴塔那虫以前被称作武田微孢子虫（*Microsporidium takedi*），影响多种鱼类的肌肉和心脏，包括大麻哈鱼、樱鳟、粉鲑、红鲑和远东红点鲑。该寄生虫呈季节性流行，夏季约15℃时开始暴发。

该寄生虫侵袭骨骼肌和心肌（图8-18），同时也侵袭宿主平滑肌，导致高死亡率。

图8-18　武田卡巴塔那虫（虹鳟躯干肌中的有许多孢囊）

其特征是出现大量白色纺锤形至卵形增殖的微孢子虫，大小为2.5～4.0μm。受影响的组织形成肉芽肿，巨噬细胞吞噬孢子，然后肌原纤维变性，结缔组织增生（图8-19）。病灶边缘出现纤维蛋白样变性。在慢性病例中，心脏极度肥大，组织变形，并伴有炎性水肿。

传播途径尚不明确。临床诊断主要基于肌肉组织的解剖和肉眼观察，确诊主要通过PCR或孢囊的显微镜观察。

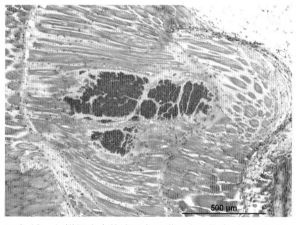

图8-19　虹鳟肌肉中的武田卡巴塔那虫异物瘤（肌肉退化）

二、鲑洛马虫（*Loma salmonae*；一种微孢虫）

鲑洛马虫是对经济效益有重要影响的鳃病原体。在淡水养殖的虹鳟、大鳞大麻哈鱼、银鲑、红鲑和一些海水网箱养殖的种类中可检测到。感染的鱼表现出呼吸困难、游动障碍和生长速度降低。肉眼可见的特征包括眼球突出、腹水和鳃盖上有瘀点。在多个组织中可看到直径0.5mm的小型圆形白色包囊状形成物（异物瘤），但在孢子发生期，主要存在于鳃瓣中，且通常紧密靠近柱细胞。鲑洛马虫的靶细胞包括柱细胞和内皮细胞或穿过血管基膜的白细胞。重要的病理变化为受感染的细胞变得肥大和显著增生（图8-20和图8-21）。这些细胞破裂后可堵塞毛细血管腔，形成肉芽组织或纤维样组织多发性病灶，并最终造成永久性炎症反应。后者包括中性粒细胞浸润和血管栓塞。在肾脏、脾脏和假

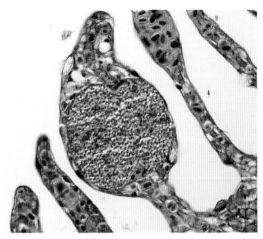

图8-20 褐鳟鳃瓣中的洛马虫（Nomarski相差显微镜拍摄，H&E染色，中倍）

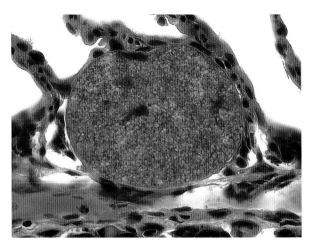

图8-21 虹鳟鳃中的洛马虫异物瘤（高倍）

鳃中亦有该寄生虫和相关损伤的报道。鳃中异物瘤形成之前，在心脏内皮细胞中可发现少数处于孢子生殖前期的寄生虫。在这之后，便是心包炎、肌肉增生和冠状动脉炎症。恢复的鱼在鳃小片上表现出多个病灶的慢性血管周炎。

特征性的异物瘤壁为厚达1.5μm的嗜染层当孢子成熟时，异物瘤壁破裂并向周围环境中释放出孢子。鱼通过摄取孢子而直接被感染。营养期的鲑洛马虫为单细胞，以新鲜制备物测量，其大小为3 ~ 8μm。在溪红点鲑中有关于美洲洛马虫（Loma fontinalis；一种微孢虫）的描述，其与鲑洛马虫类似。

对洛马虫的诊断包括通过光镜或湿片检测孢子。孢子的PAS染色为阳性。特异性的PCR亦可作为诊断方法。

三、拟核孢子虫属一种（*Candidatus* **Paranucleospora theridion** = *Desmozoon lepeophtheiri*）

拟核孢子虫属一种（*Candidatus* Paranucleospora theridion）是一种发现于大西洋鲑、虹鳟、棕鳟及鲑疮痂鱼虱（*Lepeophtheirus salmonis*）和长鱼虱（*Caligus elongatus*）的胞内微孢子虫。在鲑鳟中，其有两个发育周期：一个在巨噬细胞或表皮细胞的细胞质中产生孢子；另一个则在表皮细胞的核中。前者的孢子小、壁薄，有短的极丝，被认为是自动感染形态；后者的核内孢子较大、卵形，有厚的孢子内壁和极丝，可引起从鲑鳟鱼类到鲑疮痂鱼虱的传播。

可在包括鳃、心、肾、胰腺和脾的多数器官中发现暂定种（*Candidatus* Paranucleospora theridion）（图8-22）。已证明鱼会因此而遭受疾病，例如鲑鳟胰腺病和心肌及骨骼肌炎症，但尚不清楚该寄生虫在疾病发生中所起的确切作用。另外，该寄生虫还与疫苗接种后腹膜炎的严重病例有关。受感染的细胞和游离孢子刺激产生因巨噬细胞导致的强烈炎症反应，并可

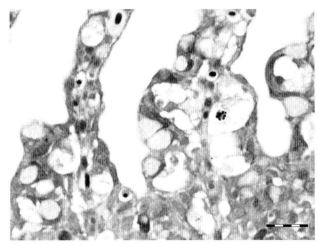

图8-22 大西洋鲑鳃上皮细胞中的拟核孢子虫属一种（革兰氏染色，标尺 = 20μm）

注：*Candidatus* Paranucleospora theridon = *Desmozoon lepeophtheiri*

能存在马氏（Malpighian）细胞和杯状细胞的坏死病灶。在鳃中，鳃丝基部发黑、上皮增生和炎性细胞浸润很常见。养殖鲑鳟可能在温度高于15℃时的夏秋月份受到感染，而临床发病和死亡高峰通常在9月到次年2月。诊断主要基于组织切片证实孢子存在和PCR检测。

第五节 肉鞭虫门

一、鲑隐鞭虫（*Cryptobia salmositica*）

隐鞭虫病是由血鞭毛虫导致的淡水鱼类疾病。受感染的鱼类主要是生活在中高水流流速且带砂砾层的河流中的冷水性品种。在鲑鳟中，隐鞭虫在淡水银大麻哈鱼和驼背大麻哈鱼的鳃、体表和消化系统中都有相关报道。美洲红点鲑（河鳟）也有可能受感染，但不会发病，因此其可能作为病原携带宿主。隐鞭虫病通常由水蛭、吸血水蛭来传播，也有证据表明可以通过直接接触来传播。

首发临床症状是贫血，紧随其后的症状有眼球突出、水肿、脾脏肿大、肝脏肿大以及由腹水引起的腹部膨大。小球性低色性贫血与寄生虫血症加重和血管外定居寄生虫增多有关。从组织学上来说，初始病灶发生在肝脏、鳃和脾脏，伴有充血、灶性出血和肾小球水肿。此外，肾小球肿大、水肿导致出现血管内膜炎和单核细胞浸润。肝脏与肾脏细胞坏死及急性期造血组织消耗导致个体死亡。黏膜和黏膜下层肉芽肿性胃炎也有报道。

图8-23 大鳞大麻哈鱼血涂片中的鲑隐鞭虫

注：红细胞为红色，寄生虫为蓝色；迪夫快速染色（Diff Quick stain）；标尺=20 μm

隐鞭虫大小为（6～25）μm×（2～4）μm，在圆核前面或旁边有突出的动基体，具有前、后鞭毛。可通过血涂片染色诊断隐鞭虫（图8-23）。此外，已可通过酶联免疫吸附试验，利用47KDa抗原的单克隆抗体捕获该抗原。

二、鱼波豆虫（*Ichthyobodo* spp.）

漂游鱼波豆虫（*Ichthyobodo necator*）（口丝虫属*Costia*）是一种重要的专性寄生虫，可以感染许多野生和养殖淡水鱼类。这种寄生虫寄生在皮肤上皮细胞、鳃和体腔以及增生组织内。受感染的鱼消瘦、昏睡、鳃盖张开、靠着池壁或底部摩擦。由于体表覆盖了过多的黏液，鱼体看起来呈灰色，并出现体表局部充血。该寄生虫的侵袭通常是由于饲养管理不善，如果放任不管，可能造成鱼群大量死亡。

虫体可以分为游离期与寄生期，游离期虫体大小为10～15μm，呈卵形或肾形构造；寄生期则呈楔形或珍珠形。漂游鱼波豆虫有两条鞭毛，游离时呈剧烈的螺旋状运动。

组织学上，感染初期，鱼体表黏液细胞会减少，恢复期会出现片状增生（图8-24和图8-25）。其他病变有溃烂性皮炎。鳃病变有杯状细胞消耗、增生，有时会出现典型的空泡化；上皮细胞和黏液细胞变性；邻近鳃小片融合以及细胞脱落。表层下的细胞病变表现为明显的细胞质变性，细胞核通常完好。恢复期，鳃小片中可以看见大量嗜酸粒细胞。

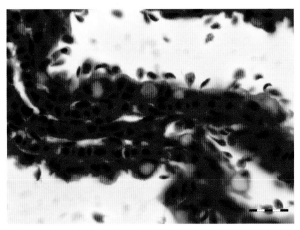

图8-24 附着在大西洋鲑鳃上皮细胞的鱼波豆虫（*Ichthyobodo salmonis*，标尺=20μm）

图8-25 附着在养殖褐鳟鱼苗体表的鱼波豆虫（*Ichthyobodo necator*）

形态测定证实，鱼波豆虫在淡水和海水中呈现不同的细胞形态，而电子显微镜检查表明，海洋形态的鱼波豆虫在细胞口有脊状突起，淡水大西洋鲑的寄生虫则是平滑的。小亚基核糖体DNA（SSU rDNA）序列种系发生分析可以证明存在两种可以感染大西洋鲑的鱼波豆虫，区别在于其存在的区域以及是否有脊状表面突起。建议重新命名为*Ichthyobodo salmonis* sp. n.（鲑波豆虫新种名）。

鱼波豆虫病的诊断，基于对活体组织的显微镜检查，以及对鳃或皮肤黏液中典型活动鞭毛的鉴定。染色切片也可显示附着的寄生虫。

三、旋核六鞭毛虫（*Spironucleus* spp.）

据报道，在全世界范围内，双滴鞭毛虫来自几种鱼类，其中大多数是与宿主共生，并以细菌和宿主消化后的食物为食。然而，其中一些可致病。在鲑鳟中，它们可能是肠共生物或寄生虫［如鲑旋核六鞭毛虫（*S. salmonis*）和巴克汉旋核六鞭毛虫（*S. barkhanus*）］，有些也可能导致严重的全身性疾病［如杀鲑旋核六鞭毛虫（*S. salmonicida*）］。包括感染胆囊在内的肠道双滴虫，常常被认为是机会寄生虫。数量不多时，它们很少造成损害，但感染严重的鱼苗和鱼种，特别是淡水褐鳟、河鳟、湖鳟以及虹鳟，可能会有不同程度的运动机能失调、消瘦、卡他性肠炎、腹部肿胀以及突眼。消化道内容物可能呈微黄色，鱼排"假粪"。

鲑旋核六鞭毛虫，之前也称为鲑六鞭毛虫（*Hexamita salmonis*），早已被认为能影响淡水养殖虹鳟早期的健康，可导致高患病率和死亡率。虹鳟肠道感染可导致虚弱、厌食和消瘦。鱼体内部可观察到肠炎、肠道出血、黄色黏液以及肝细胞坏死。

对巴克汉旋核六鞭毛虫感染的描述见于鲫和北极红点鲑中。在挪威北部，杀鲑旋核六鞭毛虫引起的全身性感染已经导致多个大西洋鲑鳟海水养殖场发生损失。鱼群中大部分大型鱼类可能受到感染，引起食欲减退、消瘦。有报道称，杀鲑旋核六鞭毛虫和巴克汉旋核六鞭毛虫引起的外部病变可能有腹部积液、眼球突出；内部病变有肌肉脓肿和出血，肾脏、脾脏、肝脏有坏死灶（图8-26和图8-27）。剖检感染鱼类时常有难闻的腐臭味。心室壁上可发现含大量寄生虫的弥漫性心包膜炎和白色囊肿（图8-28）。显微镜下可见广泛的肌肉液化性坏死和出血。寄生虫大量出现的肠道内（图8-29）可见有特征性的梨形以及成对的前核（"眼睛"）。在肾脏、肝脏以及脾脏中也可发现多灶性坏死。炎症反应会根据温度和病变时间发生改变。血管和海绵状心肌中可见寄生虫聚集体。也会出现有大量寄生虫和炎性细胞的脓性心包膜炎（图8-30）。在挪威北部的海水养殖北极红点鲑和加拿大不列颠哥伦比亚省的养殖大鳞大麻哈鱼中，也出现过旋核六鞭毛虫导致的全身性疾病。在这些案例中，血管内发现了大量

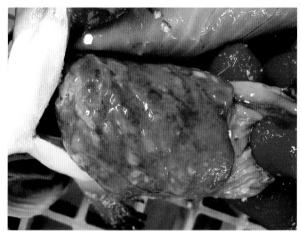

图8-26　感染杀鲑旋核六鞭毛虫的养殖大西洋鲑的肝脏（坏死和肉芽肿遍布整个肝脏）

图8-27　养殖大西洋鲑体内的杀鲑旋核六鞭毛虫（坏死和肉芽肿遍布整个肾脏）

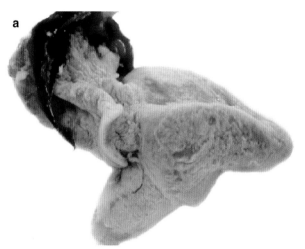
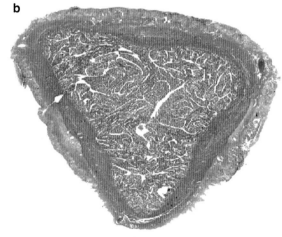

图8-28　感染杀鲑旋核六鞭毛虫的养殖大西洋鲑的心脏

a.养殖大西洋鲑体内的杀鲑旋核六鞭毛虫导致的脓性心外膜炎　b.低倍镜下心室组织切片，同一心脏

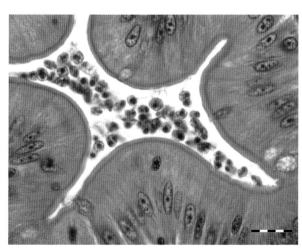

图8-29　养殖大鳞大麻哈鱼体内的旋核六鞭毛虫（标尺＝20μm）

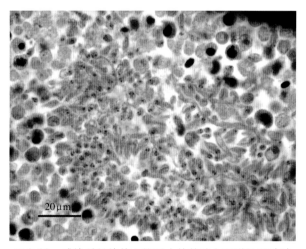

图8-30　感染杀鲑旋核六鞭毛虫的养殖大西洋鲑肝脓肿

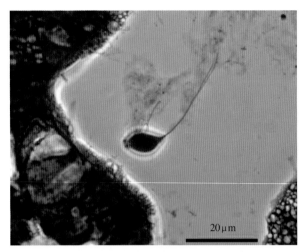

图8-31 养殖虹鳟肠道中的旋核六鞭毛虫（显示鞭毛，相位对比）

的寄生虫，然而只有少量、轻微的器官病变。根据疾病持续时间和水体温度的不同，鱼体会出现不同的炎症反应。在慢性病例中，可见黏膜以及黏膜下层肉芽肿性胃炎。心室肌致密层/海绵状层界面可见寄生虫聚集体。几乎全身上下血管中都可见单独的或集群的寄生虫，但更常见于脉络丛和冠状动脉分支血管中。鱼脑中可见大量寄生虫渗入脑膜，通常炎症反应很小。

寄生虫在滋养体和囊肿之间具有交替的生活周期。它们通过纵向二分裂繁殖。滋养体通过6个分成两组的前鞭毛和2个尺寸为6～35μm的后鞭毛进行活动（图8-31）。借助光学显微镜确定典型鞭毛和病变可进行诊断。然而，必须基于分子生物学分析才能准确鉴定种类。

延伸阅读▼

Adams MB, Crosbie PBB, Nowak BF (2012) Preliminary success using hydrogen peroxide to treat Atlantic salmon, *Salmo salar* L., affected with experimentally induced amoebic gill disease (AGD). J Fish Dis 35:839–848

Allen RL, Meekin TK, Pauley GB, Fujihara MP (1968) Mortality among chinook salmon associated with the fungus *Dermocystidium*. J Fish Res Board Can 25:2467–2475

Andreou D, Arkush KD, Guégan J-F, Goxlan RE (2012) Introduced pathogens and native freshwater biodiversity: a case study of *Sphaerothecum destruens*. PLoS One 7(5):e36998. doi:10.1371/journal. pone.0036998

Ardelli BF, Forward GM, Woo PTK (1994) Brook charr, *Salvelinus fontinalis* (Mitchill), and cryptobiosis: a potential salmonid reservoir host for *Cryptobia salmositica* Katz, 1951. J Fish Dis 17:567–577

Awakura A (1974) Studies on the microsporidian infection in salmonid fishes. Sci Rep Hokkaido Fish Hatch 29:1–95

Bower SM, Evelyn TPT (1980) Acquired and innate resistance to the haemoflagellate *Cryptobia salmositica* in sockeye salmon (*Oncorhynchus nerka*). Dev Comp Immunol 12:749–760

Bruno DW (1992) *Ichthyobodo* sp., on farmed Atlantic salmon, *Salmo salar* L., reared in the marine environment. J Fish Dis 15:349–351

Bruno DW (2001) *Dermocystidium* sp. in Scottish Atlantic salmon, *Salmo salar*: evidence for impact on fish in marine fish farms. Bull Eur Assoc Fish Pathol 21:209–213

Bruno DW, Collins R, Morrison CM (1995) The occurrence of Loma *salmonae* sp., (Protozoa: Microspora) in farmed rainbow trout, *Oncorhynchus mykiss* Walbaum in Scotland. Aquaculture 133:341–344

Bruno DW, Nowak B, Elliott DG (2006) A guide to the identification of fish protozoan and metazoan parasites in stained tissue sections. Dis Aquat Org 70:1–36

Bustos PA, Young ND, Rozas MA, Bohle HM, Ildefonso RS, Morrison RN, Nowak BF (2011) Amoebic gill disease (AGD) in Atlantic salmon (*Salmo salar*) farmed in Chile. Aquaculture 310:281–288

Crosbie PBB, Bridle AR, Cadoret K, Nowak BF (2012) In vitro cultured *Neoparamoeba perurans* causes amoebic gill disease in Atlantic salmon and fulfils Koch's postulates. Int J Parasitol 42:511–545

Draghi A, Bebak J, Popov VL, Noble AC, Geary S, West AB, Byrne P, Frasca S (2007) Characterisation of a Neochlamydia-like bacterium associated with epitheliocystis in cultured Arctic charr *Salvelinus alpinus*. Dis Aquat Org 76:27–38

Ellis AE, Wootten R (1978) Costiasis of Atlantic salmon, *Salmo salar* L. smolts in salt water. J Fish Dis 1:389–393

Ferguson JA, St-Hilaire S, Peterson TS, Rodnick KJ, Kent ML (2011) Survey of parasites in threatened stocks of coho salmon (*Oncorhynchus kisutch*) in Oregon by examination of wet tissues and histology. J Parasitol 97:1085–1098

Isaksen TE, Karlsbakk E, Sundnes GA, Nylund A (2010) Patterns of *Ichthyobodo necator* sensu stricto infections on hatchery-reared Atlantic salmon *Salmo salar* in Norway. Dis Aquat Org 88:07–214

Jørgensen A, Sterud E (2006) The marine pathogenic genotype of *Spironucleus barkhanus* from farmed salmonids redescribed as *Spironucleus salmonicida* n. sp. J Eukaryot Microbiol 53:531–541

Jørgensen A, Torp K, Bjørland MA, Poppe TT (2011) Wild Arctic char *Salvelinus alpinus* and trout *Salmo trutta*: hosts and reservoir of the salmonid pathogen *Spironucleus salmonicida* (Diplomonadida; Hexamitidae). Dis Aquat Org 97:57–63

Kent ML, Speare DJ (2005) Review of the sequential development of *Loma salmonae* (Microsporidia) based on experimental infections of rainbow trout (*Oncorhynchus mykiss*) and Chinook salmon (*O. tshawytscha*). Folia Parasitologia 52:63–68

Kent ML, Sawyer TK, Hedrick RP (1988) *Paramoeba pemaquidensis* (Sarcomastigophora: Paramoebidae) infestation of the gills of coho salmon *Oncorhynchus kisutch* reared in salt water. Dis Aquat Org 5:163–169

Kent ML, Elliot DG, Groff JM, Hedrick RP (1989) *Loma salmonae* (Protozoa: Microspora) infections in salt water reared coho salmon *Oncorhynchus kisutch*. Aquaculture 80:211–222

Kent ML, Ellis J, Fournie JW, Dawe SC, Bagshaw JW, Whitaker DJ (1992) Systemic hexamitid (Protozoa: Diplomonadida) infection in salt water pen-reared chinook salmon *Oncorhynchus tshawytscha*. Dis Aquat Org 14:81–89

Kocan RP, Hershberger P, Winton J (2004) Ichthyophoniasis: an emerging disease of Chinook salmon in the Yukon river. J Aquat Animal Health 16:58–72

Kocan R, LaPatra S, Gregg J, Winton J, Hershberger P (2006) *Ichthyophonus*-induced cardiac damage: a mechanism for reduced swimming stamina in salmonids. J Fish Dis 29:521–527

Kocan R, Hershberger P, Sanders G, Winton J (2009) Effects of temperature on disease progression and swimming stamina in *Ichthyophonus*-infected rainbow trout, *Oncorhynchus mykiss* (Walbaum). J Fish Dis 32:835–843

Kube PD, Taylor RS, Elliott NG (2012) Genetic variation in parasite resistance of Atlantic salmon to amoebic gill disease over multiple infections. Aquaculture 364–365:165–172

Lamas J, Bruno DW (1992) Observations on the ultrastructure of the attachment plate of *Ichthyobodo* sp., from Atlantic salmon, *Salmo salar* L., reared in the marine environment. Bull Eur Assoc Fish Pathol 12:171–173

Leibovitz L (1980) Ichthyophthiriasis. J Am Vet Med Assoc 176:30–31

Lom J, Nilsen F, Urawa S (2001) Redescription of *Microsporidium takedai* (Awakura, 1974) as *Kabatana takedai* (Awakura, 1974) comb. n. Dis Aquat Org 44:223–230

Markey PT, Blazer VS, Ewing MS, Kocan KM (1994) Loma sp. In salmonids from the Eastern United States: associated lesions in rainbow trout. J Aquat Animal Health 6:318–328

McVicar AH (1977) *Ichthyophonus* as a pathogen in farmed and wild fish. Bull Office Int Epizoot 87:517–519

McVicar AH, Wootten R (1980) Disease in farmed juvenile Atlantic salmon caused by *Dermocystidium* sp. In: Ahne W (ed) Fish diseases. Third COPRAQ-Session. Springer, Berlin, pp 165–173

Miyajima S, Urawa S, Yokoyama H, Ogawa K (2007) Comparison of susceptibility to *Kabatana takedai* (Microspora) among salmonid fishes. Fish Pathol 42:149–157

Mo TA, Poppe TT, Iversen L (1990) Systemic hexamitosis in salt-water reared Atlantic salmon. Bull Eur Assoc Fish Pathol 10:69–70

Morrison CM, Sprague V (1983) *Loma salmonae* (Putz, Hoffman and Dunbar, 1965) in the rainbow trout, *Salmo gairdneri* Richardson, and *L. fontinalis* sp. nov. (Microsporida) in the brook trout, *Salvelinus fontinalis* (Mitchill). J Fish Dis 6:345–353

Morrison RN, Koppang EO, Hordvik I, Nowak BF (2006) MHC class II+ cells in the gills of Atlantic salmon (*Salmo salar* L.) affected by amoebic gill disease. Vet Immuno Immunopathol 109:297–303

Munday BL, Zilberg D, Findlay V (2001) Gill disease of marine fish caused by infection with *Neoparamoeba pemaquidensis*. J Fish Dis 24:497–507

Nylund S, Nylund A, Watanabe K, Arnesen CE, Karlsbakk E (2010) *Paranucleospora theridon* n. gen., n. sp. (Microsporidia, Enterocytozoonidae) with a life cycle in the salmon louse (*Lepeophtheirus salmonis*, Copepoda) and Atlantic salmon (*Salmo salar*). J Eukaryot Microbiol 57:95–114

Olsen RE, Dungagan CF, Holt RA (1991) Water-borne transmission of *Dermocystidium salmonis* in the laboratory. Dis Aquat Org 12:41–48

Olsen MM, Kania PW, Heinecke RD, Skoedt K, Rasmussen KJ, Buchmann K (2011) Cellular and humoral factors involved in the response of rainbow trout gills to *Ichthyophthirius multifiliis* infections: molecular and immunohistochemical studies. Fish Shell Immunol 30:859–869

Poppe TT, Mo TA (1993) Systemic, granulomatous hexamitosis of farmed Atlantic salmon: interaction with wild fish. Fish Res 17:147–152

Poppe TT, Mo TA, Iversen L (1992) Disseminated hexamitosis in sea-caged Atlantic salmon, *Salmo salar*. Dis Aquat Org 14:91–97

Poynton SL, Fard RS, Jenkins J, Ferguson HW (2004) Ultrastructure of pathogenic diplomonad flagellates from fish: characterization of *Spironucleus salmonis* n. comb. from Northern Irish rainbow trout *Oncorhynchus mykiss*, and a diagnostic guide for recognition of species. Dis Aquat Org 60:49–64

Ramsay JM, Speare DJ, Dawe SC, Kent ML (2002) Xenoma formation during microsporidial gill disease of salmonids caused by *Loma salmonae* is affected by host species (*Oncorhynchus tshawytscha*, *O.*

kisutch, O. mykiss) but not by salinity. Dis Aquat Org 48:125–131

Roubal FR, Bullock AM, Robertson DA, Roberts RJ (1987) Ultrastructural aspects of infestation by *Ichthyobodo necator* (Henneguy, 1883) on the skin and gills of the salmonids *Salmo salar* L. and *Salmo gairdneri* Richardson. J Fish Dis 10:181–192

Roubal FR, Lester RJG, Foster CK (1989) Studies on cultured and gillattached *Paramoeba* sp. (Gymnamoebae: Paramoebidae) and the cytopathology of paramoebic gill disease in Atlantic salmon, *Salmo salar* L., from Tasmania. J Fish Dis 12:481–492

Schmidt-Posthaus H, Polkinghorne A, Nufer L, Schifferli A, Zimmermann DR, Segner H, Steiner P, Vaughan L (2012) A natural freshwater origin for two chlamydial species, *Candidatus* Piscichlamydia salmonis and *Candidatus* Clavochlamydia salmonicola, causing mixed infections in wild brown trout (*Salmo trutta*). Environ Microbiol 14:2048–2057

Steinum T, Kvellestad A, Rønneberg LB, Nilsen H, Asheim A, Nygard SM, Olsen AB, Dale OB (2008) First cases of amoebic gill disease (AGD) in Norwegian salt water farmed Atlantic salmon, *Salmo salar* L., and phylogeny of the causative amoeba using 18S cDNA sequences. J Fish Dis 31:205–214

Sterud E, Mo TA, Poppe TT (1977) Ultrastucture of *Spironucleus barkhanus* n. sp. (Diplomonadida: Hexamitidae) from grayling *Thymallus thymallus* (L.) (Salmonidae) and Atlantic salmon *Salmo salar* L. (Salmonidae). J Eukaryot Microbiol 44:399–407

Sterud E, Mo TA, Poppe TT (1988) Systemic spironucleosis in sea-farmed Atlantic salmon *Salmo salar* L, caused by *Spironucleus barkhanus* transmitted from feral Arctic char *Salvelinus alpinus*? Dis Aquat Org 33:63–66

Sterud E, Poppe TT, Bornø G (2003) Intracellular infection with *Spironucleus barkhanus* (Diplomonadida: Hexamitidae) in farmed Arctic char *Salvelinus alpinus*. Dis Aquat Org 56:155–161

Taylor RS, Kube PD, Muller WJ, Elliott NG (2009) Genetic variation of gross gill pathology and survival of Atlantic salmon (*Salmo salar* L.) during natural amoebic gill disease challenge. Aquaculture 294:172–179

Urawa S (1989) Seasonal occurrence of *Microsporidium takedai* (Microsporodia) infection in masou salmon, *Oncorhynchus masou*, from the Chitose river. Physiol Ecol Jpn Spec 1:587–598

Urawa S (2006) Microsporidian infection. In: Hatai K Ogawa K (eds) New atlas of fish diseases. Midori Shobo, p 38 (In Japanese)

Young ND, Dyková I, Snekvik K, Novak BF, Morrison RN (2008) *Neoparamoeba perurans* is a cosmopolitan aetiological agent of amoebic gill disease. Dis Aquat Org 78:217–223

第九章　多细胞动物

摘　要 <<<<<<<<<<<<<<<<<<<<<<<<<<<<<<<<<<< •

　　多细胞寄生虫是一类细胞已经分化成为机体的组织和器官的多细胞动物。多细胞寄生虫可寄生在鲑的所有组织器官，无论是淡水还是海水的野生和养殖鲑。最近，某些原生生物寄生虫被归类于黏体动物亚门，因此本章也介绍了这些寄生虫。分子生物学技术可用于各种多细胞寄生虫的鉴定，基于12S核糖体DNA设计的引物在寄生虫世代交替分析过程中具有应用潜力。但是，在评价该类寄生虫对宿主影响的过程中，不应摒弃或取代传统的组织病理学技术。相对于体内寄生的寄生虫，本书用"侵染"来表述体外寄生的状态和体外寄生虫的感染。本章将对感染鲑鳟的多细胞寄生虫进行选择性概述。

关 键 词：多细胞动物；鲑；鳟

　　多细胞寄生虫是一类细胞已经分化成为机体的组织和器官的多细胞动物。多细胞寄生虫可寄生于鲑的所有组织器官，无论是淡水还是海水中的野生和养殖鲑鳟。分子生物学技术可用于各种多细胞寄生虫的鉴定，基于12S核糖体DNA设计的引物在寄生虫世代交替分析过程中具有应用潜能。但是，在评价该类寄生虫对宿主影响的过程中，不应摒弃或取代传统的组织病理学技术。最近，某些原生生物寄生虫也被归类于黏体动物亚门，因此本章也介绍了这些寄生虫。相对于体内寄生的寄生虫，本书用"侵染"表述体外寄生的状态和体外寄生虫的感染。为便于读者理解，本章对多细胞动物生活史进行了概括性描述，并在表9-1中列举了实例。

表9-1　感染鲑鳟的主要多细胞寄生虫

名字	门或纲	普通位置	环境
角形虫（Ceratomyxa shasta）	黏原虫门	肠道	淡水
四极虫（Chloromyxum truttae）	黏原虫门	胆囊	淡水
蛇鲭库道虫（Kudoa thyrsites）	黏原虫门	肌肉组织	海水
尾孢虫（Henneguya zschokkei）	黏原虫门	肌肉组织	淡水
鲑两极虫（Myxidium truttae）	黏原虫门	肝脏	淡水，海水
脑黏液丸虫（Myxobolus cerebralis）	黏原虫门	软骨组织，脑	淡水
小囊虫（Parvicapsula pseudobranchicola）	黏原虫门	肾脏，伪鳃	海水
鲑球孢虫（Sphaerospora truttae）	黏原虫门	肾脏	淡水
鲑四囊虫（Tetracapsuloides bryosalmonae）	黏原虫门	多种器官	淡水
大麻哈嗜子宫线虫（Philonema oncorhynchi）	线虫动物门	腹腔	淡水
鲑囊居线虫（Cystidicola farionis）	线虫动物门	鳔	淡水，海水
拟地新线虫（Pseudoterranova decipiens）	线虫动物门	肌肉组织，肝脏	海水
胃瘤线虫（真圆虫属）（Eustrongyloides sp.）	线虫动物门	腹腔	淡水
简单异尖线虫（Anisakis simplex）	线虫动物门	肌肉组织，腹腔，肛门	海水[a]

（续）

名字	门或纲	普通位置	环境
裂头绦虫（*Eubothrium* spp.）	绦虫纲	肠	淡水，海水
迪特马裂头绦虫（*Diphyllobothrium ditremum, D. dendriticum*）	绦虫纲	肠，肝脏，腹腔	淡水[a]
血居吸虫（*Sanguinicola* spp.）	吸虫纲	心脏，鳃	淡水
舌隐叶吸虫（*Cryptocotyle lingua*）	吸虫纲	鳃，体表	海水
佛焰苞双穴吸虫（*Diplostomum spathaceum*）	吸虫纲	眼睛，脑	淡水
叶形虫（*Phyllodistomum umblae*）	吸虫纲	肾脏，膀胱	淡水
优美异幻吸虫（*Apatemon gracilis*）	吸虫纲	心包膜和腹腔	淡水[a]
杯尾吸虫（*Cotylurus / Ichthyocotylurus* spp.）	吸虫纲	心脏	淡水
冠冕吸虫属一种（*Stephanostomum tenue*）	吸虫纲	心脏	海水
鲑隐孔吸虫（*Nanophyetus salmincola*）	吸虫纲	多种器官	淡水
鲑三代虫（*Gyrodactylus salaris*）	单殖亚纲	体表	淡水
古雪夫三代虫（*Gyrodactyloides bychowskii*）	单殖亚纲	鳃	海水
矢状盘杯吸虫（*Discocotyle sagittata*）	单殖亚纲	鳃	淡水，半咸水
棘头花虫（*Acanthocephalus* spp.）	棘头动物门	肠	淡水，半咸水
棘吻虫（*Echinorhynchus* spp.）	棘头动物门	肠	多见于海水[a]
光滑泡吻棘头虫（*Pomphorhynchus laevis*）	棘头动物门	肠	淡水
鲑疮痂鱼虱（*Lepeophtheirus salmonis*）	颚足纲	体表	海水
长鱼虱（*Caligus elongatus*）	颚足纲	体表	海水
智利鱼虱（*Caligus rogercresseyi*）	颚足纲	体表	海水
鲺属（*Argulus* spp.）	颚足纲	皮肤，体表	淡水
大麻哈鱼鱼虱（*Salmincola* spp.）	颚足纲	鳃，鳃盖	淡水，海水
珍珠蚌（*Margaritifera margaritifera*）	双壳纲	鳃	淡水
尺蠖鱼蛭（*Piscicola geometra*）	环节动物纲	鳃，体表	淡水[a]

注：[a] 也可发生于溯河产卵的鱼。

第一节　黏体动物亚门

一、角形虫（*Ceratomyxa shasta*）

在北美太平洋沿岸，角形虫是一类对养殖和野生型溯河产卵鲑危害严重的寄生虫。有报道称不同品种的鲑对角形虫的易感程度存在差异。角形虫不仅给鲑养殖业造成巨大损失，也是造成野生鱼类死亡的主要病因。例如，某水域寄生虫密度增高，生活在该水域的大鳞大麻哈鱼存活率就会下降。感染角形虫后，鲑主要表现为眼球突出，昏睡，体表发黑，腹部膨大，肛门周边出血，肠道伴有严重的炎症和坏死。角形虫侵染宿主机体后，首先感染后肠上皮，随后发展为多病灶炎性反应，且伴有上皮细胞脱落和黏膜坏死。随着该寄生虫滋养体的发育和虫体传播至其他器官，盲肠结缔组织出现增生并伴有大量渗出液，组织病理学可见严重的肠道炎症反应。然而，器官内腔堵塞和损伤是被感染鱼死亡的直接原因。腹腔也可能出现一定程度的肉芽肿性炎，最后发展为腹膜炎。虹鳟角形虫的放射孢子虫期主要发生于多毛纲动物（如 *Manayunkia speciosa*）的体内。鲑接触被角形虫污染的水后引起感染，虫体从鳃上皮细胞转移至鳃组织内血管，最终在鳃血管中繁殖并释放。角形虫的孢子呈长形，且在孢子前缘含有两个极囊（图9-1）。

鱼肠道后段、胆囊或者身体肌肉组织损伤部位制备的涂片或染色切片，显微镜下可见典型孢子，可作为该病临床诊断的依据。另外，PCR方法也可用于该病的诊断。

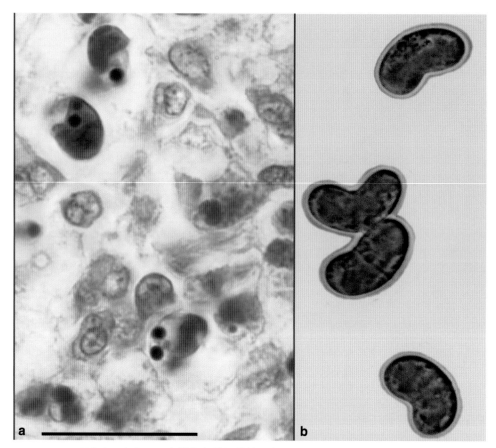

图9-1 存在于硬头鳟体内特征性的细长孢子（标尺=20μm，高倍）

a.姬姆萨染色 b.新鲜的湿涂片可见典型的新月牙形孢子

二、四极虫（*Chloromyxum* spp.）

　　某些种类的黏孢子虫可感染鲑，例如鲑四极虫（*C. truttae*）、四极虫属一种（*C. schurovi*）和瓦尔迪四极虫（*C. wardi*）。鳟四极虫感染人工养殖的褐鳟后，临床症状表现为食欲缺乏、消瘦，皮肤和鳍

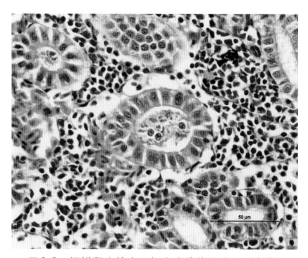

图9-2 褐鳟肾小管中四极虫合胞体和孢子（中倍）

泛黄，肝脏呈淡黄色并伴有胆囊肿大和肠炎。鱼类感染鲑四极虫后，病程可持续数月，且该虫对某些种类的鱼具有致命性。

　　四极虫属一种（*C. schurovi*）感染大西洋鲑和褐鳟后，可在其肾小管内形成孢子。随后，孢子借助血液循环转移至靶器官并开始少量繁殖（图9-2）。

　　瓦尔迪四极虫可寄生于马苏大麻哈鱼的胆囊。瓦尔迪四极虫成虫仅感染生活于淡水中的鱼苗，而孢子仅感染生活于海水中的马苏大麻哈鱼，瓦尔迪四极虫的孢子呈球形或椭圆形。

　　扫描电子显微镜或PCR是鉴定四极虫属种的重要手段。基于核糖体18S rDNA基因的遗传进化

分析结果能够为四极虫属成员分类提供详细的信息，但是与传统的系统分类存在差异。

三、蛇鲭库道虫（*Kudoa thyrsites*）

蛇鲭库道虫主要寄生于鱼类的躯干肌，也可见于许多海水鱼的心脏。在北美地区，该寄生虫宿主范围较广，包括大西洋鲑、大鳞大麻哈鱼（chinook）、银鲑（coho）、细磷大麻哈鱼（pink salmon）和虹鳟。感染蛇鲭库道虫属后，可造成宿主产生典型的局灶性病变，进而造成宿主出现肌肉溶解症，也被称作"牛奶样肉（milky flesh）"。

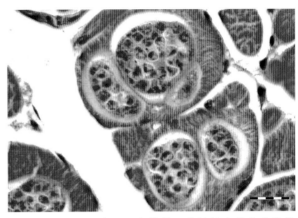

图9-3　大西洋鲑白色肌肉横截面中蛇鲭库道虫合胞体（标尺=20μm）

感染蛇鲭库道虫属后可导致宿主死亡，濒死鱼通常没有临床症状，但死亡后表现为体色发黑。病鱼主要病理变化包括内脏贫血，可见肝脏苍白。当肌膜有单个寄生虫寄生时，就标志着肌肉内寄生期的开始，随后，肌肉内部会出现结节或假囊肿（图9-3）。合胞体（plasmodium）可释放蛋白水解酶，导致组织溶解，从而为其生长提供营养。另外，病鱼可见心外膜单核细胞浸润和心包炎。背部肌肉组织病变的特征是多灶性的细胞内感染，并伴有心包膜和心肌层炎症反应。红肌肉和白肌肉中都可见大量蛇鲭库道虫，并导致肌肉坏死、肌纤维变性和炎症。心肌病变最终发展为慢性活动性心肌炎，并伴有心肌溶解。当蛇鲭库道虫感染较为严重时，肾间质中的巨大未成熟细胞明显增多，引起鱼肾脏肿大。

多孢子合胞体形成后会引起大西洋鲑出现宿主反应，多孢子合胞体由已经成形和正在成形的黏孢子构成。随后多孢子合胞体破裂，孢子被释放至肌内膜。鲑感染 *Kudoa* 后，会造成肌肉组织损伤和褪色，影响其肉质，从而无法加工成鱼片，这会给大西洋鲑养殖业造成巨大的经济损失。*Kudoa* 的孢子呈星形，有4个瓣膜（valves）和4个极囊，每个极囊均有一条极丝。将病鱼肌肉组织制备压片，革兰氏染色或姬姆萨染色后，显微镜下可观察到孢子。

四、尾孢虫（*Henneguya* spp.）

目前，已经在太平洋鲑和波罗的海白鲑等品种鲑的白肌、颅骨组织和鳃中发现了乔克尾孢虫（*H. zschokkei*）孢子。同时，在日本野生马苏大麻哈鱼的头部软骨中发现了软骨尾孢子虫（*H. cartilaginis*）。在鱼肌肉中可见大而发白的椭圆形囊胞，囊胞内含有奶油样内容物。这些囊胞会对鱼片外表造成影响（图9-4），不利于加工生产。囊胞成熟后将穿透皮肤表皮并将大量具有感染性的孢子释放到水中，而皮肤上的溃疡会成为病原体再次侵入宿主的途径。出现含有两个极囊和两个尾状突起结构的孢子是该病的典型特征，可用于该病的诊断。

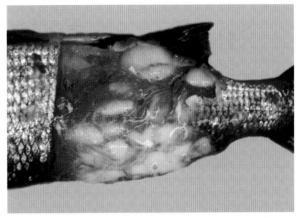

图9-4　白鲑白肌中乔克尾孢虫孢囊（被刺破的囊胞流出牛奶样内容物）

五、两极虫（*Myxidium* spp.）

在欧亚大陆，鲑两极虫（*Myxidium truttae*）常见于野生和人工养殖的淡水鲑鳟的肝脏。有报道称在北极鲑中检测到鲑两极虫，不排除其对北极鲑致病的可能性。病鱼肝脏苍白或肝脏表面有微黄色突起物。肝脏切口可见浓稠的黄色或奶油状液体（图9-5）。有报道称在银大麻哈鱼的肾脏中发现两极虫属中的一种寄生虫（*Myxidium minteri*）（图9-6）。

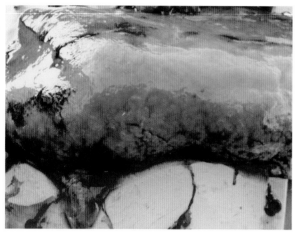

图9-5　野生大西洋鲑肝脏中大量鲑两极虫孢子形成的突出物

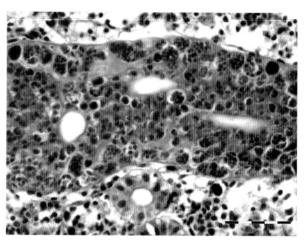

图9-6　银大麻哈鱼肾脏中两极虫属中的一种寄生虫（*Myxidium minteri*，标尺 = 50μm）

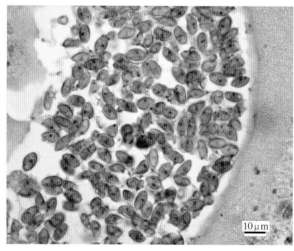

10μm

图9-7　野生大西洋鲑胆管合胞体中的鲑两极虫孢子

在两极虫生活史中，放射孢子虫（actinospores）从环节动物体内释放至水中后，穿透鱼类（中间宿主）皮肤进入其体内。孢原质（sporoplasm）发展到孢子增殖前期，最终于孢子增殖期定殖于胆管，合胞体将进一步发展。这些具有大的蠕虫样或囊泡样结构的胞浆内充满孢子生殖细胞和周细胞等多种细胞。这些合胞体发展至孢子生殖期（形成孢子），随后形成孢子母细胞和黏孢子。

组织病理学检查可在肿胀的胆管和排泄管可见典型蠕虫样合胞体，这些合胞体中充满孢子生殖细胞和孢子（图9-7）。显微镜下观察湿涂片或组织切片可见典型合胞体和月牙形或梭形孢子，孢子末端可见极囊，这可作为该病诊断依据。

六、脑碘泡虫（*Myxobolus cerebralis*）

眩晕病（whirling disease，WD）是一种可给鱼类养殖业造成重大经济损失的疾病。脑碘泡虫（*Myxobolus cerebralis*）作为该病的病原，在养殖和野生的太平洋鲑和大西洋鲑体内均有检出。人工养殖的鲑种类中，该病对池塘养殖的虹鳟危害最大，临床症状包括在水中打转（眩晕），尾部发黑，头盖骨、下颚和鳃盖骨骼严重变形（图9-8和图9-9）。当病鱼进食或受到惊吓时，眩晕症状更加明显。有研究表明眩晕病可导致鲑听觉器官周围的软骨糜烂。脑碘泡虫感染脊柱软骨后，压迫病鱼尾部神经，从而导致鱼丧失对尾部皮肤黑色素细胞的控制能力。从鲑开始进食后3～4个月到骨化完全之前，极易感染脑碘泡虫。鲑处于成熟阶段时，感染脑碘泡虫将导致机体软骨组织细胞溶解和消失。年长的鱼类也可被感染，但不会出现临床症状。

图9-8 褐鳟感染脑碘泡虫后尾部变黑

图9-9 七彩鲑感染脑碘泡虫导致骨骼畸形

鲑死亡后，脑碘泡虫的孢子从软骨中释放，被寡毛纲水丝蚓（*Tubifex tubiflex*，中间宿主）摄入并在其肠道上皮定殖。随后，脑碘泡虫孢子发展至三角孢子虫期，穿透鲑皮肤和口腔释放至体外，并再次感染其他鱼。滋养体穿透表皮或内脏的上皮和外周神经，最终到达头部软骨。脑碘泡虫仅感染孵化2d后的虹鳟苗，滋养体可直接或间接地诱导头部和脊椎骨的软骨细胞坏死和溶解。鲑处于成骨期时，脑碘泡虫滋养体将干扰其成骨作用，导致其永久性头盖骨或其他骨骼畸形。滋养体也有可能进入平衡器官中的迷路，对平衡器官造成破坏，进而导致病鱼游动异常，例如丧失平衡。极少部分鲑在未出现眩晕病症状前便已死亡，但大部分呈慢性病例，孢子会在鱼体内携带数年。分析脑碘泡虫的基因组序列，发现其与黏原虫（Myxozoa）属于同一分支，属于刺胞动物门（Cnidaria）钵水母纲（Medusozoa）。孢子呈椭圆形，大小为8μm×10μm，有两个3μm×4μm的极囊（图9-10）。多核滋养体生长，并通过核分裂产生的泛孢子母细胞进行孢子增殖，每个泛孢子母细胞产生2个子孢子，这些子孢子局限于软骨组织。此时，鱼体内的孢子已与其耐酸物质相结合，将这类孢子称为"成熟体（mature）"。

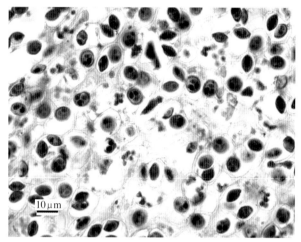

图9-10 姬姆萨染色观察七彩鲑软骨组织中的脑碘泡虫（高倍）

在显微镜下观察染色后（例如姬姆萨染色、Mallory-Heidenhain氏染色）的软骨组织切片，或者浸泡后的软骨湿涂片，能够诊断眩晕病。在北美和亚洲，其他种类脑碘泡虫可感染淡水鲑的神经组织，例如*M. arcticus*（寄生虫名）和*M. neurobius*（寄生虫名）。同时，*M. insidiosus*（寄生虫名）可见于大鳞大麻哈鱼（chinook salmon）有条纹的肌肉组织。基于DNA的分子生物学检测技术可用于该寄生虫的种类鉴定。

七、小囊虫（*Parvicapsula* spp.）

伪鳃小囊虫（*Parvicapsula pseudobranchicola*）已经给挪威海水大西洋鲑养殖造成巨大损失，特别是挪威北部地区，造成死亡率达40%。该病主要对鲑伪鳃造成病理损伤，通常表现为伪鳃广泛性炎症和坏死，其他组织器官也可被感染。该病无特征性临床症状，主要表现为白内障、鼻溃疡、衰弱鱼数量增加。解剖病鱼后可见伪鳃出血或全部缺失，只留下一块白色的假膜，或一圈黑色边缘组织（图9-11）。在孢子生殖后期，组织病理学检查，可见伪鳃出现大量炎性细胞浸润、出血和坏死。寡

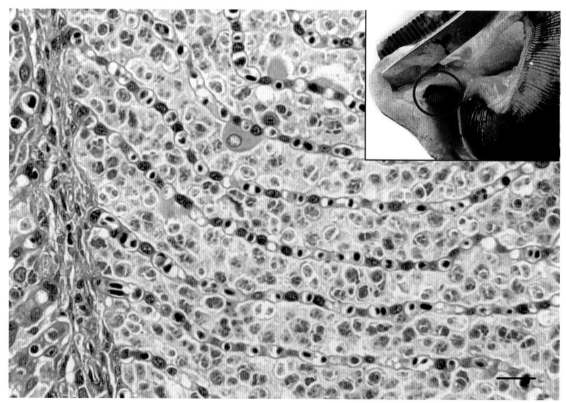

图9-11 人工养殖大西洋鲑伪鳃中的伪鳃小囊虫孢子（低倍）

注：右上角插图为养殖大西洋鲑发生病理损伤的伪鳃

毛纲动物是其终末寄主，而鲑是其中间寄主。放射孢子从终末宿主体内释放后，借助极囊上的极丝黏附于鱼体，从而再次感染鱼类。孢原质通过皮肤侵入鱼体内，在被感染细胞内进行无性繁殖。随后在伪鳃中形成成熟的孢子，并释放至环境中感染终末宿主。在该过程中，寄生虫对伪鳃造成严重损伤，导致伪鳃一定程度的组织坏死和功能丧失。小囊虫属可以和其他病原体同时感染宿主，因此很难评估其感染后对宿主的危害程度。在涂片上，伪鳃中的小囊虫孢子呈豆状或香蕉形（图9-12）。可通过主要症状、病理损伤和RT-PCR方法对该病进行诊断。

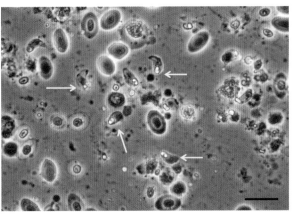

图9-12　暗视野显微镜下大西洋鲑伪鳃湿涂片中的伪鳃小囊虫孢子（箭头，高倍）

在美国普吉特海湾和华盛顿地区的西北海岸，已经从野生和养殖的太平洋鲑中检测到双角小囊虫（*Parvicapsula minibicornis*）。该寄生虫感染某些种类鲑后，可造成鱼卵在孵化前出现较高的死亡率。该病没有特征性临床症状和病理变化，但病鱼可见体色发黑、昏睡和肾脏肿大（图9-13）。组织病理学可见滋养体和发育的孢子存在于器官的内腔和上皮。PCR方法可用于鉴定淡水中多毛类环虫（freshwater polychaete）的黏孢子，例如多毛类中松缨虫（*Manayunkia speciosa*）。

研究人员在哥伦比亚细磷大麻哈鱼的肾小管中发现了卡巴小囊虫（*Parvicapsula kabatai*）。该寄生虫孢子的形状和大小与伪鳃小囊虫（*P. Pseudobranchicola*）相似，但不同于双角小囊虫（*P. minibicornis*）。目前，仍不清楚该寄生虫对鲑养殖业具有何种影响。

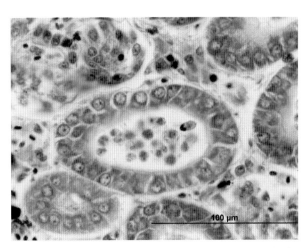

图9-13　银大麻哈幼鱼肾小管中双角小囊虫孢子（姬姆萨染色）

八、鲑球孢虫（*Sphaerospora truttae*）

鲑球孢虫最早发现于德国的褐鳟和河鳟，随后在苏格兰的大西洋鲑幼鲑中也发现了该寄生虫。褐鳟对鲑球孢虫的易感性也已被证实。研究表明鳃是鲑球孢虫侵入机体的主要门户，随后鲑球孢虫穿透血管上皮进入血液，并在血液中增殖。最后球孢虫穿透血管壁离开血管系统并侵入肾脏、脾脏和肝脏，这些器官的管状内腔可见鳟球孢虫，孢子增殖过程发生于肾小管（图9-14）。组织病理学检查可用于鲑球孢子虫的初步鉴定，但特异性地对早期鲑孢子虫和成虫进行鉴定，还需要借助DNA检测方法。

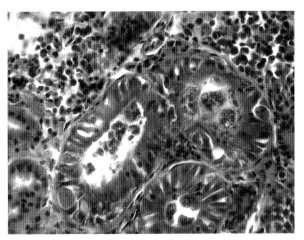

图9-14　养殖虹鳟肾小管中鳟球孢虫的孢子生殖期（高倍）

九、鲑四囊虫（*Tetracapsuloides bryosalmonae*）

鲑四囊虫可造成鲑的增生性肾病（proliferative kidney disease，PKD）。对于幼鲑来说，该病是一种季节性疾病。人工养殖和野生的鲑均可发生增生性肾病，该病已成为许多国家野生鱼类种群数量下降的原因之一。内寄生性黏原虫以淡水苔藓虫为主要宿主。在野生鱼类种群中，环境变化是增生性肾病发生频率上升的原因之一。在苔藓类虫（bryozoans）中，苔藓虫和鲑四囊虫（*T. bryosalmonae*）的增殖有赖于温度和营养条件，只有水温高于15℃时才会出现临床症状，具有感染性的孢子通过鱼的皮肤和鳃上皮细胞侵入鱼体。

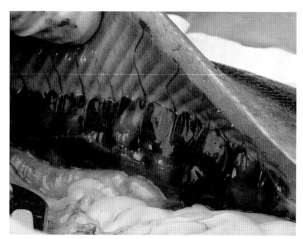

图9-15　虹鳟增生性肾病（肉芽肿反应导致后肾肿大）

该病的临床症状包括体色发黑、眼球突出、鳃苍白、腹部膨胀并伴有内脏器官贫血。大量腹部积水导致腹部膨胀。肾脏由于弥漫性水肿而明显膨大（图9-15），特别是后肾，但对脾脏影响较小。在感染早期，组织内寄生期和外孢子生殖期的孢子增殖可造成局部或多病灶肉芽肿性炎症，肾间质组织被轻微的造血组织增生所替代，随后出现肉芽肿，并可见巨噬细胞和单核细胞。常见淋巴细胞和巨噬细胞与鲑四囊虫的初期鉴别细胞（PKX cells）相互黏附（图9-16），在整个肝损伤过程均

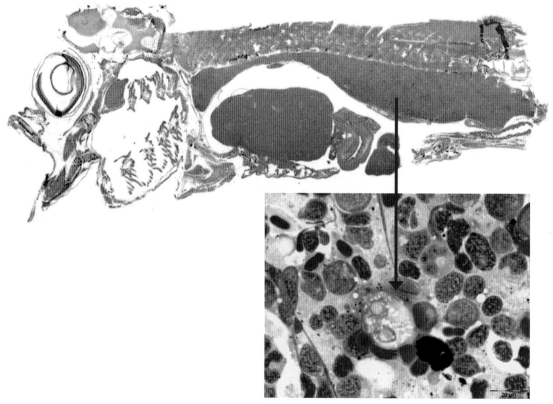

图9-16　大西洋鲑鱼苗矢状切面可见肿大的后肾（姬姆萨染色，高倍）

注：右上角插图中箭头所示为孢子生殖前期细胞

可见多核巨细胞（图9-17）。该病的急性期可见广泛出血，肾单位和黑色素巨噬细胞数量明显减少，最终导致肝脏广泛性慢性纤维化。

　　整个感染过程，被感染组织均可见鲑四囊虫的初期鉴别细胞（PKX细胞），特别是肝门血管的内皮组织。PKX细胞较大，颜色呈曙红到浅橙色（常为多核），PAS阳性细胞常伴有颗粒状细胞质，其周围有一个界限清晰的光环。鳃、脾脏、肝脏和心脏也有PKX细胞的存在。在寄生虫发育期，肾小管内腔和管壁上可见孢子母细胞（sporoblasts）。临床症状的观察、湿涂片、印记染色和组织病理切片观察外孢子生殖阶段是诊断增生性肾病的主要手段。

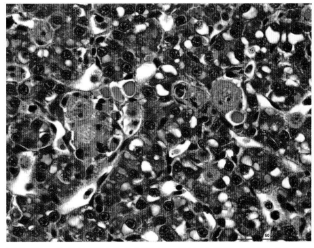

图9-17　北极鲑肝脏中典型的鲑四囊虫孢子增殖前期（高倍）

另外，特异性PCR方法可用于该病的确诊。应用不同诊断技术对鲑四囊虫进行诊断尤为重要。

第二节　线虫动物门（Nematoda）

　　线虫动物门包括大量不分节的蛔虫种类，这些蛔虫具有假体腔和线状的躯体，躯体横截面呈圆形。可在同一鱼体内同时发现线虫的幼虫和成虫。线虫可造成鱼体畸形，线虫转移或蜕化可造成宿主产生明显病变，但通常不会对组织器官造成大面积病理性损伤（图9-18）。该寄生虫的消化系统包括口囊、食道、肠道和直肠。组织结构上，线虫消化系统为多层角质层，呈花式字体样。该寄生虫的真皮比躯体肌肉组织更厚，其真皮有突入假体腔的侧索。肌肉组织由致密的可收缩纤维和白色的肌浆组成。食管是呈辐射对称的三向辐射内腔。上皮细胞包括多核细胞、立方细胞或柱状细胞等，这些特征可用于线虫的分类。

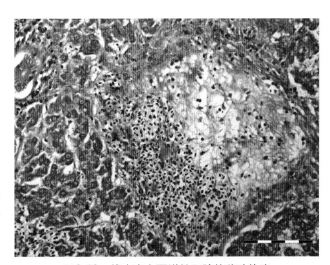

图9-18　线虫在大西洋鲑肝脏的移动轨迹

一、大麻哈嗜子宫线虫（*Philonema oncorhynchi*）

　　从加拿大、冰岛、日本和欧洲部分地区淡水养殖的虹鳟、北极鲑、马苏大麻哈鱼（chum）和红大麻哈鱼（sockeye）等内脏中发现大麻哈嗜线虫（嗜子宫科，Philometridae）。在欧洲鲑中发现了西伯利亚嗜线虫（*P. sibirica*），其幼虫、亚成虫或成虫常见于淡水鲑中，但是通常不会造成鲑的死亡。剑水蚤（*Cyclops* spp.）等桡足类动物是线虫的中间寄主，生活于淡水中的幼鲑摄入剑水蚤后感染线虫。线虫通过排卵将幼虫从体腔释放至外界后，再感染中间宿主桡足动物，幼虫会在中间宿主血腔中蜕皮2次，进入第三幼虫期（L3期）。当中间宿主被终末宿主吃掉后，蠕虫便完成了一个完整的生活

图9-19　七彩鲑膜腔中的红点鲑嗜子宫线虫

史。初次从淡水转向海水生活的幼鲑易感染该寄生虫，并可能造成幼鲑死亡。

生活于鱼胃肠道的寄生虫转移至体腔，并在体腔内成熟，易引起鱼腹腔膨胀和腹水（图9-19）。但是该寄生虫很少转移至肌肉中。寄生虫转移至腹腔后，腹膜巨噬细胞、嗜中性粒细胞和嗜酸性粒细胞活化，纤维性结缔组织增生导致腹腔内脏相互粘连。在较为严重的病例中，器官粘连会导致宿主的生殖腺萎缩以及无法产卵。解剖病鱼时，可见体长为10cm的嗜子宫线虫虫体（雌性），虫体前端呈圆形，后端尾部有一个凸起的角。

二、鲑囊居线虫（*Cystidicola farionis*）

鲑囊居线虫是一种十分常见的寄生虫，特别是在野生鲑中。在欧洲和北美洲，也有报道称在养殖的鲑中发现该寄生虫。雌性和雄性鲑囊居线虫成虫常寄生于虹鳟、褐鳟（grayling）和白鲑（whitefish）等鱼的鳔中（图9-20）。连接鳔和肠道的鳔管是雌性鲑囊居线虫进入肠道的途径。蠕虫将

图9-20　野生北极鲑鳔中的鲑囊居线虫

虫卵储存于肠道，虫卵随粪便排出并被第一中间寄主端目足动物摄入。鲑囊居线虫在第一幼虫期（L1期）侵入血腔，在L3期蜕皮，L3期虫体对终末宿主具有感染性。当其他动物（终末宿主）摄入中间宿主后，L3期虫体移至鳔管，并完成从幼虫到成虫的发育过程。

感染少量鲑囊居线虫对宿主影响较小，但是大量感染可造成鱼体贫血和消瘦，病理上表现为体腔、胃和鳔的出血。之后，上皮下层中能够溶解组织的炎症细胞增加，并伴有不同程度上皮萎缩。黏膜结缔组织下分布有圆形粒细胞。

剖检可见成虫分布于鱼鳔，而肌肉中没有成虫，这可作为该病的诊断依据。成虫呈白色，体长6mm。对鲑囊居线虫的鉴定依赖于外部解剖特征的检查。

三、拟地新线虫（*Pseudoterranova decipiens*）

拟地新线虫是一种世界性分布的寄生虫，对多种海水鱼有感染性。鲑是其临时宿主，并充当第二中间宿主。该寄生虫具有人畜共患的特性，人摄入该寄生虫幼虫后，可引起发病，这与异尖线虫相似。

拟地新线虫为间接型生活史，幼虫期生活于水底的桡足动物体内，桡足动物是其第一中间寄主。其最终在海狮体内成熟，成年虫体长达60mm。

拟地新线虫寄生于肌肉内部，经常可造成肉芽肿性包囊，包括在肠道的肌肉中，同时伴有巨细

胞生成。寄生虫周围的成熟囊泡有两层，内层由上皮样细胞转化而并逐步蜕化形成的巨噬细胞构成，外膜层由胶原蛋白和纤维母细胞组成。

四、胃瘤线虫（*Eustrongylides* sp.）

在北美和欧洲，胃瘤线虫的幼虫期呈鲜红色，常见于淡水野生鳟。幼虫通常存在于腹腔薄壁囊泡的液体中（图9-21）。当宿主死亡后，幼虫将穿透孢囊壁甚至鱼的体壁，转移至邻近器官。秋沙鸭和苍鹭等水鸟是线虫的终末寄主，虫体主要寄生在这些水鸟的胃里。通过解剖可对该病做出初步诊断。

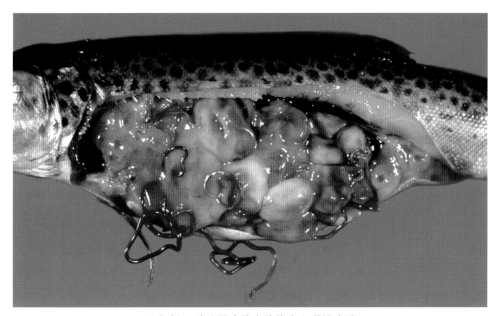

图9-21　秋沙胃瘤线虫缠绕在七彩鲑腹腔

五、简单异尖线虫（*Anisakis simplex*）

简单异尖线虫是一种分布非常广泛的寄生虫，在北美水域几乎所有种类的经济鱼类均有感染。异尖线虫病（Anisakiasis）也是一种鱼源性人畜共患病，该寄生虫可感染多种海水鱼，主要寄生于宿主腹腔及其周围组织。海洋哺乳动物（特别是鲸）是异尖线虫的终末宿主，成虫寄生在其肠黏膜。同时，鱼类、鱿鱼以及浮游型甲壳类动物可成为其转续寄主[①]（paratenic host）或中间寄主，这些动物是简单异尖线虫幼虫的避难场所。雌性虫体产生虫卵，虫卵通过粪便释放到水体中。在水中，虫卵发育成为L1期幼虫。在第二幼虫期（L2期）和第三幼虫期（L3期），幼虫蜕皮并孵化，该期虫体对鱼具有感染性。简单异尖线虫具有复杂的生活史，养殖的鲑感染简单异尖线虫较为少见。

L3期幼虫穿透鱼内脏壁并且在某些组织器官上将虫体包裹形成囊泡，包括腹腔、脂肪组织、内脏外表面，如幽门垂表面、肝脏表面（图9-22和图9-23）。这些囊泡可造成宿主组织器官轻微或中等程度的粘连。另外，虫体也可以转移并定殖于骨骼肌，这会对鱼的肌肉等可食用部分造成破坏。

异尖线虫通常不会造成鱼类大规模死亡，但会降低鱼片的品质，这对养殖业影响较大。L3期幼虫可生长至2cm，虫体几乎透明无色，紧紧缠绕在内脏和鱼肉上，特别是腹部。可通过形态特征对简

① 译者注：有些寄虫的幼虫侵入非正常宿主后，虽能成活，但不能继续发育，长期保持幼虫状态，对正常宿主保持感染性，如有机会进入正常主体内，则可继续发育为成虫，这种非正常宿主称为转续宿主。

图9-22 大西洋鲑腹腔中的简单异尖线虫（箭头）

图9-23 野生大西洋鲑肝脏表面的简单异尖线虫幼虫

单异尖线虫进行初步鉴定，分子生物学方法可对其进行确诊。

最近，有报道称L3期幼虫可大量侵入大西洋鲑的排泄孔和泌尿生殖系统，即排泄孔发红综合征（red vent syndrome, RVS）。对RVS的报道最早见于英国洄游的大西洋鲑，被感染的大西洋鲑表现为出血、浮肿、排泄孔红肿，研究人员根据其临床症状将该病命名为RVS（图9-24和图9-25）。虽然早期对RVS的报道令人疑惑，但是2007年整个英国均出现类似报道，并且这些病例分布在不同地域河流，主要发生于一次性冬季溯河产卵的鲑。相似的现象也出现在两次冬季溯河产卵的鲑和海鳟。有的鱼感染该寄生虫后，其排泄孔外观症状较为轻微，有的较为严重，主要症状表现为排泄孔突出、肿胀、体表鳞片脱落、皮肤溃烂、瘀血斑、广泛性出血，症状严重者可见排泄孔出血。偶尔，肉眼可见排泄孔皮肤下方有幼虫。检查过程中，在后肠周围，后肠与生殖孔之间，后肠和尿道之间，朝皮肤方向的腔隙间，可见有包膜和无包膜的幼虫（图9-26）。有报道称在排泄孔上方的骨骼肌里发现异尖线虫，有

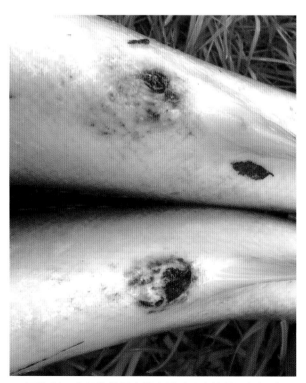

图9-24 大量简单异尖线虫导致野生幼鲑肛门红肿

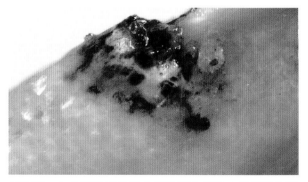

图9-25 大量简单异尖线虫导致野生洄游大西洋鲑肛门红肿

时在生殖孔的内腔里也有异尖线虫的存在。组织
结构上，当排泄孔组织损伤较为严重时，可见其周围
鳞片脱落和缺失，或者皮肤和肌肉分离。但也有报道
称当病鱼被重新放入淡水后，其外表皮可被治愈，鳞
片重新生长。有报道称由于幼虫无包膜且移动，可造
成中等或严重的真皮炎症、充血、出血和毛细血管扩
张。嗜酸性粒细胞可引起主要的炎症反应，但是黑色
素巨噬细胞和多核巨噬细胞也能引起炎症。

　　RVS 似乎不影响鱼类产卵，也不会引起鱼死
亡。目前，已经证实成鱼感染后不会死亡。加拿
大、冰岛、爱尔兰和挪威也有相似情况的报道，
RVS 主要分布于北大西洋地区。

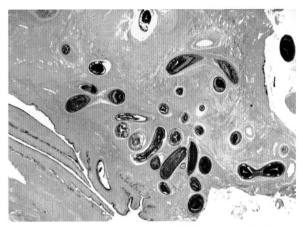

图 9-26　野生大西洋鲑的肛门区域横切面可见简单异尖
线虫幼虫（PAS 染色）

第三节　多节绦虫亚纲（Cestoda）

　　绦虫（Cestoda 或 tapeworms）分布广泛，具有较高的宿主特异性。从对不同鲑的感染情况来看，
鲑既是其幼虫期的中间宿主，也可以是成虫的终末寄主。通常，当鱼成为绦虫的中间寄主时，在体内
可见游离的或深深包裹在内脏或肌肉组织中的全尾蚴。通常情况下，全尾蚴可引起内脏的肉芽肿性包
囊，伴随有密集的纤维状外膜，其中混杂着纤维母细胞、巨噬细胞和胶原组织，可引起内脏组织和腹
壁之间的粘连。肌肉中大量的全尾蚴可导致肉芽肿、出血、坏死和空泡化，进而使鱼的游动能力受到
影响。全尾蚴可在中间宿主体内生活很长时间，因此会在年长的鱼体内富集，从而发展为十分严重的
病变。水鸟或一些哺乳动物是其终末寄主，绦虫可在终末宿主肠道内大量繁殖。

　　当鱼成为其终末寄主时，可见成虫通过头节吸附于后肠和幽门垂的肠黏膜上。绦虫没有消化系
统，主要通过皮肤从宿主体内摄取半消化的营养物质。横裂体由独立的节片组成，每个节片含一套独
立的生殖器官。含有受精卵的节片成熟后，从寄生虫后段末端释放。虫卵随粪便释放至水中并在水中
孵化出具有活动能力的钩球蚴。这些钩球蚴被无脊椎的中间宿主（桡足类动物）摄入后在其体内形成
原尾蚴，随后被鱼摄入后继续它们的生活史。

一、真沟绦虫（*Eubothrium* spp.）

　　粗厚真沟绦虫（*Eubothrium crassum*）和红点鲑真沟绦虫（*E. Salvelini*）是该属的重要成员，多
种鲑是其中间宿主或终末寄主。目前，已经从虹鳟、红点鲑、七彩鲑、太平洋鲑和大西洋鲑中检测到
红点鲑真沟绦虫。同时，在虹鳟、褐鳟、大西洋鲑、白鲑（vendace）和多瑙河鳟（Danube salmon）
中发现了红点鲑真沟绦虫。

　　成虫头节嵌入幽门盲囊中，其白色分段的横裂体存在于大部分肠道。成年粗厚真沟绦虫体长可
达 1m，但红点鲑真沟绦虫很少超过 30cm。这两种寄生虫均可感染野生和人工养殖的鱼（无论淡水还
是海水），并且不断繁殖的虫体可导致肠道内腔阻塞（图 9-27），进而导致鱼类机能丧失、消瘦和死
亡。当寄生虫数量过多时，虫体会穿透肠壁，最终到达腹腔（图 9-28）。现已证实，洄游红大麻哈鱼
被感染后，对海水的适应调节能力下降。通常这些红大麻哈鱼由于摄入海水中被感染的桡足动物或小
鱼而被感染。粗厚真沟绦虫已经成为危害大西洋鲑养殖业的突出问题，但幸运的是，投喂含有吡喹酮

的药饵可成功治愈。两种寄生虫可同时感染同一宿主，部分宿主可能同时感染多种寄生虫（图9-29）。

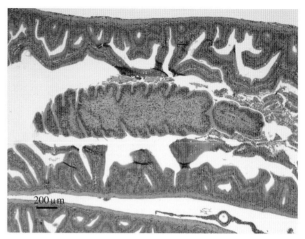

图9-27　粗厚真沟绦虫常寄生于肠道内（寄生虫已经穿透肠壁）

图9-28　养殖的大西洋鲑幽门盲囊纵切面

图9-29　野生北极鲑肠道中真沟绦虫，腹腔中的裂头绦虫全尾蚴以及鱼鳔中的鲑囊居线虫

二、裂头绦虫（*Diphyllobothrium* spp.）

该属中的部分寄生虫以鱼作为中间宿主，矛形双腔吸虫（*D. dendriticum*），阔节裂头绦虫（*D. latum*）和迪特马裂头绦虫（*D. ditremum*）的全尾蚴可感染多种鲑。在斯勘的纳维亚北部、俄罗斯西部、波罗的海、太平洋北部和南部、北美和南美的西部地区，已经在白鲑和其他鲑中发现了阔节裂头绦虫。具有囊膜的全尾蚴通常寄生于腹部内脏（图9-30和图9-31）。同时，在养殖的褐鳟心脏中检测到了矛形双腔吸虫。矛形双腔吸虫可充满心脏内腔，导致循环衰竭直至死亡。全尾蚴可造成欧洲白鲑胃壁的腹腔系膜纤维组织增生，形成囊肿。囊肿由三层膜构成，这些膜由螺纹型纤维母细胞和胶原纤维连接组成。肌肉层和胃部浆膜的坏死程度有所不同，胃部浆膜呈慢性炎症反应和纤维化。在囊膜的内部和周围可见大量即将脱粒的嗜酸性粒细胞，但是没有黑色素巨噬细胞围绕。

阔节裂头绦虫是一种宿主范围广泛的绦虫，具有人畜共患特性，研究人员对其颇感兴趣。人吃了生的或半生的感染全尾蚴的鱼肉而感染裂头绦虫病（*Diphyllobothriasis*）后，可能出现便秘、疲劳、腹痛和维生素B_{12}严重缺乏症等症状。

对于包裹腹腔脏器的寄生虫，需要使用不同检测方法进行鉴定，例如需要通过解剖观察和显微镜检查来区分乔克尾孢虫（*Henneguya zschokkei*）和全尾蚴引起的肌肉白色结节。

图9-30　养殖大西洋鲑幽门盲囊切面上的裂头绦虫

图9-31　野生虹鳟腹腔中的迪特马裂头绦虫全尾蚴

第四节　吸虫纲（Trematoda）

吸虫是一种体形呈扁平且宽而不分节段的蠕虫，该寄生虫有2个吸盘，一个位于虫体前端，另一个是位于腹部的黏附吸盘。吸虫在体形上大小各异，小的肉眼无法看到，但有的蠕虫体型较大，仅凭肉眼便可观察到。吸虫多为雌雄同体，通过产卵繁殖后代，其卵具有卵盖，但也有一些例外。吸虫具有复杂的生活史，软体动物是其第一中间宿主，吸虫进入软体动物体内开始了其发育阶段（胞蚴和雷蚴）。简单地讲，游离状态的幼虫（尾蚴）需要第二中间宿主（包括鱼在内的不同动物），尾蚴在第二中间寄主中发展成为后囊蚴。当脊椎动物（包括鱼）等终末寄主摄入第二中间寄主后，虫体由后囊蚴发展至成年期。当成熟的寄生虫释放虫卵至水中，卵便孵化成毛蚴，当毛蚴进入软体动物后，它们将继续新一轮的生活史。当幼虫发展成后囊蚴时，对鱼最易感染。但是，成虫期的吸虫感染鲑的病例也有报告。

一、血居吸虫（*Sanguinicola* spp.）

血居吸虫通常寄生于虹鳟、割喉鳟和美洲红点鲑（七彩鲑）的腹主动脉和鳃动脉。虫卵通过血流到达鳃毛细血管（临时寄生场所），导致柱细胞和血管壁的破裂（图9-32）。毛蚴从鳃释放后，会对鳃造成严重的机械损伤，使心脏和肾脏出现出血、坏死和钙化等病理损伤。

目前，还没有鉴别该属分类不同种的血清学和分子生物学技术，仍需要通过成虫的形态学特性加以鉴别。

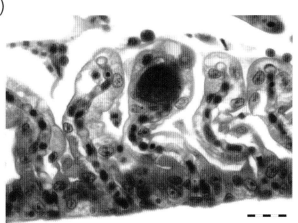

图9-32　虹鳟鳃中的血居吸虫（标尺＝20μm）

二、舌隐穴吸虫（*Cryptocotyle lingua*）

舌隐穴吸虫后囊蚴感染不同种类的海洋鲑类，无论是野生鱼还是养殖鱼，感染都发生在其海水生活期间。通常将舌隐穴吸虫感染鲑的疾病称为黑点病（black spot disease）。目前，已在大麻哈鱼、溯河产卵的褐鳟和溪鳟以及北极红点鲑中发现该病。严重感染、健康状况较差的鱼可导致死亡，且增加了被感染鱼对其他疾病的易感性。

囊蚴寄生于皮肤、鳍和鳃内（图9-33），可引起宿主的黑色素巨噬细胞反应，通常凭肉眼就可观察到。该病也可造成宿主产生其他临床症状，例如眼球突出和失明。尾蚴也可寄生于心脏，导致局灶性心肌炎，也可造成皮肤和其他器官出现圆形黑斑（直径0.2mm，图9-34），上述临床症状有助于该病的诊断。

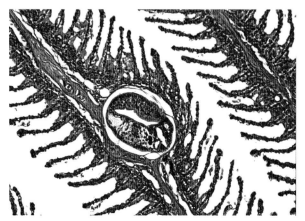

图9-33　人工养殖的大西洋幼鲑鳃丝中的舌隐穴吸虫后囊蚴

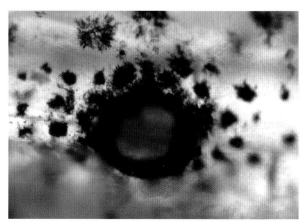

图9-34　海鳟皮肤上的舌隐穴吸虫后囊蚴周围出现严重黑化

三、佛焰苞双穴吸虫（*Diplostomum spathaceum*）

佛焰苞双穴吸虫的尾蚴可引起淡水鱼发生复口吸虫病（diplostomiasis）。该病是一种季节性疾病，且野生和养殖的鱼类均可发生。在养殖条件下，佛焰苞双穴吸虫主要危害浅滩网箱和池塘养殖的虹鳟。被感染鱼的主要症状为白内障和两侧眼球突出（图9-35）。腹侧部皮肤可见明显的出血点，内脏器官也可见出血点并伴有出血。被感染的养殖鱼类生长缓慢、消瘦。由于晶状体上皮细胞增殖，长期被感染鱼的晶状体变白。白内障囊破裂和视网膜脱落影响宿主的视力。以上症状发生的原因是尾蚴转移到眼前房、视网膜、玻璃体和晶状体，主要是通过皮下结缔组织和躯干骨骼肌（图9-36）。尾蚴进入眼睛的特征位点是一个细小的囊状的孔眼，外层晶状体纤维从该孔眼流出。这些孔眼导致晶状体破裂和严重的眼内炎症。并且，吸虫迁移到前皮质而带来的晶状体上皮细胞增生，会导致广泛性的皮层溶解。水鸟捕获感染鱼，寄

图9-35　虹鳟眼睛内的佛焰苞双穴吸虫后期囊幼虫导致其出现白内障

生虫进入水鸟体内，从而完成佛焰苞双穴吸虫的一个完整生活史。

通过临床观察，新鲜玻璃体或体液涂片，眼睛组织切片上镜检出囊蚴，可对双穴吸虫病进行诊断。

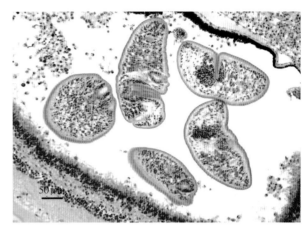

图9-36　野生大西洋鲑幼鲑眼内的佛焰苞双穴吸虫后期囊幼虫

四、叶形吸虫（*Pyhllodistomum umblae*）

叶形吸虫易感染生活于淡水中的北极鲑、虹鳟、七彩鲑、大西洋鲑和马苏大麻哈鱼，主要感染肾脏和集尿管、输尿管和膀胱。该寄生虫在整个北极地区均有分布。鲑严重感染该寄生虫时，输尿管严重膨胀发白，从而导致机体渗透压失衡（图9-37），这些症状与早期肾钙质沉着症极为相似，但是可以通过显微镜观察尿道内容物进行区分。成年虫体可达3mm，并且很容易识别。

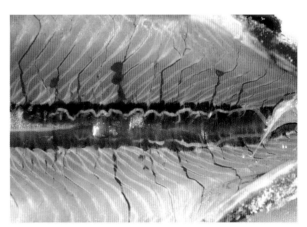

图9-37　野生北极鲑肾脏中的吸虫（输尿管可见叶形吸虫，肾脏右边为膀胱）

五、优美异幻吸虫（*Apatemon gracilis*）

优美异幻吸虫可寄生于多种淡水鱼类的心包腔，例如苏格兰养殖的虹鳟。鱼感染该寄生虫后，表现为不愿进食、生长缓慢和活力下降。成虫可寄生于水鸟小肠中，虫卵可通过水鸟粪便排出体外。

后期囊尾蚴在心外膜形成的胞囊与心包损伤的严重性相关。实验证实，当虹鳟严重感染优美异幻吸虫时，会造成心搏量下降达50%。在挪威，野生海鳟和处于产卵期的大西洋鲑感染后会发生严重的缩窄性心包炎（图9-38），体内出现退

图9-38　由优美异幻吸虫后期囊蚴虫导致的野生成年大西洋鲑心包炎

化后具有被囊的后尾蚴（图9-39）。鳟被感染后，心外膜会出现纤维性肉芽肿病。通过临床症状和光学显微镜可对该病进行诊断。

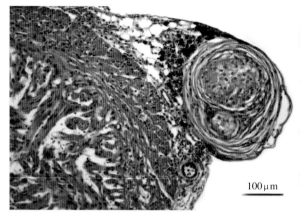

图9-39　野生成年大西洋鲑心室前沿附近的退化后具有囊膜的优美异幻吸虫

六、杯尾吸虫（*Cotylurus* spp.）

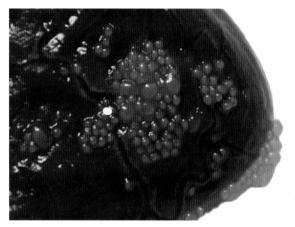

图9-40　大西洋鲑心室前沿附近的具有囊膜的游荡杯尾吸虫（*Ichthyocotylurus erraticus*）

杯尾吸虫属（*Cotylurus*）中部分成员能够感染鱼。虫卵由鱼鹰、苍鹭和海鸥通过粪便排出体外，15～16d后孵化。后囊蚴借助机体循环系统和疏松结缔组织转移至心包膜，后囊蚴被包裹在虹鳟和北极鳟的心包膜（图9-40）。一般情况下，囊状后期囊幼虫周围几乎没有典型性的组织反应，尽管在有些种类感染中，会出现严重的出血性肠炎。如果鱼感染较为严重，将导致其肥满度下降和易发其他疾病。

七、游荡杯尾吸虫（*Ichthyocotylurus erraticus*）

*Ichthyocotylurus*属与异幻属（*Apatemon*）和杯尾吸虫属（*Cotylurus*）有着相似的生活史。具有胞囊的游荡杯尾吸虫后期囊幼虫合体常见于河鳟和白鲑的动脉球，有些分布于心外膜和心肌层。在虫体周围形成纤维性胞囊（图9-41）。

鱼感染该类寄生虫后，出现皮肤出血，特别是在腹侧可见突起的鳞片。心包膜上被覆有多层后囊蚴囊壁细胞，可见大量寄生虫侵入到心肌致密层。组织中的PAS染色呈阳性可用于囊壁的鉴定。寄生虫周围可见严重的炎症反应。在该反应中，单核细胞（可能为淋巴球）和嗜酸性粒细胞是最常见的细胞种类。寄生虫周围可见慢性肉芽

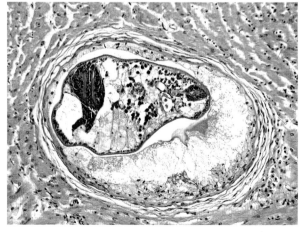

图9-41　野生白鲑心室中具有囊膜的游荡杯尾吸虫

肿。通过临床症状、组织病理学特点和PCR方法可对该寄生虫进行鉴定。

八、冠冕吸虫属一种 （*Stephanostomum tenue*）

吸虫类寄生虫的后期囊蚴通常在海水养殖的虹鳟心脏中多见，这是正常环境养殖鱼类导致寄生虫感染的一个例子。在这种情况下，虹鳟可能是其机会宿主，且可造成较高死亡率。

第五节 单殖亚纲

寄生性的吸虫代表了一个大群体，该群体寄生虫可对鲑等多种鱼类的鳃和皮肤造成影响，但不仅限于皮肤和鳃。该类寄生虫通过它们特有的锚定结构和后黏器吸附在宿主组织器官，这些具有吸附功能的结构含有钩子、夹子和（或）吸盘。单殖吸虫没有真体腔并且消化道只有一个开口，其体长很少超过1mm。该群体中的所有种类均为雌雄同体，每个虫体均含有雌性和雄性生殖器。它们没有中间宿主，大部分为卵生繁殖。但是也有部分为胎生，例如鲑三代虫。幼虫（offspring）被释放后可以直接黏附于宿主，从而导致宿主体表寄生虫数量迅速增加。

一、指环虫（*Dactylogyrus* spp.）

指环虫（*Dactylogyrus*）通常称之为鳃吸虫，常寄生于宿主的鳃和口腔前庭。该类寄生虫在鲤科鱼类中极为常见，但是虹鳟中较为少见（图9-42）。被感染鱼主要出现鳃红肿、鳃黏液增多、呼吸频率加快等临床症状。成体为雌雄同体，可直接在水中产卵，新的虫体孵化后再黏附到鳃上。该寄生虫病可通过临床症状和剖检鉴别进行诊断。

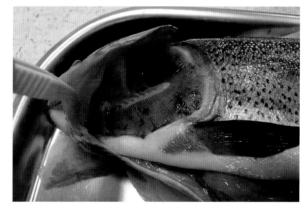

图9-42 养殖虹鳟鳃中的指环虫

二、大西洋鲑三代虫（*Gyrodactylus salaris*）

大西洋鲑三代虫是一种体形很小、约0.5mm、胎生且寄生于体表的寄生虫，常见于淡水鱼类的表皮和鳃（图9-43），大西洋鲑特别容易感染该寄生虫。体表黏液增多会导致鱼体表灰白，当寄生数量增多时，背鳍和胸鳍会由于表皮肥大而发白。褐鳟、虹鳟和红点鲑也可能成为这种寄生虫的宿主，但很少会造成机体损伤。19世纪70年代，挪威从瑞典引进幼鲑时将大西洋鲑三代虫引入其国内河流，给其国内鲑产业造成了巨大损失。随后，挪威境内的大西洋鲑三代虫在河道定殖并传至波罗的海，波罗的海的鱼对此寄生虫普遍具有抵抗力。不幸的是，在没有完全研究清楚大西洋鲑三代虫的致病性之前，被感染的鱼已迁徙至各地，导致挪威40多条河流被大西洋鲑三代虫侵染。因此，控制和消灭该寄生虫仍然是一个主要任务。该寄生虫对自然河流中的鲑苗和幼鲑造成毁灭性打击，导致野生幼鲑产量比原来下降了约15%。相应地，洄游回来的幼鲑数量极低，导致入海小幼鲑存活生长为幼鲑的数量降低。感染较为严重的鱼可能会携带数千条寄生虫，尤其在背鳍和胸鳍。

三代虫后吸器的附着和前口部的摄食活动导致宿主表皮受损（图9-44），丧失正常的渗透代谢，引起致命的水失衡。另外，体表寄生虫的活动破坏表皮细胞正常的新陈代谢，间接引起黏液细胞的减少。皮肤的溃疡也可能是继发感染引起，如水霉和细菌（如假单胞菌属和气单胞菌属）。

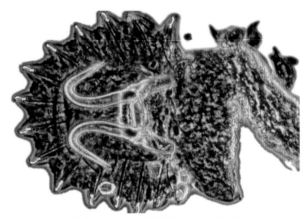

图9-43　大西洋鲑幼鲑皮肤上的三代虫　　　　　图9-44　三代虫的附着器官（后吸器）

三代虫可通过鱼体之间进行水平传播，由于寄生虫在适宜温度下可以存活数日，因此也可通过污染的河流水体传播。感染的外游幼鲑在离开母亲河后可能会短暂的洄游，经过表面盐度较低（<20mg/L）的峡湾时可将寄生虫传播至其他河流。三代虫在海水中无法生存。

鲑也可感染其他三代虫，包括欧洲的鳟四极虫（*G. truttae*），*G. derjavinoides*（寄生虫名）和 *G. teuchis*（寄生虫名），*G. salmonis*（寄生虫名）。寄生数量较多时都会对宿主有显著影响。古雪夫三代虫（*Gyrodactyloides bychowskii*）可感染西北大西洋中的野生大西洋鲑及养殖大西洋鲑，大量寄生时可引起病变（包括鳃上皮增生和肥大，并降低鱼总体的健康水平）。

三代虫的诊断主要是依据后吸盘的大小和形态结构，以及采用分子生物学技术（PCR）进行种类鉴定。

三、矢状盘杯吸虫（*Discocotyle sagittata*）

矢状盘杯吸虫幼虫通过包含四对夹子的后吸器黏附装置吸附到虹鳟和褐鳟的鳃上。这种寄生虫引起的疾病是发生在夏秋季的新型传染病。这种卵生寄生虫能存活在海水中，可在洄游的海水鳟和鲑中发现，但总的来说，虫体寄生对宿主没有太大影响。然而当寄生数量较大时，会造成鱼鳃丝发白，身体机能减退以及死亡。

第六节　棘头纲（Acanthocephala）

棘头纲（棘头虫）的特点是在身体的前部有一个突出长吻钩，配有数行几丁质棘，用以固定在宿主肠壁（图9-45）。棘头虫有复杂的生命周期，涉及至少2个宿主，包括无脊椎动物、鱼类、两栖

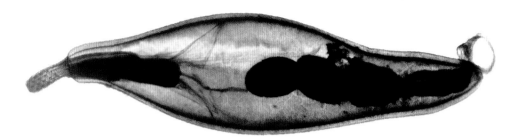

图9-45　来自虹鳟肠道的棘头虫成虫的组织标本

类、鸟类和哺乳动物。虫体感染可以改变中间宿主的行为、形态和其他功能，这些变化能够增加虫体转移到终末宿主的可能性。这种对寄生生活史的适应性导致它们在形态学上十分简单，其虫体呈圆柱形，不分节，整个腔体为假体腔。肌肉、排泄和神经系统大大减少，缺乏呼吸系统、循环系统和消化道，养分直接通过体壁进行吸收。

一、棘头花虫（*Acanthocephalus* spp.）

据记载，不同种类的棘头花虫出现在日本、美国北部和南部的鲑。患病鱼肠道严重感染，并伴有慢性卡他性炎、出血、肠套叠和柱状上皮细胞缺失，因而生长不良。宿主上皮层的缺失缘于寄生虫可伸缩吻端的侵袭行为。纺锤形的卵在肠道内产出后排入水中，被各种等足类和端足类动物摄入。典型的棘头花虫可由其形态和长吻端的钩子个数确认。在染色的组织切片上，该虫明显的特征包括一层薄的非硬质的无细胞性的角质层和一个厚的真皮层，真皮层由多层纵横交错的纤维和平行分布的平滑肌组成。在横切面上，真皮内可见圆形或椭圆形的各种腔隙。感染鱼的肠黏膜上会出现隆起的浆膜下层结节，并伴有严重的肉芽肿反应（图9-46）。

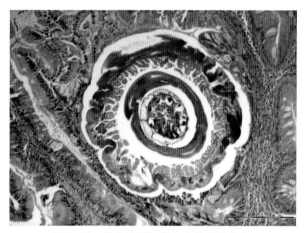

图9-46　低倍镜下河鳟肠内的棘头花虫

二、泡吻棘头虫（*Pomphorhynchus* spp.）

光滑泡吻棘头虫是一类欧洲和北美常见的淡水鱼类寄生虫。据报道，河鳟、大西洋鲑、褐鳟和虹鳟都是其易感宿主。巴塔哥尼亚棘头虫（*P. patagohicus*）可以感染几种淡水鱼类，包括在南美洲巴塔哥尼亚地区淡水湖泊中的虹鳟（图9-47）。棘头虫的一个钩状的吻端穿透宿主肠壁导致宿主慢性增生性反应，并伴有炎性细胞、嗜酸性粒细胞和纤维母细胞的灰白色的纤维囊的形成。肠上皮的机械损伤是重度感染的主要病变，并伴随腔道阻塞

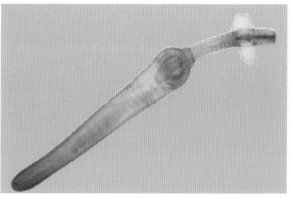

图9-47　来自虹鳟体内的巴塔哥尼亚棘头虫标本

和宿主营养被夺取。在某些病例中，这种寄生虫会穿透肠壁造成其他器官的增生反应，如肝脏和胰脏。

根据肠道中成熟虫体或体腔内的侵袭性幼虫可以对该病进行诊断。其特征包括吻端的形状、数量和分布。

第七节　颚足纲（Maxillopoda）

海虱是世界范围内影响鲑养殖的最为重要的寄生虫，专门侵袭浅层海域及含盐水域的鱼类。如果不能进行有效的控制，该病感染会导致宿主严重病情和死亡。

一、鲑疮痂鱼虱（*Lepeophtheirus salmonis*）

鲑疮痂鱼虱是一种寄生性的海水桡足类，属于鱼虱科，被称为海虱。它们出现在北大西洋和北太平洋的养殖及野生鲑上，并且被认为是最主要的养殖鲑的体表寄生物。其感染种类包括大西洋鲑、太平洋鲑、溯河产卵的虹鳟、褐鳟和红点鲑。最近鲑疮痂鱼虱被发现可在不列颠哥伦比亚省沿海的三刺鱼上发育，但未见其完整的生活史。

很少有报道海虱大量出现在野生鱼类体表的情况。然而，养殖鲑会被严重感染，而密切监管和采取预防性措施使得海虱的数量通常较低。很多人赞成通过计数虫体数量后进行综合治疗有助于减少感染，还可增补一些有清洁功能的鱼类（隆头鱼类和圆鳍鱼类），达到清除海虱的目的。但是，已经从隆头鱼类上分离得到了非典型性杀鲑气单胞菌（*Aeromonas salmonicida*），也有实验证明隆头鱼类可携带病毒性出血性败血症病毒。

海虱在鱼体上有10个发育阶段，每个阶段之间有一次蜕皮。具有感染力的营自由生活的阶段称为桡足幼体，无节幼体主要寄生在鱼腹侧面和鳍上，发育到后面阶段时可以寄生在鱼体的各个部位。成年个体主要的寄生部位是鳞片较少的鱼体部分，如头、颈、臀鳍周围和尾柄侧面（图9-48和图9-49）。如果不采取相应的措施，无节幼体和成熟鱼虱可能会在鱼体大量寄生，从而造成严重的皮肤病变。早期的大体特征为头、颈和泄殖孔附近出现浅灰色斑块。桡足类对机体局部产生的损害同其对宿主的黏附机制以及摄食行为相关。鱼虱以宿主的黏液、表皮、真皮或皮下组织为食，导致鱼皮肤溃疡、瘀血和色素沉着。显微镜下，具体的病理变化取决于鱼的种类，但都包括鳞片破坏，表皮继发性

图9-48　鲑疮痂鱼虱造成的养殖大西洋鲑严重的皮肤病变

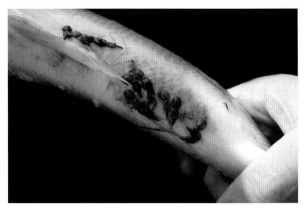

图9-49　养殖大西洋鲑尾部侧腹面上寄生的成年雌性鲑疮痂鱼虱和长鱼虱

增生，黏液细胞肥大，巨噬细胞浸润，有时病变会发展到头盖骨。最终溃疡会破坏渗透屏障，成为引起继发感染的部位。

二、长鱼虱（*Caligus elongatus*）

长鱼虱是一种非专性寄生的桡足类寄生虫，可感染欧洲和加拿大东部的养殖鲑鳟。它明显比疮痂鲑鱼虱小和轻（图9-50）。其引起的病灶与疮痂鱼虱造成的病灶相似，但深度和广度次于后者。长鱼虱生活史由8个阶段组成，没有单独的成熟前个体阶段。

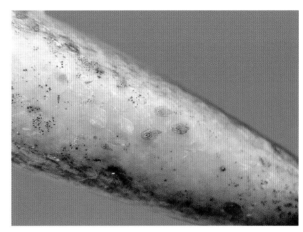

图9-50 养殖大西洋鲑尾部侧腹面的疮痂鲑鱼虱无节幼体

三、智利鱼虱（*Caligus rogercresseyii*）

智利鱼虱是智利鲑产业面临的主要寄生虫问题，也是巴塔哥尼亚省大西洋沿海褐鳟养殖面临的主要问题（图9-51及图9-52）。银鲑由于有较强的炎症反应被认为不易感染。一些非鲑的种类是携带这种寄生虫天然宿主。成年雄性和雌性智利鱼虱长度约为5mm，生活史与长鱼虱相似。感染鱼出现皮肤多灶性损伤和大量瘀点，显微病变与鲑疮痂鱼虱引起的病变相似。该寄生虫也可以作为鲑立克次体和传染性鲑鱼贫血病病毒的载体，使鱼罹患其他疾病。同属可寄生在鲑上的鱼虱包括南半球的 *C. flexispina*（寄生虫名）和 *C. teres*（寄生虫名），以及北太平洋海域的 *C. clemensi*（寄生虫名）。

图9-51 智利鱼虱造成的养殖大西洋鲑皮肤伤口

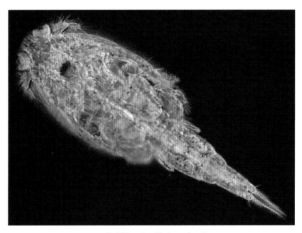

图9-52 智利鱼虱标本

四、白鲑鲺（*Argulus coregoni*）、叶状鲺（*A. foliaceus*）和日本鲺（*A. Japonicus*）

淡水鲺科的成员代表了相对应的海水鱼虱科成员，它们感染全球范围鱼类的皮肤和鳍，包括大西洋鲑、鳟、白鲑和河鳟。这些寄生虫的口前有一螯针，可以释放消化酶，从而造成局部的机械损伤。它们在野生鱼类上比较常见，能够造成池塘养殖业和内陆游钓渔业的严重损失。

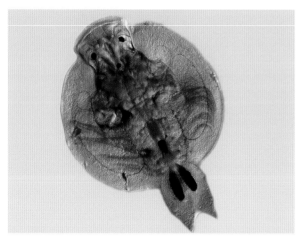

图9-53　来自寄生在野生河鳟皮肤上的白鲑鲺标本

白鲑鲺是这三个种类中最大的，长度达13mm（图9-53）。虫体的前部覆盖有一个椭圆形的半透明外壳。它们的摄食行为可对宿主造成强烈的刺激，使受感染的鱼出现典型的反复跳跃、摩擦体表等行为，并停止进食，出现体色变暗。被感染的鱼容易继发感染如假单胞菌属和气单胞菌属所致的疾病。组织学上，鱼体创口附近会出现坏死和表皮增生、出血，伴有严重的炎症反应并出现典型的淋巴细胞浸润。根据虫体大小和典型的外形，很容易通过肉眼检查鳍和皮肤而诊断出这些寄生虫。

叶状鲺对游钓渔业的产量有显著的影响，一是鱼的数量减少，二是感染鱼食欲下降，使它们对鱼饵缺少反应。

日本鲺已经通过鱼类的洄游从它们最开始的远东栖息地蔓延至全球。这些专门营体表寄生的寄生虫通过其吻突状的口插入到宿主皮肤中，并以宿主的黏液、表皮细胞、血液和组织液为食。这些组织被注入的消化酶预消化。日本鲺通过一副圆状的吸盘附着在鱼体表面，并且可能在鱼体上自由移动以及在宿主间移动。

五、大麻哈鱼鱼虱（*Salmincola* spp.）

大麻哈鱼鱼虱环极地分布，并且已经发现寄生于多种类的鲑上（图9-54）。一些寄生虫可以生存在宿主海水迁徙的过程中，并且在成年鲑返回繁殖地时大量出现。据推测，严重感染的鱼在海水中生长不良且存活率下降，潜在地减少了海水中的重复产卵鱼的数量。这些寄生虫会导致严重的局部炎症反应，特别是鳃丝末端或鳃弓上虫体深深嵌入的部位。

图9-54　野生成年大西洋鲑鳃上的大麻哈鱼鱼虱

严重感染可导致大量失血。大麻哈鱼鱼虱也可黏附在鳃、口腔和鳃盖内（图9-55和图9-56）。组织学检查发现黏附成熟虫体的鱼鳃出现增生和肥大，但长期感染也会诱发萎缩或生长抑制。也有报道指出可出现嗜酸性粒细胞和黏液细胞的缺乏。由于雄性虫体非常小、难于区分并且在完成受精后就死亡，因而不同虫种的鉴定基于对雌性的检查。

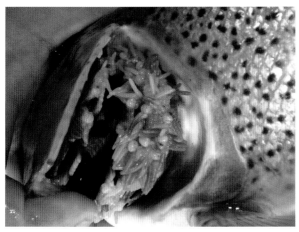

图9-55　鳃上严重感染大麻哈鱼鱼虱的野生虹鳟（坏死的　图9-56　野生鳟鳃上寄生的茴鱼虱（*Salmincola thymalli*）
　　　　鳃末端）

第八节　双壳纲（Bilvalvia）

双壳纲存在于海洋和淡水中，包括贝类、蛤蜊、牡蛎、贻贝和扇贝。

钩介幼虫病（Glochidiosis）

珍珠蚌（*Margaritifera margaritifera*）是一种栖息于急流低钙冷水中的水生双壳纲，它们的分布和危害范围限于欧洲。钩介幼虫，是贝类微小的幼虫阶段，从成体释放到水中后黏附到水体中的鲑鳟鱼种（或幼鲑）的鳃瓣上，一段时间后再分离并驻扎到水底。接触到鳃时，钩介幼虫用尖齿夹到鳃瓣上并且用外套腔围绕住一部分鳃瓣。无论是野生还是养殖鱼类，包括苏格兰和挪威的大西洋鲑、美国的大鳞大麻哈鱼和银鲑，都一直被钩介幼虫侵扰（图9-57）。在日本，钩介幼虫影响鲑偶尔有报道。随着幼虫黏附于鳃上皮，会出现局部的增生和鳃片融合，可能会包围住发育中的幼虫。随着钩介幼虫的发育，包围住的区域会变薄。囊化的寄生虫不同程度地感染鳃耙，偶尔感染伪鳃。体型较大的钩介幼虫寄生于鳃末端时，会导致鳃丝呈杵状（图9-58）。鳃毛细血管狭窄和增生，造成呼吸功能减弱或

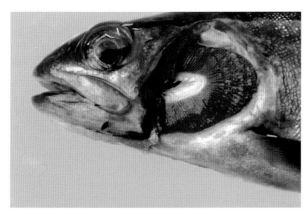

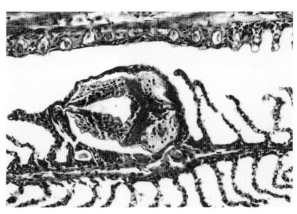

图9-57　附着在野生褐鳟鳃上的珍珠蚌钩介幼虫　　　　图9-58　低倍镜下大西洋鲑鳃上的紫贻贝（蚝卵）钩介
　　　　　　　　　　　　　　　　　　　　　　　　　　　　　　幼虫

缺乏。鱼类的溯游有助于维持贝的分布。黏附的钩介幼虫脱囊成为稚贝，从鳃上的囊中释放时导致其开放性病灶，可造成其他继发感染。通过显微镜涂片检查可初步诊断，组织切片能够进一步进行确诊。

网箱可以为浮游幼虫和生物提供附着点（称为"结垢"）。贻贝是最重要的污染贝类，它们在鲑养殖网箱的定殖可导致网箱水体流通量的减少。尽管与养殖鱼类密切接触，但其幼体在后缘膜幼体阶段寄生在鳃丝上的报道较少。大体观察和组织学检查伴有鳃组织的增生和融合可确诊幼虫的寄生。

第九节 环节动物病（Annelida）

水蛭（Leeches）

水蛭（鱼蛭科）是淡水环境中主要的寄生性环节动物（图9-59）。一些水蛭以寡毛纲蠕虫和甲壳类动物为食，其他则以吸血为生，并且主要以脊椎和无脊椎动物血液为食。鱼类可被水蛭侵袭，体表出现圆形白色或红色的咬痕表明已为水蛭提供养分。感染严重的鱼可能会出现贫血，并且受侵袭部位有可能发生继发感染。水蛭在其身体两端均有吸盘，还有一个环生殖带，因此是雌雄同体。水蛭在某些疾病的传播中起着重要的作用。例如，尺蠖鱼蛭在鲤春病毒传播中充当媒介，而鲑水蛭则可传播鲑隐鞭虫。此外，水蛭可以在植物上繁殖，然后在下一个营养阶段传播到新的鱼体上。通过细胞培养，已经证实 *Myzobdella lugubris*（寄生虫名）和水蛭都是病毒性出血性败血症病毒的携带者，特别是在伊利湖流域（北美）。

图9-59 虹鳟鳃盖上的鱼蛭属水蛭（插图为北极红点鲑上的水蛭）

延伸阅读 ▽

Adams A, Richards RH, Marin de Mateo M (1992) Development of monoclonal antibodies to PKX, the causative agent of proliferative kidney disease. J Fish Dis 15:515–552

Bakke TA, MacKenzie K (1993) Comparative susceptibility of native Scottish and Norwegian stocks of Atlantic salmon, *Salmo salar* L., to *Gyrodactylus salaris* Malmberg: laboratory experiments. Fish Res 17:69–86

Bartholomew JL, Atkinson SD, Hallett SL (2006) Involvement of *Manayunkia speciosa* (Annelida: Polychaeta: Sabellidae) in the life cycle of *Parvicapsula minibicornis*, a myxozoan parasite of Pacific salmon. J Parasitol 92:742–748

Berland B, Margolis L (1983) The early history of 'Lakselus' and some nomenclatural questions relating to copepod parasites of salmon. Sarsia 68:281–288

Bower SM (1985) *Ceratomyxa shasta* (Myxozoa: Myxosporea) in juvenile chinook salmon (*Oncorhynchus tshawytscha*): experimental transmission and natural infections in the Fraser river, British Columbia. Can J Zool 63:1737–1740

Boyce NP (1979) Effects of *Eubothrium salvelini* (Cestoda: Pseudophyllidae) on the growth and vitality of sockeye salmon, *Oncorhynchus nerka*. Can J Zool 57:97–602

Boyce NP, Clarke WC (1983) *Eubothrium salvelini* (Cestoda: Pseudophyllidae) impairs salt water adaptation of migrant sockeye yearlings (*Oncorhynchus nerka*) from Babine lake, British Columbia. Can J Fish Aquat Sci 40:821–824

Bravo S, Perroni M, Torres E, Silva MT (2006) Report of *Caligus rogercresseyi* in the anadromous brown trout (*Salmo trutta*) in the Río Gallegos Estuary, Argentina. Bull Eur Assoc Fish Pathol 26:186–193

Bristow GA, Berland B (1991) The effect of long term, low level *Eubothrium* sp. (Cestoda: Pseudophyllidae) infection on growth of farmed salmon (*Salmo salar* L.). Aquaculture 98:325–330

Bruno DW, Stone J (1990) The role of saithe, *Pollachius virens* L., as a host for the sea lice, *Lepeophtheirus salmonis* and *Caligus elongatus*. Aquaculture 89:201–207

Bruno DW, McVicar AH, Waddell IF (1988) Natural infection of farmed Atlantic salmon, *Salmo salar* L., parr by glochidia of the freshwater pearl mussel, *Margaritifera margaritifera* L. Bull Eur Assoc Fish Pathol 8:23–26

Bruno DW, Collins CM, Cunningham CO, Mackenzie K (2001) *Gyrodactyloides bychowskii* (Monogenea: Gyrodactylidae) from sea-caged Atlantic salmon *Salmo salar* in Scotland: occurrence and ribosomal RNA sequence analysis. Dis Aquat Org 45:191–196

Bullock WL (1963) Intestinal histology of some salmonid fishes with particular reference to the histopathology of acanthocephalan infections. J Morphol 112:23–44

Campbell AD (1971) The occurrence of *Argulus* (Crustacea: Branchiura) in Scotland. J Fish Biol 3:145–146

Chappell LH, Hardie LJ, Secombes CJ (1994) Diplostomiasis: the disease and host-parasite interactions. In: Pike AW, Lewis JW (eds) Parasitic diseases of fish. Samara Publishing, Dyfed, pp 59–86

Clifton-Hadley RS, Bucke D, Richards RH (1984) Proliferative kidney disease of salmonid fish: a review. J Fish Dis 7:363–377

Fast MD, Ross NW, Mustafa A, Sims DE, Johnson SC, Conboy GA, Speare DJ, Johnson G, Burka JF (2002) Susceptibility of rainbow trout, *Oncorhynchus mykiss*, Atlantic salmon, *Salmo salar* and coho salmon *Oncorhynchus kisutch* to experimental infection with sea lice *Lepeophtheirus salmonis*. Dis Aquat Org 52:57–68

Freeman MA, Sommerville C (2009) *Desmozoon lepeophtheiri* n. sp., (Microsporidia: Enterocytozoonidae) infecting the salmon louse *Lepeophtheirus salmonis* (Copepoda: Caligidae). ParasiteVectors 2:58

Freeman MA, Bell AS, Sommerville C (2003) A hyperparasitic microsporidean infecting the salmon louse, *Lepeophtheirus salmonis*, an rDNA-based molecular phylogenetic study. J Fish Dis 26:667–676

Garnick E, Margolis L (1990) Influence of four species of helminth parasites on orientation of seaward migrating sockeye salmon (*Oncorhynchus nerka*) smolts. Can J Fish Aquat Sci 47:2380–2389

Gilbert MA, Granath WO (2003) Whirling disease of salmonid fish: life cycle, biology, and disease. J Parasitol 89:658–667

Gonzáles L, Carvajal J, George-Nascimento M (2000) Differential infectivity of *Caligus flexispina* (Copepoda, Caligidae) in three farmed salmonids in Chile. Aquaculture 183:13–23

Hallett SL, Ray RA, Hurst CN, Holt RA, Buckles GR, Stephen D, Atkinson SD, Bartholomew JL (2012) Density of the waterborne parasite *Ceratomyxa shasta* and its biological effects on salmon. Appl Environ Microbiol 78:3724–3731

Harrod C, Griffiths D (2005) *Ichthyocotylurus erraticus* (Digena: Strigeidae): factors affecting infection intensity and the effects of infection on powan (*Coregonus autumnalis*); a glacial relict fish. Parasitology 131:511–519

Higgins MJ, Margolis L, Kent ML (1993) Arrested development in a freshwater Myxosporean, Myxidium salvelini, following transfer of its host, the sockeye salmon (*Oncorhynchus nerka*), to salt water. J Parasitol 79:403–407

Hoffman GL (1990) *Myxobolus cerebralis,* a worldwide cause of salmonid whirling disease. J Aquat Anim Health 2:30–37

Hoffman RW, El-Matbouli M (1994) Proliferative kidney disease (PKD) as an important myxosporean infection in salmonid fish. In: Pike AW, Lewis JW (eds) Parasitic diseases of fish. Samara Publishing, Dyfed, pp 3–15

Hoffmann R, Kennedy CR, Meder J (1986) Effects of *Eubothrium salvelini* Schrank, 1790 on Arctic charr, *Salvelinus alpinus* (L.), in an alpine lake. J Fish Dis 9:153–157

Johnson SC, Albright LJ (1992) Comparative susceptibility and histopathology of the response of naive Atlantic, chinook and coho salmon to experimental infection with *Lepeophtheirus salmonis* (Copepoda: Caligidae). Dis Aquat Org 14:179–193

Johnson SC, Treasurer JW, Bravo S, Nagasawa K, Kabata Z (2004) A review of the impact of parasitic copepods on marine aquaculture. Zool Stud 43:8–19

Jones MW, Sommerville C, Bron J (1990) The histopathology associated with the juvenile stages of *Lepeophtheirus salmonis* on the Atlantic salmon, *Salmo salar* L. J Fish Dis 13:303–310

Jones SRM, Prosperi-Porta G, Dawe SC, Barnes DP (2003) Distribution, prevalence and severity of

Parvicapsula minibicornis infections among anadromous salmonids in the Fraser River, British Columbia, Canada. Dis Aquat Org 54:49–54

Jones SRM, Prosperi-Porta G, Kim E (2012) The diversity of Microsporidia in parasitic copepods (Caligidae: Siphonostomatoida) in the Northeast Pacific Ocean with description of *Facilispora margolisi* n. g., n. sp. and a new family Facilisporidae n. fam. J Eukaryot Microbiol 59:26–217

Jørgensen A, Nylund A, Nikolaisen V, Alexandersen S, Karlsbakk E (2011) Real-time PCR detection of *Parvicapsula pseudobranchicola* (Myxozoa: Myxosporea) in wild salmonids in Norway. J Fish Dis 34:365–371

Karlsbakk E, Saether PA, Høstlund C, Fjellsoy KR, Nylund A (2002) *Parvicapsula pseudobranchicola* n. sp. (Myxozoa), a myxosporidian infecting the pseudobranch of cultured Atlantic salmon (*Salmo salar*) in Norway. Bull Eur Assoc Fish Pathol 22:381–387

Karna DW, Millemann RE (1978) Glochidiosis of salmonid fishes. III. Comparative susceptibility to natural infection with *Margaritifera margaritifera* (L.) (Pelecypoda: Margaritanidae) and associated histopathology. J Parasitol 64:528–537

Ko RC, Anderson RC (1979) A revision of the genus *Cystidicola* Fischer, 1798 (Nematoda: Spiruroidea) of the swim bladder of fishes. J Fish Res Board Can 26:849–864

Lom J, Dykova I (2006) Myxozoan genera: definition and notes on taxonomy, life cycle terminology and pathogenic species. Folia Parasitol 53:1–36

Lyndon AR (2001) Low intensity infestation with the heartfluke *Apatemon gracilis* does not affect short-term growth performance in rainbow trout. Bull Eur Assoc Fish Pathol 21:263–265

Mackinnon BM (1993) Host response of Atlantic salmon (*Salmo salar*) to infection by sea lice (*Caligus elongatus*). Can J Fish Aquat Sci 50:789–792

Meyers TR, Millemann RE, Fustish CA (1980) Glochidiosis of salmonid fishes. IV. Humoral and tissue response of coho and Chinook salmon to experimental infection with *Margaritifera margaritifera* (L.) (Pelecypoda: Margaritanidae). J Parasitol 66:274–281

Mo TA (1994) Status of *Gyrodactylus salaris* problems and research in Norway. In: Pike AW, Lewis JW (eds) Parasitic diseases of fish. Samara Publishing, Dyfed, pp 43–56

Mo TA, Poppe TT, Vik G, Valheim M (1992) Occurrence of *Myxobolus aeglefini* in salt-water reared Atlantic salmon (*Salmo salar*). Bull Eur Assoc Fish Pathol 12:104–106

Mo TA, Senos MR, Hansen H, Poppe TT (2010) Red vent syndrome associated with *Anisakis simplex* diagnosed in Norway. Bull Eur Assoc Fish Pathol 30:197–201

Nesnidal MP, Helmkampf M, Bruchhaus T, El-Matbouli M, Hausdorf B (2013) Agent of whirling disease meets orphan worm: Phylogenomic analyses firmly place Myxozoa in Cnidaria. PLoS One 8(1):e54576. doi:10.1371/journal.pone.0054576

Nezlin LP, Cunjak RA, Zotin AA, Ziuganov VV (1994) Glochidium morphology of the freshwater pearl mussel (*Margaritifera margaritifera*) and glochidiosis of Atlantic salmon (*Salmo salar*): a study by scanning electron microscopy. Can J Zool 72:15–21

Noguera P, Collins C, Bruno D, Pert C, Turnbull A, McIntosh A, Lester K, Bricknell I, Wallace S, Cook P (2009) *Anisakis simplex* sensu stricto (Nematoda: Anisakidae) in red vent syndrome affected wild Atlantic salmon *Salmo salar* in Scotland. Dis Aquat Org 87:199–215

Nowak BF, Hayward CJ, González L, Bott NJ, Lester RJG (2011) Sea lice infections of salmonids farmed in Australia.Aquaculture 320:171–177

Nylund A, Karlsbakk E, Sæther PA, Koren C, Larsen T, Nielsen BD, Brøderup AE, Høstlund C, Fjellsøy KR, Leirvik K, Rosnes L (2005) *Parvicapsula pseudobranchicola* (Myxosporea) in farmed Atlantic salmon *Salmo salar*; tissue distribution, diagnosis and phylogeny. Dis Aquat Org 63:197–204

Nylund S, Andersen L, Sævareid I, Plarre H, Watanabe K, Arnesen CE, Karlsbakk E, Nylund A (2011) Diseases of farmed Atlantic salmon Salmo salar associated with infections by the microsporidian *Paranucleospora theridion*. Dis Aquat Org 41:41–57

Öxer A, Wootten R (2000) The life cycle of *Sphaerospora truttae* (Myxozoa: Myxosporea) and some features of the biology of both the actinosporean and myxosporean stages. Dis Aquat Org 40:33–39

Pettersen RA, Hytterød S, Vøllestad LA, Mo TA (2013) Osmoregulatory disturbances in Atlantic salmon, *Salmo salar* L., caused by the monogenean *Gyrodactylus salaris*. J Fish Dis 36:67–70

Rahkonen R, Aalto J, Koski P, Särkkä J, Juntunen K (1996) Cestode larvae *Diphyllobothrium dendriticum* as a cause of heart disease leading to mortality in hatchery-reared sea and brown trout. Dis Aquat Org 25:15–22

Ramakrishna NR, Burt MDB (1991) Tissue response of fish to invasion by larval *Pseudoterranova decipiens* (Nematoda; Ascaridoidea). Can J Fish Aquat Sci 48:1623–1628

Rand TG, Cone DG (1990) Effects of *Ichthyophonus hoferi* on condition indices and blood chemistry of experimentally infected rainbow trout (*Oncorhynchus mykiss*). J Wildl Dis 26:323–328

Ratanarat-Brockelman C (1974) Migration of Diplostomum spathaceum (trematoda) in the fish intermediate host. Parasitol Res 43:123–134

Roberts RJ, Johnson KA, Casten MT (2004) Control of *Salmincola californiensis* (Copepoda: Lernaeapodidae) in rainbow trout, *Oncorhynchus mykiss* (Walbaum): a clinical and histopathological study. J Fish Dis 27:73–79

Rodger HD (1991) Diphyllobothrium sp. infections in freshwaterreared Atlantic salmon (*Salmo salar* L.). Aquaculture 95:7–14

Rubio-Godoy M, Tinsley RC (2008) Recruitment and effects of *Discocotyle sagittata* (Monogenea) infection on farmed trout. Aquaculture 274:15–23

Saksida SM, Marty GD, Jones SRM, Manchester HA, Diamond CL, Bidulka J, St-Hilaire S (2012) Parasites and hepatic lesions among pink salmon, *Oncorhynchus gorbuscha* (Walbaum), during early salt water residence. J Fish Dis 35:137–151

Sharp GJE, Pike AW, Secombes CJ (1992) Sequential development of the immune response in rainbow trout (*Oncorhynchus mykiss* (Walbaum, 1792)) to experimental plerocercoid infections of *Diphyllobothrium dendriticum* (Nitzsch, 1924). Parasitology 104:169–178

Shulman BS, Ieshko EP (2003) *Chloromyxum schurovi* sp. n. – a new myxosporidian species (Myxosporea: Sphaerosporidae) of salmonids (Salmonidae). Parasitology 37:246–247 (in Russian)

Sterud E, Forseth T, Ugedal O, Poppe TT, Jørgensen A, Bruheim T, Fjeldstad H-P, Mo TA (2007) Severe mortality in wild Atlantic salmon *Salmo salar* due to proliferative kidney disease (PKD) caused by *Tetracapsuloides bryosalmonae* (Myxozoa). Dis Aquat Org 77:91–198

Tort L, Watson JJ, Priede IG (1987) Changes in in vitro heart performance in rainbow trout, *Salmo gairdneri* Richardson, infected with Apatemon gracilis (Digenea). J Fish Biol 30:341–347

True K, Purcell M, Foott JS (2009) Development and validation of a quantitative PCR to detect *Parvicapsula minibicornis* and comparison to histologically ranked infection of juvenile Chinook salmon, *Oncorhynchus tshawytscha* (Walbaum), from the Klamath River, USA. J Fish Dis 32:183–192

Watson JJ, Pike AW, Priede IG (1992) Cardiac pathology associated with the infection of *Oncorhynchus mykiss* Walbaum with Apatemon gracilis Rud.1819. J Fish Biol 41:163–167

Weiland KA, Meyers TR (1991) Histopathology of *Diphyllobothrium ditremum plerocercoids* in coho salmon *Oncorhynchus kisutch*. Dis Aquat Org 6:175–178

Whitaker DJ, Kent ML (1991) Myxosporean *Kudoa thyrsites*: a cause of soft flesh in farm-reared Atlantic salmon. J Aquat Anim Health 3:291–294

第十章 生产性疾病及机体失调

摘 要 <<<<<<<<<<<<<<<<<<<<<<<<<<<<<<<<<< •

　　生产过程中相关的疾病和机体失调症在很多鲑养殖场中均有出现。虽然在一些相关领域我们的研究还不够深入，但作者认为这些疾病应该受到人们的关注。这类病指的是在多种情况下可能由生物性或非生物因素引起的疾病。本章讨论到的一些因素如环境相关因子、疫苗免疫、发育和先天畸形、营养不均衡，影响心脏和眼睛的疾病，常见的骨骼异常，鱼卵和鱼苗的畸形以及敌害情况。

关 键 词：生产性疾病；异常；鲑；鳟

　　鱼类生产相关的疾病及机体失调包含的范围较大，一般由许多因素引起，因此在日常管理中需要综合多学科方法进行防控。不同疾病死亡率不同，从一些原因不明的疾病如缺陷综合征或幼鲑退化（图10-1），到其他原因较明确（如幼鲑银化、操作、运输、治疗副作用及特定病原微生物感染等引起）

图10-1　向海水转运过程中重新恢复活力的大西洋鲑幼鲑

的疾病均有不同的死亡率。早期幼鱼入海导致的死亡占了这类疾病引起鱼类死亡的很大比例。在一些病例中，这可能与入海时幼鱼的质量相关，故在平时的生产管理中应设法提高幼鱼的质量。

虽然我们在一些方面的研究还不够深入，但总体来说生产相关的疾病及机体失调症在很多养殖场中均有发生，作者认为这些疾病应该受到人们的关注。本章中讨论的一些病例涉及环境相关因子、疫苗免疫、发育和先天畸形、营养不均衡、影响心脏和眼睛的疾病、常见的骨骼异常、鱼卵和鱼苗的畸形以及敌害情况。

第一节 环 境

一、水质及管理

对所有野生或人工养殖的鱼来说，恶化的水质是不利于其生存的重要因素，由其导致的缺氧是最大的养殖风险。鳃神经上皮细胞（gill neuroepithelial cells，NECs）的数量对检测低氧能起到指示作用；反之，高氧症会引起鳃神经上皮细胞数量的下降。这些变化常伴随鳃血管末端膨胀、黏液增加、肥大、鳃小片扩张，最终导致代谢性酸中毒和死亡。

鱼体排泄的氨，其中少量会转化为尿液作为废弃物排入水中。氨具有较高的毒性。在含氨环境中，会导致鱼耗氧量明显升高、换气量增加及呼吸困难。长期生存在含氨的环境中，会造成鱼生长速度减慢，引起急性死亡。组织学观察发现鳃严重增生、鳃小片融合，特别是在鳃丝顶端这一现象更为明显。鳃组织出现水肿，伴随轻微的炎症反应，少数会出现动脉瘤。

在养殖场环境中，管理不善会导致鱼鳍及皮肤损伤，采取合适的措施可减少这一病症的发生（图10-2）。

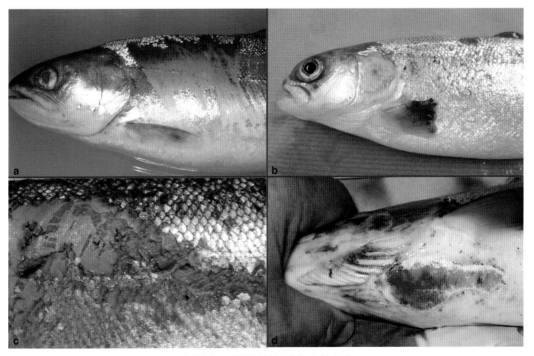

图10-2 管理不善导致的鱼体损伤

a.网箱损坏导致养殖大西洋鲑鳞片脱落 b.养殖大西洋鲑胸鳍严重溃烂、出血
c.养殖大西洋鲑穿过废弃的金属管道导致的皮肤损伤 d.网箱擦伤

二、水母

在海水中养殖的鱼类会接触到水母。依据具体的环境条件，单只或成群的水母可移至海水网箱的一侧。小的水母可随水流直接进入网箱，大水母会碎裂成多个小片，其触须或部分触须则进入网箱内。有时大量的水母会导致网箱中缺氧，或导致鱼体呼吸困难，甚至呼吸中断。此外，也有水母引起鱼眼球脱落及体表损伤的报道。

有报道称一些种类的水母如钵水母、狮鬃水母、紫纹水母和厦门似方杯水母（*Phialella quadrata*）等，已给人工养殖大西洋鲑造成严重的经济损失。欧洲水域的五角水母、夜光水母和科罗那水母也已给人工养殖鱼类造成重大经济损失。霞水母形成的水华已经成为影响动物福利的重要问题，触须碎片通过刺丝囊能够穿过鱼体表面造成鞭样损伤。厦门似方杯水母（直径＞15mm）能通过网箱网眼进入网箱内，鱼呼吸时可将其吸进口腔。曾有在一条鱼的胃中最多发现40个水母的报道。此外，水母也可能会成为细菌如黏附杆菌的携带者。

据报道另外一种栉水母与挪威北部秋季大西洋鲑死亡有关。这种水母质脆易碎，与网箱接触发生破碎时可产生一种胶状物质，可妨碍鱼鳃对水体中氧的利用。

组织学观察发现，受损的鳃多表现为鳃小片腐烂坏死、白细胞增多、鳃丝水肿发炎。鳃损伤48h后可出现上皮细胞脱落、出血和红细胞溶解。

腔肠动物体积在几立方毫米到几立方米大小不等，有些呈单个存在（如水螅水母类、钵水母和立方水母），有些集群生活（如管水母）。

三、浮游植物和藻类水华

自然发生的赤潮对人类的健康及鱼群都会产生不利影响。蓝绿藻及蓝藻菌是危害水质的最有害的水华因素之一。对水质的影响程度取决于水华的类型、大小及发生的频率，且与季节更替有关，但不受水产养殖的影响。鱼群不仅直接受到藻类毒素的影响，还会因藻类间接损伤鳃上皮，导致鳃上皮急性坏死、肿胀、固缩和坏死。

四、气泡病

气泡病是一种非生物因素引发的疾病，由鱼血管系统内总溶解气体过多引起。气泡病既可在湖泊和河流（如水温升高、光合作用）中自然发生，也可由人为将未经过充分曝气（如抽水和水加热、水电站或水泵泄漏）的过饱和水加入池塘而引起。当压力补偿不足时，气体突然逸出而机体尝试维持平衡以降低外部压力，外部环境（水）突然减压导致血液中溶解的气体（最初是氮气）在一些组织内形成栓塞。其中血管组织比较丰富的眼部损伤最为严重，因气泡聚集在眼部的脉络膜腺引发的严重突眼症、角膜变性和出血最为常见。此外，在口腔黏膜、鳃及皮肤表层肉眼可观察到气泡（图10-3）。心脏腔室中的气泡可阻断血流，导致鱼类因窒息而引发突发性死亡。气泡病也会间接地导致鱼体损伤，皮肤和鳃表面的气泡破裂会引起相应部位的出血、伤口、继发感染，呼吸上皮变性、水肿，并伴有组织坏死和局部毛细血管缺血。气体饱和度的安全浓度取决于鱼体大小、种类、气体过饱和程度及水温。

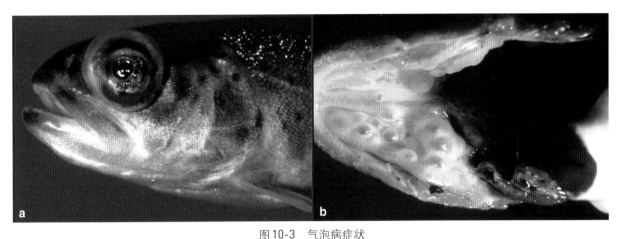

图 10-3 气泡病症状

a.气泡病引起的褐鳟突眼、出血及肉眼可见的气泡　b.气泡病导致的褐鳟上腭部产生气泡

五、肾钙质沉着

肾钙质沉着主要发生在人工养殖的鲑鳟鱼类，特别是虹鳟和美洲红点鲑，但在野生鱼中也有发现。引发该病的病原比较复杂，常与环境中高浓度的CO_2和营养因子（如镁缺乏或硒中毒等）相关。发病鱼常在入海后表现为腹部膨大、突眼、腹部出血等症状。解剖后发现腹水、脾肿大、输尿管管壁增厚并常有白色干酪样沉积物（图10-4），有时可见肾脏肿大、呈灰色并有囊肿产生。组织学观察发现，在远端肾小管和输尿管中常有沉积物（图10-5）。相邻的组织会发生肉芽肿炎症伴随纤维化，并导致组织严重畸形。通常该病引起的死亡率较低，但会导致养殖鱼类食物转化率和肉质下降。可根据机体损伤及组织病理变化诊断该病，沉积物经H&E染色呈深蓝色（嗜碱），在钙染色（Von Kossa stain）中呈黑色。

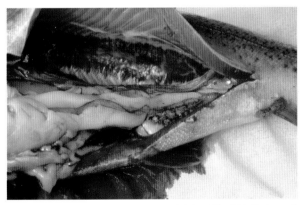

图 10-4 患肾钙质沉着的养殖虹鳟出现输尿管扩张及后肾红肿、发炎

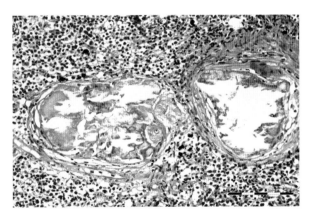

图 10-5 患肾钙质沉着的养殖虹鳟扩张的输尿管内充满无固定形的嗜碱性颗粒（标尺=100μm）

第二节　疫苗的不良反应

除塔斯马尼亚岛外，几乎所有海水养殖鲑均进行过免疫接种。目前应用的大多数疫苗为包含了几种不同细菌（病毒）抗原的多价疫苗。为提高和增强免疫持续时间和（或）诱导自身免疫反应，通

常将油状佐剂与抗原混合。疫苗成分依据动物卫生状况的不同会有所不同。停食几天后，在降海或转移至海水之前，鱼体就已获得免疫力。鱼麻醉后由专业免疫人员或自动化机器将疫苗注射入腹腔。注射部位在腹中线处，距离腹鳍基部往头部方向1.5倍鳍条长度处；注射剂量0.05 ～ 0.1mL不等。

然而，抗原与佐剂混合会引发较强的局部炎症反应，主要在腹膜和内脏表现为肉眼可见的纤维化（图10-6）。最典型的是在幽门盲囊和脾后部均出现病变。肝脏中也会发现血栓和肉芽肿炎症。从动物福利和消费者的角度，接种疫苗后引起中度病变的副作用是可以接受的。

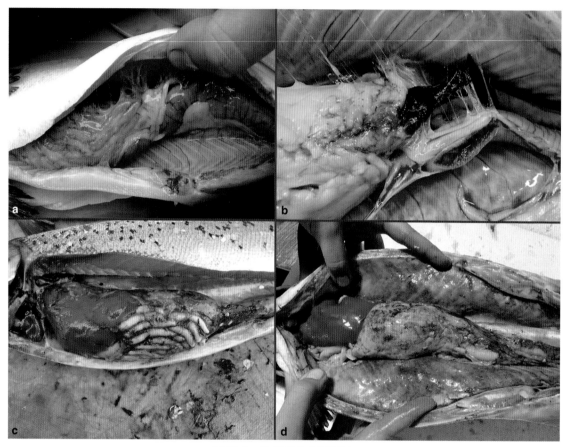

图10-6　免疫后的大西洋鲑

a.在内脏器官和体壁间的轻微粘连　b.在内脏器官和体壁间的中度粘连　c ～ d.在内脏器官和体壁间的严重粘连

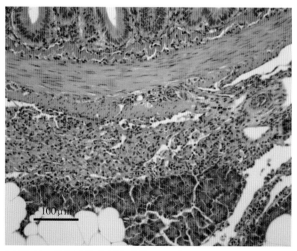

组织学观察显示，在幽门盲囊、胰腺组织和脾周围出现明显的空泡变性并伴有明显的肉芽肿反应。这是由疫苗中的油滴在组织中溶解造成。炎症主要由巨噬细胞、淋巴细胞、成纤维细胞和多核巨细胞引发。通常也可见嗜酸性粒细胞和黑色素巨噬细胞。有时病灶会扩大到腹腔，导致大部分内脏器官至体壁粘连（图10-7）。有时器官黑色素沉积也比较明显。肉芽肿反应和疫苗的油滴也会出现在其他器官，如鳃、肝脏和肌肉内。

此外，接种疫苗也会诱发自身免疫缺陷与严重的肾小球肾炎（图4-16），抗原抗体复合物可沉

图10-7　使用油性佐剂疫苗的大西洋鲑出现肉芽肿性腹膜炎

积在肾小球系膜细胞。炎症反应也可发生在眼部色素层和心脏（心外膜炎和多灶性心肌炎）。过敏反应中，损伤部位可出现典型的嗜酸性细胞肉芽肿，即Splendore-Hoeppli现象（星形小体）。

第三节 营养不均衡

　　鲑鳟是典型的肉食性鱼类，除极个别品种外，总体上都具有相对较短的消化道和基本一致的营养需求。大西洋鲑的生长、摄食、胃排空率和饲料转化率受水温及鱼规格的影响。但养殖鱼和野生鱼在与营养的关系上有不同的表现。养殖鱼在整个生命周期中都有持续的颗粒饲料投喂，导致超重鱼出现（图10-8和图10-9）。而野生鱼生命周期中在食物可食性、数量、品质和成分方面均有剧烈的变动。颗粒饲料的成分和质量较理想，但因为鱼粉蛋白的缺乏问题，饲料生产商正在试图用植物原料逐渐代替鱼粉。养殖鲑摄取满足质量和营养需求平衡的饲料，因此仅有少数营养缺乏的报道。然而，饲料长时间储存在不利的条件下（如炎热、光照、潮湿）会导致饲料质量的降低，因此偶尔也会发生养殖鱼营养缺乏的情况。越来越多的证据表明集约化养殖的鱼类在心脏解剖学及生理学方面有明显的变化。本章节将讨论低质饲料或饲料摄取不足对鱼健康状况的影响。

图10-8 过度肥胖的海水养殖大西洋鲑（鳍磨损及尾部脊柱畸形）

图10-9 海水养殖虹鳟腹腔内脂肪组织（仅可见肝脏，其他器官均隐藏在脂肪中）

一、颗粒饲料消化不充分

　　干颗粒饲料在通过幽门盲囊前通常在胃部会被分解为粥样再进一步消化。但低温下，硬颗粒饲料在胃中不能充分溶解，以硬颗粒的形式存在于括约肌区域导致干物质及硬颗粒累积在胃内（图10-10），造成黏膜充血和组织损伤。

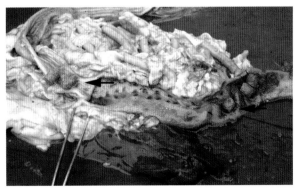

图10-10 养殖大西洋鲑后肠前端未消化的饲料颗粒（箭头）

另一种消化不充分的情况发生在小的循环水体中，养殖鲑粪便会变成微黄的泡沫状漂浮在水面。鲑后肠部分充血，排泄孔开放肿胀。目前，直接导致上述两种消化不充分的情况的原因尚不清楚，但认为与不同温度下饲料的工艺及质量相关。

二、肝脏脂肪沉积

在缺乏足够量的抗氧化剂（如维生素E）时投喂不饱和脂肪酸，养殖鲑易患肝脏脂肪沉积或脂肪

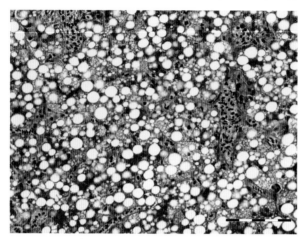

图10-11 患脂肪肝的养殖虹鳟肝细胞空泡变性（标尺=100μm）

肝病（lipoid liver disease，LLD）。多数不饱和脂肪酸暴露在有氧空气中时易于自然氧化。

患病鱼临床症状包括食欲减退、失去平衡及死亡率上升。鱼表现为鳃苍白贫血、腹水、鳞片松动、烂鳍。肝脏呈橙黄色，轻度肿大且易碎。由于小细胞色素性贫血及血细胞脆性增加，红细胞压积严重降低。持续性贫血、肝细胞和胆管功能障碍最终导致鱼死亡。典型组织学损伤表现为肝细胞、巨噬细胞及脂肪细胞中脂质过量累积（图10-11）。肝细胞发生广泛性脂肪变性，细胞核固缩。红细胞经常破碎导致脾脏含铁血黄素沉着。根据肝脏大体病理特征和肝组织切片是否有大量脂质浸润来诊断该病。

三、脂肪组织炎

脂肪组织炎或全身性脂肪组织炎是指发生在内脏脂肪组织的炎症，如发生在鲑幽门盲囊周围脂肪组织的炎症。发炎的部位变硬、呈淡黄色或灰色，鳔有时变成混浊带灰黄色的条纹。组织学检查发现脂肪细胞细胞膜增厚，沉着蜡样质样色素的巨噬细胞浸润、聚集，并伴有色素沉着（图10-12）。肉芽肿反应处有时可见多核巨细胞和嗜酸性包涵体。脂肪组织炎有时是胰腺炎的继发疾病，但也有时是饲料中缺乏维生素E和（或）脂肪酸败引起的。

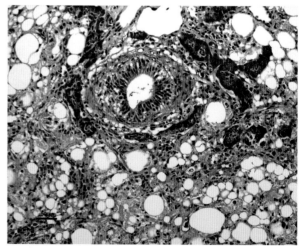

图10-12 养殖大西洋鲑胰腺周围脂肪组织炎

四、心脏脂肪浸润

养殖和野生鱼均可发生心外膜脂肪浸润（图10-13）。如野生白鲑可能会蓄积大量脂肪，特别是在心室和动脉球之间及心室附近。养殖鲑的心外膜上可以大量堆积脂肪，并且常被认为是有害的。

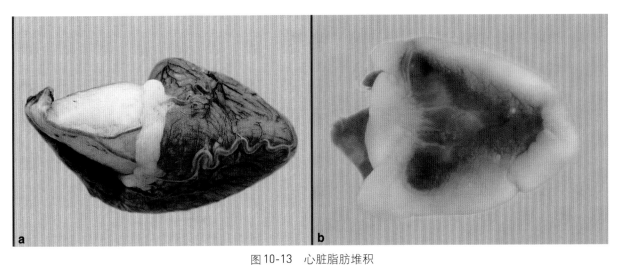

图 10-13　心脏脂肪堆积

a.养殖大西洋鲑心脏冠状血管充血及心外膜脂肪堆积　b.野生白鲑鱼心室边缘大量脂肪堆积（尾侧）

五、大豆引起的肠炎

鲑投喂富含来源于大豆蛋白的饲料会在肠道末端发生非感染性亚急性肠炎。损伤是由巨噬细胞、中性粒细胞、嗜酸性粒细胞浸润导致的黏膜固有层增厚，肠上皮吸收细胞细胞核上部的液泡消失，肠壁褶皱变宽、高度降低（图 10-14）。肠上皮细胞顶端液泡消失导致肠吸收减少。损伤在12℃时比在8℃时发展更快、更严重。去除饲料中的大豆后，损伤一般可在几周内恢复。

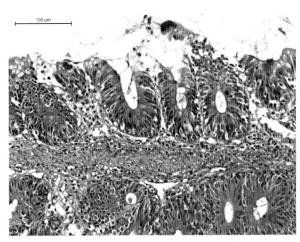

图 10-14　养殖大西洋鲑大豆性肠炎

六、维生素缺乏

抗坏血酸（维生素C）是一种必需营养元素，饲料中缺乏时可导致胶原蛋白合成受阻、相关支撑组织逐渐减少，引起鱼明显的驼背、脊柱前弯、脊柱侧凸等（图 10-15 和图 10-16）。一些患坏血病的鱼可出现脊柱骨折、骨骼错位、灶性出血和萎缩等（图 10-17）。其他组织中胶原蛋白的减少和不规则透明样变导致组织疏松及发育异常，包括骨质疏松症。鳃小片软骨细胞变性，出现较大空泡并伴随畸形和膨大（图 10-18）。病鱼出现再生障碍性贫血和头肾造血组织减少，外观上常表现为鳃盖短小（图 10-19）。通过大体病变及组织学特征可进行初步诊断，结合饲料中维生素含量分析可确诊。

维生素E对许多鱼类都是必需的营养物质，饲料氧化时会导致维生素E缺乏。多种因素如饲料及鱼体中不饱和脂肪酸和其他氧化剂（如硒）的含量都会影响鱼对饲料中维生素E的需求。维生素E缺乏会影响机体多种组织，如出现白肌变性等（图 10-20），在实验条件下还可导致伪鳃钙沉积（图 10-21）。

维生素E缺乏症的病理变化包括脊柱前弯、突眼、脾肿大、肝脏斑驳杂色、肾脏苍白、生长缓慢

图10-15　养殖虹鳟鱼苗由于缺乏维生素C出现脊柱畸形

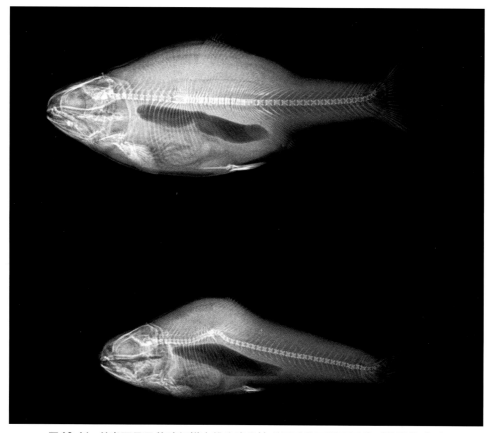

图10-16　X光下显示养殖虹鳟由维生素C缺乏导致的两种不同类型的脊柱畸形

图 10-17　养殖虹鳟缺乏维生素 C 导致尾部脊柱畸形

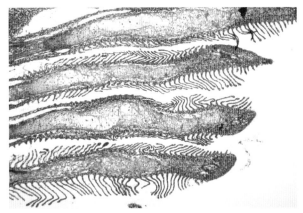

图 10-18　虹鳟缺乏维生素 C 导致鳃软骨弯曲和不规则、软骨细胞肿胀并形成空泡（甲苯胺蓝染色，低倍）

图 10-19　养殖虹鳟鳃盖缩短（可见暴露的鳃）

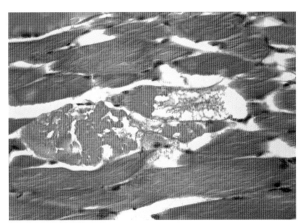

图 10-20　实验证实维生素 C 和维生素 E 缺乏导致大西洋鲑白肌变性（低倍）

及腹水，这与小细胞低色素性贫血、血细胞压积降低及溶血性增加相关。这些细胞的不完全成熟及细胞脆性增加与细胞膜完整性及生长特性相关。此外，还有脂肪组织炎、肝细胞小面积变性、肝窦扩张并有脂褐素沉着的报道。脾脏中含铁血黄素沉着也经常出现，在 Perl's 组织切片中可见细小斑点状的黑色素沉着（图4-22），这与红细胞溶解相关。鲑维生素 E 缺乏症可通过肉眼和组织切片观察进行诊断。

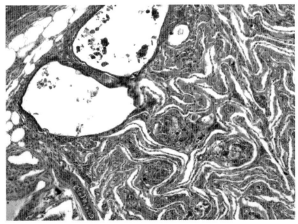

图 10-21　实验证实缺乏维生素 C 和维生素 E 导致大西洋鲑伪鳃钙沉积（低倍）

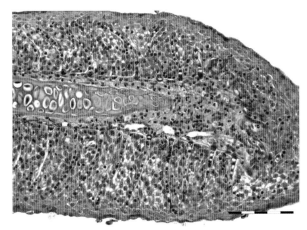

图 10-22　实验证实缺乏维生素 B$_5$ 导致虹鳟严重的鳃上皮细胞增生和鳃丝融合（标尺 =100μm）

泛酸（维生素B_5）缺乏表现的组织异常为皮肤发炎，鳃小片黏液增多，伴随上皮细胞大量增生（图10-22）。诊断时注意与副变形虫（*Paramoeba perurans*）等感染引起的疾病相区别（图8-2）。

虹鳟维生素B_6缺乏的表现包括食欲减退、倦怠、游动异常和运动失调。维生素B_6缺乏症可在出现临床症状前通过检测维生素B增强剂即肝天冬氨酸氨转移酶（aspartate aminotransferase，ASAT）的活性确定。组织学变化包括胰腺腺泡细胞萎缩（图10-23）和肾造血组织增生。

硫胺素（维生素B_1）缺乏症与著名的野生大西洋发眼卵及在波罗的海的海鳟所患的"M74"症[①]有关。缺乏症可持续整个鱼苗阶段。北美五大湖中的几种野生鲑早期死亡综合征（early mortality syndrome，EMS）和Cayuga综合征被认为或多或少有相似之处。这些综合征表现为雄鱼子代死亡率可高达100%。临床症状包括螺旋状游动、失去平衡和兴奋过度、昏睡、体色发黑和皮下水肿。病鱼苗不能摄食并发展为脑水肿、卵黄囊沉淀聚集、出血（图10-24）。组织学上，典型损伤出现在小脑分子层，细胞变性和坏死、核固缩和核碎裂，有时出血。公认的是雌鱼硫胺素缺乏会导致这些病症的发生。鲑是顶端捕食者，它们的猎物中包括具高水平硫胺酶的饵料鱼，如五大湖地区的灰西鲱、波罗的海的西鲱和鲱。饵料鱼可能每年都会有所变化，每种鱼的捕食种类不同导致雌鱼酶水平的变化。高硫胺酶会导致卵和后代硫胺素下降并表现出硫胺素缺乏症。这种情况可通过使卵及鱼苗接触硫胺素、给雌鱼提前注射硫胺素来预防和扭转。该病需与白点病和蓝藻病区别诊断。

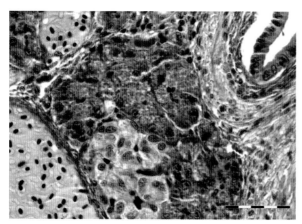

图10-23　大西洋鲑缺乏维生素B_6导致胰脏腺泡细胞萎缩（标尺＝50μm）　　图10-24　患"M74"症的波罗的海鲑苗（鳃部出血）

七、矿物质缺乏

在水域生态系统中，锌是必需的微量元素，也是一种相当重要的有毒物质。锌缺乏必然会导致生长、繁殖、视力和免疫生理紊乱。缺锌通常可诱发双侧眼睛白内障，表现为弥漫性或局灶性晶状体浑浊。其他肉眼可见的症状包括生长速度下降、皮肤及鳍腐烂。组织学病变包括空泡形成、纤维溶解和后囊上的上皮细胞增生。有时会继发角膜炎和眼球炎。由缺锌引起的白内障可以通过弥漫性或局灶性晶状体浑浊及眼部组织病理切片进行观察判定。根据眼部组织切片观察可进行确诊。

镁缺乏会导致虹鳟生长缓慢、食欲减退、肾脏和肌肉有钙盐沉着，肌细胞外液迅速增多。组织学上，肾脏、卵巢和肝脏细胞变性，肾脏等造血组织增生。

---

①译者注："M74"症是卵黄囊期幼鲑发育失调，有较高死亡率，与硫胺素（维生素B_1）缺乏有关。

第四节　眼部相关疾病

与生产相关的眼部疾病被认定为亚急性损伤，包括白内障、虹膜前粘连和化脓性眼球炎（图10-25至图10-29）。损伤可能是出血（内源性）造成的病原扩散、物理或机械损伤（如操作）导致继发感染、化学因素（如医学治疗）、热损伤或营养因素等造成。

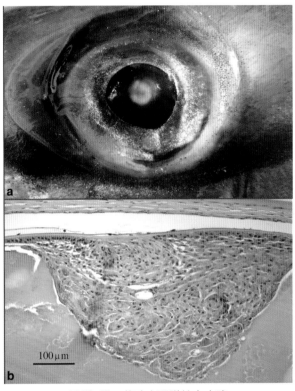

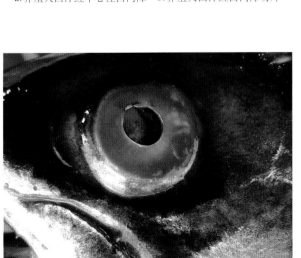

图 10-25　养殖大西洋鲑白内障

a.养殖大西洋鲑中心性白内障　b.养殖大西洋鲑白内障切片

图 10-26　养殖大西洋鲑角膜炎和突眼症

图 10-27　养殖大西洋鲑全眼球炎

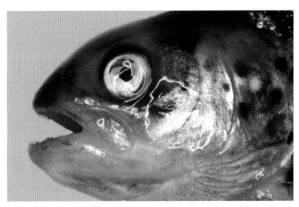

图 10-28　养殖大西洋鲑眼球被刺伤　　图 10-29　养殖大西洋鲑由于感染鲑贫血症导致眼睛出血

许多人工养殖鱼类因营养不平衡会发生白内障，如缺乏锌、维生素A、维生素B₁、维生素B₂、甲硫丁氨酸和色氨酸等营养元素。白内障通常双侧出现，多由晶体蛋白变性和寄生虫感染引起（图9-36）。20世纪90年代有报道发现从饲料中去除血粉后会导致双侧后囊下皮质性白内障，普遍认为这种现象是饲料中缺乏组氨酸所致。

组织学观察可见，白内障表现为严重的空泡化、纤维组织溶解及囊细胞增生。不同病症严重程度可能会引发视力减退甚至全盲。

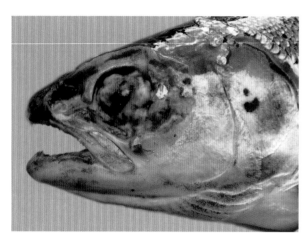

图10-30　黏着杆菌感染引起养殖大西鲑眼球炎和头盖骨被侵蚀

渗透性白内障是由渗透压波动造成的，导致鱼体无法将体内无机盐与外界环境进行调节达到平衡状态。温度波动、气体过饱和及暴露于紫外线中均可导致渗透性白内障。

角膜炎可能是物理、营养、化学或热等因素损伤角膜引起，也可能是由病原体感染引起。由细菌引发的全身感染性疾病导致的角膜炎比较常见，也可同时出现巩膜炎。例如，黏着杆菌属感染时会导致眼部完全被破坏（图10-30）。

气体过饱和导致的气泡病（gas bubble disease，GBD）也会引发眼病（图10-3），引起的损伤包括眼前房气泡聚集、白内障、虹膜粘连及全眼球炎等。物理性损伤伴随的角膜穿孔或内源性细菌感染可导致眼内炎或全眼球炎，继而导致眼出血或穿孔。角膜的损伤可分为浅表层损伤和深层（穿孔）性损伤。浅表层损伤可以通过有丝分裂活性的增加和上皮细胞从损伤轻微部位迁移而自愈。在愈合过程中，眼部和敞开的眼窝中可能会布满瘢痕组织。

另一种眼部损伤是由寄生虫感染引起，如在野生鱼或池塘养殖鱼寄生的双穴吸虫。寄生虫会影响晶体或前眼室（图9-36）的正常形态和功能。克拉夫吸虫（*Tylodelphys clavata*）感染也会导致相同的眼部损伤。

第五节　发育障碍

畸形、骨骼变形或体色异常是在鲑养殖过程中让人讨厌的疾病，所幸发生率比较低。在不同养殖品种和养殖模式中出现的畸形均较为相似，意味着在环境中可能存在一种共同的致病因素。个别的群体或鱼苗批次，在鱼卵阶段或孵化后很短时间内就有明显的畸形现象，包括一般性褪色或卵色素沉着异常、"连体"苗、脊柱后凸、脊柱前弯和其他发生在头骨或颌的畸形。这些畸形多由遗传因素、营养失衡、管理不善或寄生虫寄生（如碘泡虫感染）引起。此外，鱼体可能受到许多潜在性损伤的影响，这些损伤影响水产品产量及鱼类的福利。

一、鱼卵和鱼苗的畸形

鱼类生长早期的高死亡率很常见，且多由多种因素引起（图10-31）。所有鲑鳟都会受到影响，但大多数都是关于常见养殖品种如鲑和虹鳟的相关报道。遗传和环境因素是最主要的原因。随着鱼体的长大，中度畸形逐渐明显，若这些畸形并不影响身体的正常功能，这些患畸形的鱼通常可以存活下来。然而，但作为养殖动物，这些患畸形的鱼是不合格的，它们会在分级过程及随后的市场销售中被淘汰。

二、卵黄囊收缩

卵黄囊收缩会影响卵黄囊后面部分，导致卵黄囊后部与身体脱离，使机体不能利用其中的营养物质。引起这一现象的原因尚不明确，但有可能与养殖密度和合成卵黄的物质缺乏相关。可能的原因是水流不足和/或水体代谢废物累积，这两种因素单独或联合作用引发疾病。

三、软卵病

软卵病是指卵变软、无活力及破裂，可能是由通过卵膜的水流发生改变引起，也可能是由高浓度氨及变形虫感染引起。

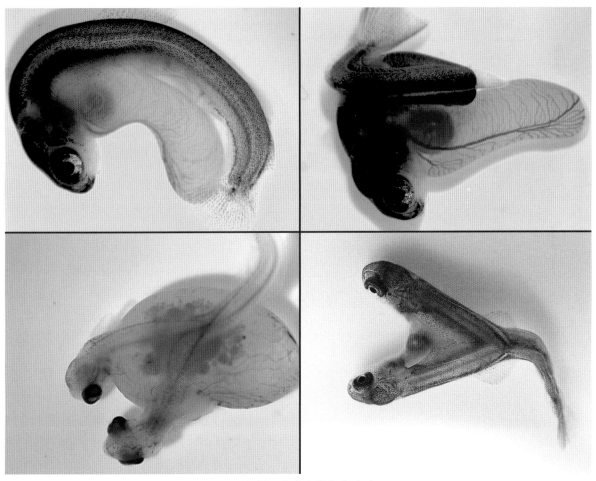

图 10-31　卵黄囊期鱼苗畸形

四、蓝囊病

蓝囊病或水肿病（胚囊积水）的主要特征是在卵黄囊和外膜之间存在淡蓝色液体的异常累积

（图10-32）。在孵化后很短时间内就可看到，并且在几天内变得更加明显。病鱼通常表现为脊柱后凸、口腔张大并且局部出血。病鱼苗嗜睡、呼吸频率和心率降低。如果环境压力持续时间不是太长或损伤不太严重，患病鱼苗还可恢复正常。引起该病的原因经确认是有毒物质的积累、环境不良及操作和运输不当。外源化学物质（直接作用于机体）或通过后续的酶催化作用产生的中间体对机体或多或少都有毒性。据报道，二噁英可导致以早期死亡率上升、脊柱异常、水肿和出血等症状为主的综合征。

五、白点病

白点病可在孵化后期的鱼卵中及刚孵化的鱼苗卵黄囊中出现。卵黄内白色或灰白色小点状凝固蛋白导致卵膜穿孔，从而引起死亡（图10-33）。恶劣的环境因素包括重金属离子、pH波动、氨、低温、化学药物治疗及在卵孵化敏感阶段不当的操作，且这些因素均有可能是死亡的诱因。

图10-32　大西洋鲑苗蓝囊病（可见眼周和鳃出血）

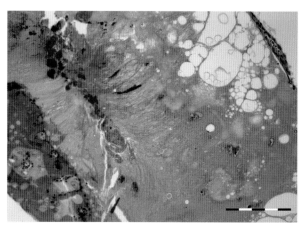

图10-33　大鳞鲑苗卵黄凝固形成白点病（标尺=200μm）

第六节　鳃盖畸形

在集约化鲑养殖场常发生的鳃盖畸形是一种鱼鳃上皮在直接受到的物理刺激和损伤后导致的鳃盖缩短或受损形成疤痕和凹陷的异常形态。这种现象常单侧或双侧发生，并且在鱼体达到一定大小前（＞12mm）难以发现。严重时所有鳃组织均肉眼可见并暴露在外（图10-34）。与其他生产性相关问题一样，该病原因较复杂，包括侵袭、慢性炎症的刺激、磨损等。受损的鳃盖有可能导致感染。

鱼卵孵化温度与鲑鳟鳃盖缩短相关。缩短的鳃盖增厚，大量黏液积聚在鳃盖后缘，导致不能完全泵出来自口腔的水流，并严重干扰正常呼吸。严重情况下，鲑被迫不断游动，以保持水体不断流经鳃部。而且，鱼无法"咳嗽"，如无法将水流

图10-34　养殖大西洋鲑反折的鳃盖

反冲以去除鳃上的碎屑、颗粒和寄生虫。暴露的
鳃更容易被细菌、真菌和寄生虫损伤和感染。

　　鱼（特别是鲑）跳跃撞击到网箱上的防鸟网
可引起鳃盖的机械损伤。鱼的奋力挣扎会导致鳃
盖严重损伤（图10-35）。野生鱼的鳃部损伤可引
起明显的垂直损伤和背鳍前及鳃盖区慢性溃疡。

　　该病一般通过鳃盖的特征性大体病变进行诊断。
通过光学显微镜可观察到此病的间接影响结果，包
括鳃丝缩短、增厚，上皮增生、鳃小片融合等。

图10-35　养殖大西洋鲑撞击防鸟网导致鳃盖内出血

第七节　颌部和头部畸形

　　大西洋鲑幼鱼有时会发生下颌与头部畸形，
例如：在视顶盖上方的头盖骨和眼睛斜后方出现
乳白色结节（图10-36）。结节呈卵圆形，有时成
圆形，表面光滑无色素，直径可达1.5mm。该病在
某些批次的卵中可造成10%～15%的死亡率，幸
存鱼苗的生长不会受到影响，行为也无异常表现。

　　组织学观察，鱼小脑正常，但会向背部移位。
表皮内未见核破碎的马尔皮基氏细胞（Malpighian
cells），脑膜正常。小脑的分子层和颗粒细胞层向
额板移位，但无炎症反应，也无浦肯野氏细胞层
的变化。未观察到小脑与水接触，也没有小脑受
感染的证据。但眼睛会受到影响，玻璃体腔体积
变小，视网膜过度折叠。

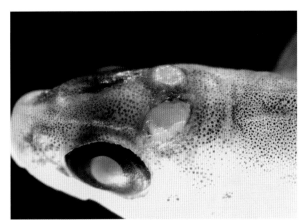

图10-36　大西洋鲑幼鱼头盖上的小瘤

引起这些现象的病因还不清楚。鉴定这些结节的方法主要是肉眼观察与组织
学检查。

　　颌部（下颌）畸形在野生鱼群中有发生的记录，但在人工孵化场的鱼群中更常见。畸形会影响
上颌和/或下颌，引起短或长的下颌畸形，而后者可能向侧面移位。这些异常可能在胚胎期或后胚胎
期产生，导致幼鱼死亡率高达80%以上。

　　导致畸形的其他原因还包括遗传或环境因素、不利的环境变化、磷缺乏、软骨过度沉积和物理
损伤等。

一、下颌关节强直

　　养殖大西洋鲑的下颌关节强直"裂颌"会导致口和鳃盖永久张开。病鱼的口由于无法闭合，必
须持续游动使水流经过鳃（即撞击换气）。这种现象是下颌前端2/3处向下弯曲，导致牙槽、齿骨以
及舌板构造发生变化（图10-37）。局部发育不全会影响到米克尔氏（Meckel's）软骨，但上颌的骨骼

（包括上颌前、泪骨和上颌骨）正常。有些病鱼的关节骨骼会向身体一侧移位和扭曲，导致方骨挤压体壁以及鳃条骨分离。失去软骨的支持，下颌会向下移位，鱼长大后会更加明显。肥大增厚是对于畸形的补偿机制。下颌的畸形一般会阻碍游动与进食，导致体重减少。X光图像显示，这种畸形与磷的不平衡有关，引起米克尔氏软骨钙化不完全以及隔骨移位（图10-38）。

图10-37 养殖大西洋鲑的下颌关节强直（向腹侧偏离）

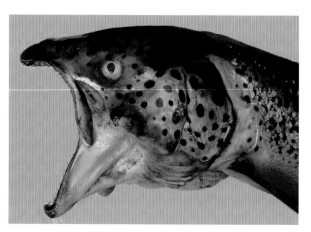

图10-38 养殖大西洋鲑的"尖叫病"

二、帕格头（哈巴狗样头）

狮子头是因上颌骨发育不全引起下颌看起来过度发育。孵化温度是其中的一个影响因素（图10-39）。

图10-39 养殖大西洋鲑的帕格头（哈巴狗样头）现象

三、小口畸形

小口畸形仅在特定的鱼群中发病，且发病率不高，被归为先天性疾病（图10-40）。

图10-40 养殖大西洋鲑的小口畸形

四、双口畸形

双口畸形是舌弓下端通过口底的一个缝隙向下与向后移位引起的（图10-41）。这通常是意外损伤引起。舌弓的伸肌异常所致，缩肌失去阻力，将舌弓下端拉到畸形的位置。但上述原因都是推测，还可能是由鳔管堵塞、空气堵在口底引起。大体观察能够确诊这种畸形。

图10-41　养殖大西洋鲑由于舌弓下端移位导致双下颌畸形

第八节　脊柱畸形

一些野生或养殖鱼常发生骨骼异常和畸形，特别是脊柱畸形。这些畸形有很多种形态，例如，脊椎关节的挤压与融合，尾椎向背鳍挤压并融合，胶原过度增生导致脊柱明显增厚。这些现象常常无法用单一原因来解释（图10-42）。脊柱畸形是生产养殖中常见的疾病，野生或养殖鱼的某些脊柱畸形与环境污染有关。

脊柱由骨骼、软骨和结缔组织构成，而且会不断地再建以适应环境、物理刺激及生理变化。有些特定术语用来描述不同的脊柱异常情况，包括脊柱后凸，脊柱前凸和脊柱侧凸。关节僵硬会影响整个脊柱或个别节段，使病鱼表现出特别的症状（如驼背、前部关节僵硬、短尾、后部或整条脊柱关节僵硬、短身）。这些症状也可能同时出现。这些异常会影响鱼的游动能力，使得病鱼需要更多能量来游动和进食，因此脊柱异常的影响很持久。同时，病鱼对压力耐受性会降低，对生理失衡更敏感，比

图10-42　养殖大西洋鲑的脊柱融合外露

正常的鱼品质差。此外，患病的野生鱼对食物与领地的竞争力会较差，而且更容易被捕食。

脊柱畸形的病因复杂，包括先天性（如近亲繁殖、遗传因素）、原发性或获得性（如感染、营养或物理因素）病因。在人工养殖条件下，脊柱畸形与不同的因素（单一或多种）有关，如寄生虫感染、营养缺乏与失衡（如磷和维生素C）、免疫、卵孵化和卵黄囊期水温升高、不利的环境（如缺氧）、毒素、生长过快或鳔管阻塞等。

脊柱畸形主要通过大体观察和X光诊断，但很难准确地确定病因。排除寄生虫感染则可通过检查确认软骨和鳃弓匀浆中没有碘泡虫（*Myxobolus*）孢子（图9-10）。

第九节　先天性畸形

　　野生及人工养殖的鲑鳟均会发生先天性畸形，且在同一条鱼身上可能同时出现不同类型的畸形。例如：鳔发育不全，幽门盲囊缺失以及肝脏和/或胰腺错位（图10-43）。在野外，患有畸形的鱼苗很早就死亡，但在养殖环境中则可存活一段时间。先天性畸形在鱼群中发生率一般较低，但在不同的亲本之间差异可能很大。大多数畸形是由遗传因素或变异引起的，有时与胚胎发育时期的不利环境因素有关，如缺氧、环境压力因素和感染。想探明不同病因之间的关系并确定其中某个特定的病因比较困难。胚胎的形成是一个复杂的过程，在孵化前很少能观察到发育异常的个体。在孵化期，受精卵大小差异、变色、假白化病、孪生、双头和双尾现象一般比较明显。单侧或双侧无眼（图10-44）以及异常小眼是由遗传因素引起的。几类骨骼畸形（鳍局部发育不全与增大、双鳍或无鳍）可能也是由遗传因素引起（图10-45）。

图10-43　鳔发育不全、肝脏错位（肝脏逆转）和幽门盲囊发育不全

图10-44　养殖大西洋鲑的无眼症

图10-45　养殖大西洋鲑的尾部畸形（双尾）

　　脊柱异常包括脊柱后凸、脊柱前凸、脊柱侧凸、脊柱卷曲和"螺旋鱼"（图10-46和图10-47）。连体孪生（暹罗双胞胎）在后端或前端相连，或在卵黄囊胸鳍部位发生融合。这样的孪生鱼很难存活，通常在卵黄吸收后就会死亡。然而，也有报道非对称孪生鱼存活并成熟的例子，这可能是由于连体孪生中的一个占主导地位，生长比另一个退化个体快（图10-48）。两个个体沿体侧融合，可能具有两条背鳍。每个个体可能具有一套完整的内脏，或者共有一些内脏器官，如消化道。通常，退化个体的内脏器官是不完整的。有观点认为，这样的病鱼从一个卵黄与胚盘开始发育，在原肠胚与胚胎形成时，在胚盘边缘出现了两个以上的分裂中心。受精卵分裂时受到干扰阻断，就会产生这样的异常，因此该病是自然原因造成的。

图 10-46 养殖虹鳟脊椎关节的挤压与融合

图 10-47 养殖虹鳟脊椎骨侧向挤压与融合

图 10-48 成年养殖大西洋鲑连体孪生（深黑化与双背鳍）

第十节 心脏异常

据报道，鲑鳟可能出现许多不同类型的心脏畸形或异常。特别是高密度养殖的大西洋鲑与虹鳟。心脏的形状与功能密切相关。一般而言，三角或锥形的心室具有最优的功能。良好的心脏功能对于长途迁徙和越过瀑布的鲑尤其重要。不同的种类、性别、年龄以及所处环境，会导致心室的形状大小有所不同。例如，生活在湖里的虹鳟跟河里的虹鳟相比，心脏的形状和重量可能有明显的不同。人工养殖的鱼一般不会遇到严酷的环境，因此比起野生鱼，并不需要强壮的心脏。在其他疾病（如胰腺病）暴发时，心脏异常的鱼死亡率会比正常的鱼高很多，可见心脏异常对于鱼的整体健康具有综合影响。鲑鳟几种特定的心脏缺陷会在下文讨论。

一、心脏肥大

海水养殖的大西洋鲑会出现心脏肥大，这可能与生产过程有关（图10-49）。有些病例会出现心房肥大（图10-50）。这些病鱼对环境中的压力非常敏感，在一些环境压力高的操作过程中（如分级、运输和浸浴）常常会死亡。

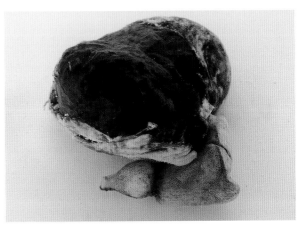

图10-49　养殖大西洋鲑的心脏肥大（右）与体重相近养殖大西洋鲑的正常心脏（左）

图10-50　心力衰竭的养殖大西洋鲑心房严重扩张（心房肥大）

人工养殖虹鳟的一种类型的心脏肥大与自发性糖原贮存疾病有关。临床症状表明，心力衰竭还会伴随异常行为、突眼、腹部肿胀、和腹部皮肤瘀斑。解剖病鱼可见心房肿胀和心室变圆。同时，显微镜检查会发现，心室的致密层消失或者比正常情况下薄。

二、心脏横膈缺失（心异位）

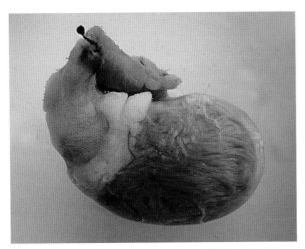

图10-51　横膈发育不全的养殖大西洋鲑的豆状心室

横膈具有分隔围心腔与腹腔的功能，大西洋鲑心脏横膈缺失（心异位）是指横膈的部分或全部缺失。如果围心腔的近末端壁缺失，心脏会突向腹腔。最常见的心异位是突向腹腔肝脏，或向背侧头盖骨倾斜。后者的心尖端会被推向鱼的背部和尾部。这两种心异位会导致心脏变成囊状或豆状，功能受到影响（图10-51）。与正常情况相比，腹主动脉和动脉球也会被拉伸和扭曲。异位的心脏常常挤压肝脏，可能导致心脏与肝脏的粘连。这种畸形导致心脏功能受限，降低病鱼的抗压性和游泳能力。这种畸形的形成与卵孵化期和卵黄囊期的温度过高有关。在胚胎心脏形成的关键期，温度过高会导致心钠肽（atrial natriuretic peptide，ANP）的表达，引起上述异常和心体指数降低。因此，孵化期的最适温度应保持低于9℃。

三、心脏异位

心脏异位（包括"豆状心"）是指在正常围心腔内的心脏的位置异常。心室的形状会发生变化，动脉球错位，像横膈缺失一样，会导致心脏功能受阻（图10-52）。

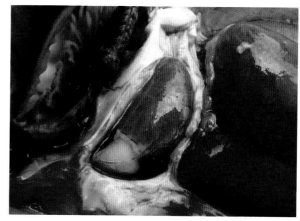

图10-52　养殖大西洋鲑的心逆位（心室尖端向上倾斜横膈完整）

四、心室偏斜

从尾部方向看，野生鲑鳟的心室是对称的。然而人工养殖鱼的心室通常是偏斜的，特别是年龄较大的个体。这种现象对鱼体影响还不清楚，但普遍认为对称的心脏比异常的心脏具有更强的功能。

五、动脉硬化

动脉硬化被描述为"生命的现实"，因为这几乎发生在大多数性成熟及产卵的鱼中，无论是野生的还是人工养殖的鱼均可出现。发生该病的鱼都有特定的大小和重量。

该病的特点是平滑肌细胞通过破损的弹性膜向血管腔增生，造成血管管腔部分堵塞。这些病变常发生在接近动脉球腹侧分叉的冠状动脉内（图10-53）。年龄和生长速率可能是动脉硬化形成的最重要的因素，但也受性激素和食物成分的影响。养殖大西洋鲑的生长速度比野生鲑快，尤其是在淡水期，因此其动脉硬化病变也发展得更快。有实验通过结扎冠状动脉研究其部分或完全堵塞的影响，当鱼的血流受到限制时，会比正常的鱼游得更慢，腹大动脉的血压也减少。因此野生鲑在环境不佳和向上游迁移时，以及人工养殖鲑在人为操作、鱼群拥挤和过筛分级时，就能体现出该病的不利影响（图10-54）。患有冠状动脉完全堵塞的鱼康复后，可能在心肌致密层出现营养不良性钙化，以及在动脉硬化堵塞部周围出现血管再通或形成新的血管（图10-55）。由于病鱼通常在出现明显病变之前死亡，因此很难诊断动脉硬化后的心肌坏死。

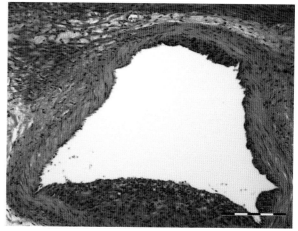

图10-53　大西洋鲑的动脉血管内膜增生（动脉硬化）向血管内腔突起（标尺=200μm）

图10-54 海水养殖虹鳟的血凝块或围心腔积血

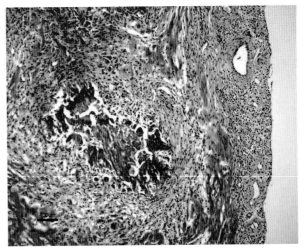

图10-55 养殖大西洋鲑亲鱼动脉硬化后的外致密心肌层退化与营养不良性钙化

六、心肌致密层发育不良

在养殖的虹鳟和大西洋鲑中都确诊过心肌致密层发育不良。致密层变薄或者消失，心室变圆，心房膨胀，导致心力衰竭。同时，心外膜也可能出现广泛的脂肪浸润，出现"白色心脏"。此外，病鱼可能表现出严重的眼球突出、腹水，甚至出现心脏从围心腔膜腹部疝样漏出。该病发生在多个孵化期，几乎没有病鱼能存活到进入海水的阶段。目前该病病因还是未知。

七、动脉瘤

动脉瘤是指血管缺陷性、局部性的充血膨胀，可能会出现"气球样"突起（图4-20）。动脉瘤充满血液或血块可能会影响血管的正常功能。有些病例表明该病似乎与特定的鱼种有关。

八、心内膜下纤维增生

人工养殖大西洋鲑心内膜下纤维增生或弹性纤维增生的特点是心内膜与心肌纤维之间出现弹性纤维，可用Elastin-van Gieson染色（EVG染色）来鉴定。心房和心室都可能出现这种病变（图10-56）。病因不同，相关的炎症反应也可能不一样。有些案例似乎是先天性的，未发现其他的异常。然而，一些病例则与其他慢性心脏疾病有关，例如鱼心肌炎病毒感染或心肌病综合征、胰腺病和鱼呼肠孤病毒感染。这些病鱼的心内膜下纤维增生可能由机体修复受损的心肌引起。

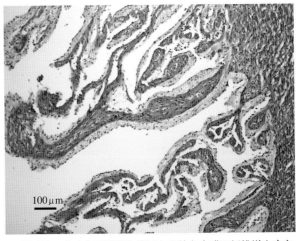

图10-56 养殖大西洋鲑海绵状心室的心内膜下纤维增生病变

九、脑室、心室、腹部囊肿

心室囊肿是有上皮内衬的良性肿瘤，在人工养殖和野生的大西洋鲑中均可出现（图10-57）。囊肿通常从心室的边缘发生，内部充满清亮的液体。受精卵孵化期高温可能是人工养殖大西洋鲑出现该病的主要诱因。

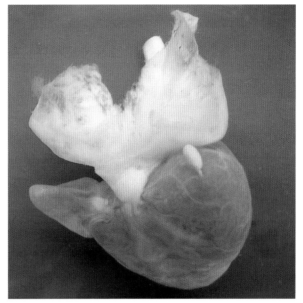

图10-57　养殖大西洋鲑的心室囊肿（囊肿内充满了清亮的微黄色液体）

第十一节　捕　食　者

人工养殖和野生鲑鳟都会受到捕食者的伤害，如鸟类、水獭、貂、海豹、熊、其他鱼类和人类。外迁的野生幼鲑以及刚转移到海水的人工养殖幼鲑，都易受捕食者的袭击。在许多小河小溪，向上迁徙的鲑鳟也常受到捕食者的袭击。由鸟类（如鸬鹚、苍鹭、秋沙鸭和海鸥）引起的损伤，其典型特征是垂直的、间隔几厘米的平行伤痕，同时相应地在身体对侧常常会有鸟喙的伤痕（图10-58）。鸟类常常试图抓起超过它们捕捉能力大小的鱼，而鱼会摆动挣扎逃脱，留下各种大小深度的伤痕。鸬鹚和秋沙鸭的喙具有齿状顶端，能刺穿皮肤和肌肉。受它们攻击的鱼，如果被刺穿至腹腔，可能会发生腹膜炎和败血症，而伤口愈合后常出现鳞片缺失与黑色素沉积。由哺乳动物造成的损伤则有多种情况，受它们攻击的鱼可能会出现穿刺伤或耙状伤口。海豹常常会进食鱼的头部与/或腹部前部（包括肝脏），而留下其他部位（图10-59）。

有一种特殊伤口是由七鳃鳗（圆口纲）引起的。七鳃鳗是一种外寄生性原始无颌鱼类，在鲑鳟的淡水与海水阶段（溯河）都可见其引起的伤口。海水七鳃鳗会用充满角形齿的圆形吸盘口吸住鱼的侧面，形成圆形的伤口（图10-60）。在五大湖区域，海水七鳃鳗对当地鱼群造成很大伤害，因此人们采取了措施控制七鳃鳗的数量。七鳃鳗通过进食鱼的肌肉组织、体液和血液，最终使宿主变得瘦弱。其引起的组织病理学损伤包括皮肤

图10-58　被鸟类刺穿至腹腔的北极红点鲑

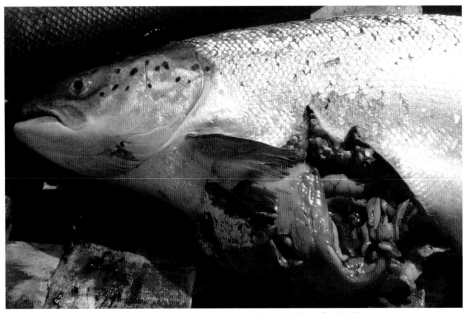

图 10-59　海豹袭击大西洋鲑导致严重的腹部穿透损伤

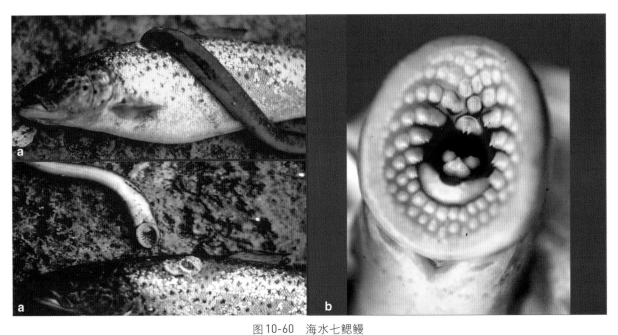

图 10-60　海水七鳃鳗

a.海鳟身上特殊的圆形伤口　b.吸盘状的口，用于吸附在鱼的皮肤上，注意角质化的牙齿

穿透、肌肉坏死、水肿和出血。其他圆形皮肤溃疡（如冬季溃疡或假单胞菌感染）会影响该病的诊断。

第十二节　钓鱼造成的损伤

钓鱼造成的损伤主要是鱼钩对鱼口腔和颌的物理损伤，以及由捕捞活动和渔网引起的鱼鳞缺失和皮肤损伤。在一个地区，如果捕鱼和放归是比较普遍的现象，那么当地鱼群大部分会出现这种损伤。在同一个季节中，鱼可能会被重复捕捞，产生不同或累积的损伤。由鱼钩引起的损伤主要包括颌部撕裂、移位或缺失，眼部损伤，以及鱼钩刺入食道或胃部；也见有关于鳃弓损伤的报道。在收渔线和钓鱼上岸的过程中，鱼体会接触到碎石、岩石、网和钓鱼者干燥的手，因而导致皮肤损伤（图10-61和图10-62）。根据损伤的范围和程度不同，可能会发生如水霉（*Saprolegnia*）、假单胞菌（*Pseudomonas* spp.）、气单胞菌（*Aeromonas* spp.）等引起的继发感染。通过使用无倒钩的鱼钩、不在水温高时钓鱼以及使用正确处理方法，能减少鱼的损伤和死亡。

图10-61　野生大西洋鲑被人类捕捞后释放引起的左颌损伤

图10-62　被人类捕捞、释放后的河鳟和正常的河鳟

注：左为被人类捕捞、释放后的河鳟，上颌两边出现损伤，上颌两边向中间倾斜，下颌已被清理；右为具有正常上颌的河鳟

延伸阅读▼

Anon (2010) Risk assessment of catch and release. Opinion of the panel on animal health and welfare of the Norwegian Scientific Committee for Food Safety. Norwegian Scientific Committee for Food Safety (VKM), Oslo. ISBN 978 82 8082 396 0

Baxter EJ, Rodger HD, McAllen R, Doyle TK (2011) Gill disorders in marine-farmed salmon: investigating the role of hydrozoan jellyfish. Aquac Environ Interact 1:245–257

Berg A, Rødseth OM, TangeråsA, Hansen T (2006) Time of vaccination influences development of adhesions, growth and spinal deformities in Atlantic salmon *Salmo salar*. Dis Aquat Organ 69:239–248

Božidar S, Marko B, Zoran Z, Vesna D (2012) Histological methods in the assessment of different feed effects on liver and intestine of fish. J Agric Sci 56:87–100

Bruno D (1990a) Jaw deformity associated with farmed Atlantic salmon (*Salmo salar*). Vet Rec 126:402–403

Bruno DW (1990b) Occurrence of a conjoined twin among farmed Atlantic salmon, *Salmo salar* L. J Fish Biol 37:501–502

Bruno DW (1997) Cranial nodules in farmed Atlantic salmon, *Salmo salar* L., fry. J Appl Ichthyol 13:47–48

BrunoDW, Ellis AE (1985) Mortalities in Atlantic salmon associated with the jellyfish *Phialella quadrata*. Bull Eur Assoc Fish Pathol 5:64–65

Bruno DW, Ellis AE (1986) Multiple hepatic cysts in farmed Atlantic salmon, *Salmo salar* L. J Fish Dis 9:79–81

Bruno DW, Dear G, Seaton DD (1989) Mortality associated with phytoplankton blooms among farmed Atlantic salmon, *Salmo salar* L., in Scotland. Aquaculture 78:217–222

Bullock AM, Roberts RJ (1981) Sunburn lesions in salmonid fry: a clinical and histopathological report. J Fish Dis 4:271–275

Bylund G, Lerche O (1995) Thiamine therapy of M74 affected fry of Atlantic salmon *Salmo salar*. Bull Eur Assoc Fish Pathol 15:93–97

Clary JR, Clary SD (1978) Swim bladder stress syndrome. Salmonid (March/April):8–9

Colquhoun DJ, Skjerve E, Poppe TT (1988) Pseudomonas fluorescens, infectious pancreatic necrosis virus and environmental stress as potential factors in the development of vaccine related adhesions in Atlantic salmon, *Salmo salar* L. J Fish Dis 21:355–364

Farrell AP (2002) Coronary arteriosclerosis in salmon: growing old or growing fast? Comp Biochem Physiol A 132:723–735

Farrell AP, Steffensen JF (1987) Coronary ligation reduces maximum sustained swimming speed in chinook salmon, *Oncorhynchus tschawytscha*. Comp Biochem Physiol 87A:35–37

Farrell AP, Saunders RL, Freeman HC, Mommsen TP (1986) Arteriosclerosi in Atlantic salmon. Effects of dietary cholesterol and maturation. Arteriosclerosis 6:453–461

Farrell AP, Johansen JA, Saunders RL (1990) Coronary lesions in Pacific salmonids. J Fish Dis 13:97–100

Fisher JP, Fitzsimmons JD, Combs GF, Spitsbergen JM (1996) Naturally occurring thiamine deficiency causing reproductive failure in Finger Lakes Atlantic salmon and Great Lakes lake trout. Trans Am Fish Soc 125:67–178

Fitzsimmons JD, Brown SB, Hnath JG (1999) A review of early mortality syndrome in Great Lakes salmonids and its relationship with thiamine. Ambio 28:9–15

Fjelldal PG, Hansen T, Breck O, Ørnsrud R, Lock E-J, Waagbø R, Wargelius A, Witten PE (2012) Vertebral deformities in farmed Atlantic salmon (*Salmo salar* L.) – etiology and pathology. J Appl Icthol 28:433–440

Frischknecht R, Wahli T, Meier W (1994) Comparison of pathological changes due to deficiency of vitamin C, vitamin E and combinations of vitamins C and E in rainbow trout, *Oncorhynchus mykiss* (Walbaum). J Fish Dis 17:31–45

Gamperl AK, Farrell AP (2004) Cardiac plasticity in fishes: environmental influences and intraspecific differences. J Exp Biol 207:2539–2550

Graham MS, Farrell AP (1992) Environmental influences on cardiovascular variables in rainbow trout, *Oncorhynchus mykiss* (Walbaum). J Fish Biol 41:851–858

Grini A, Hansen T, Berg A, Wasgelius A, Fjelldal PG (2011) The effect of water temperature on vertebral deformities and vaccine-induced abdominal lesions in Atlantic salmon, *Salmo salar*. J Fish Dis 34:531–546

Karlsson L, Petterson E, Hedenskog M, Børjesson H, Eriksson R (1996) Biological factors affecting the incidence of M74. In: Report from the second workshop on reproduction disturbances in fish, Stockholm, Sweden, 20–23 November 1995. Swedish Environmental Protection Agency Report 4534 p 25

Koppang EO, Haugarvoll E, Hordvik I, Poppe TT, Bjerkas I (2004) Granulomatous uveitis associated with vaccination in the Atlantic salmon. Vet Pathol 41:122–130

Koppang EO, Haugarvoll E, Hordvik I, Aune L, Poppe TT (2005) Vaccine-associated granulomatous inflammation and melanin accumulation in Atlantic salmon, *Salmo salar* L., white muscle. J Fish Dis 28:13–22

Koppang EO, Bjerkas I, Haugarvoll E, Chan EKL, Szabo NJ, Ono N, Akikusa B, Jirillo E, Poppe TT, Sveier H, Tørud B, Satoh M (2008) Vaccination-induced systemic autoimmunity in farmed Atlantic salmon. J Immunol 181:4807–4814

Kuramoto T, Arima K, Kawakami S, Shimizu N, Nakawatari A, Hasegawa M, Hirama S, Moriyama K, Yotsugi K (1988) On the early development and the occurrence of twin malformation in chum salmon eggs and fry. Sci Rep Hakkaido Salm Hatch 42:59–73

Kvellestad A, Høie S, Thorud K, Thørud B, Lyngøy A (2000) Platyspondyly and shortness of vertebral column in farmed Atlantic salmon *Salmo salar* in Norway -description and interpretation of pathologic changes. Dis Aquat Organ 39:97–108

Lall SP, Lewis-McCrea LM (2007) Role of nutrients in skeletal metabolism and pathology in fish- an overview. Aquaculture 267:3–19

MacKenzie LA, Smith KF, Rhodes LL, Brown A, Langi V (2011) Mortalities of sea-cage salmon (*Oncorhynchus tshawytscha*) due to a bloom of *Pseudochattonella verruculosa* (Dictyochophyceae) in Queen Charlotte Sound, New Zealand. Harmful Algae 11:45–53

McArdle J, Bullock AM (1987) Solar ultraviolet radiation as a causal factor of "summer syndrome" in cage-reared Atlantic salmon, *Salmo salar* L.: a clinical and histopathological study. J Fish Dis 10:255–264

Meka JM (2004) The influence of hook type, angler experience, and fish size on injury rates and the duration of capture in an Alaskan catch-and-release rainbow trout fishery. N Am J Fish Manag 24:1309–1321

Müller R (1983) Coronary arteriosclerosis and thyroid hyperplasia in spawning coho salmon (*Oncorhynchus kisutch*) from Lake Ontario. Acta Zool Pathol Ant 77:3–12

Mutoloki S, Brudeseth B, Reite OB, Evensen Ø (2006) The contribution of Aeromonas salmonicida extracellular products to the induction of inflammation in Atlantic salmon (*Salmo salar* L.) following vaccination with oil-based vaccines. Fish Shellfish Immunol 20:1–11

Oliva-Teles A (2012) Nutrition and health of aquaculture fish. J Fish Dis 35:83–108

Poppe TT, Breck O (1997) Pathology of Atlantic salmon *Salmo salar* intraperitoneally immunized with oil-adjuvanted vaccine. A case report. Dis Aquat Organ 29:219–226

Poppe TT, Taksdal T (2000) Ventricular hypoplasia in farmed Atlantic salmon *Salmo salar*. Dis Aquat Organ 42:35–40

Poppe TT, Tørud B (2009) Intramyocardial dissecting haemorrhage in farmed rainbow trout

Oncorhynchus mykiss Walbaum. J Fish Dis 32:1041–1043

Poppe TT, Midtlyng PJ, Sande RD (1988) Examination of abdominal organs and diagnosis of deficient septum transversum in Atlantic salmon, *Salmo salar* L., using diagnostic ultrasound imaging. J Fish Dis 21:67–72

Poppe TT, Helberg H, Griffiths D, Meldal H (1997) Swim bladder abnormality in farmed Atlantic salmon *Salmo salar*. Dis Aquat Organ 30:73–76

Poppe TT, Johansen R, Tørud B (2002) Cardiac abnormality with associated hernia in farmed rainbow trout *Oncorhynchus mykiss*. Dis Aquat Organ 50:153–155

Poppe TT, Johansen R, Gunnes G, Tørud B (2003) Heart morphology in wild and farmed Atlantic salmon Salmo salar and rainbow trout *Oncorhynchus mykiss*. Dis Aquat Organ 57:103–108

Poppe TT, Taksdal T, Bergtun PH (2007) Suspected myocardial necrosis in farmed Atlantic salmon, *Salmo salar* L.: a field case. J Fish Dis 30:615–620

Poppe TT, Bornø G, Iversen L, Myklebust E (2009) Idiopathic cardiac pathology in salt water-farmed rainbow trout, *Oncorhynchus mykiss* (Walbaum). J Fish Dis 32:807–810

Poynton SL (1987) Vertebral column abnormalities in brown trout, *Salmo trutta* L. J Fish Dis 10:53–57

Roberts RJ (1993) Ulcerative dermal necrosis (UDN) in wild salmonids. Fish Res 17:3–14

Roberts RJ, Shearer WM, Munro ALS, Elson KGR (1970) Studies on ulcerative dermal necrosis of salmonids. II: The sequential pathology of the lesions. J Fish Biol 2:373–378

Roberts RJ, Hardy RW, Sugiura SH (2001) Screamer disease in Atlantic salmon, *Salmo salar* L., in Chile. J Fish Dis 24:543–549

Salte R, Norberg K (1991) Disseminated intravascular coagulation in farmed Atlantic salmon, *Salmo salar* L.: evidence of consumptive coagulopathy. J Fish Dis 14:63–66

Sánchez RC, Obregón EB, Ruaco MJ (2011) Hypoxia is like an ethiological factor in vertebral column deformity of salmon (*Salmo salar*). Aquaculture 316:13–19

Saunders RL, Farrell AP, Knox DE (1992) Progression of coronary arterial lesions in Atlantic salmon (*Salmo salar*) as a function of growth rate. Can J Fish Aquat Sci 49:878–884

Segner H, Sundh H, Buchmann K, Douxfils J, Sundell KS, Mathieu C, Ruane N, Jutfelt F, Toften H, Vaughan L (2011) Health of farmed fish: its relation to fish welfare and its utility as welfare indicator. Fish Physiol Biochem 38:85–105

Seierstad SL, Poppe T, Larsen S (2005) Introduction and comparison of two methods of assessment of coronary lesions in Atlantic salmon, *Salmo salar* L. J Fish Dis 28:189–197

Silverstone AM, Hammell L (2002) Spinal deformities in farmed Atlantic salmon. Can Vet J 43:782–784

Skog Eriksen M, EspmarkÅ M, Poppe T, Braastad BO, Salte R, Bakken M (2008) Fluctuating asymmetry in farmed Atlantic salmon (*Salmo salar*) juveniles: also a natural matter? Environ Biol Fish 81:87–99

Speare DJ (1990) Histopathology and ultrastructure of ocular lesions associated with gas bubble disease in salmonids. J Comp Pathol 103:421–432

Staurnes M, Andorsdottir G, Sundby A (1990) Distended, water-filled stomach in sea-farmed rainbow trout. Aquaculture 90:333–343

Steinum T, Kvellestad A, Colquhoun DJ, Heum M, Mohammad S, Grøntvedt RN, Falk K (2010)

Microbial and pathological findings in farmed Atlantic salmon *Salmo salar* with proliferative gill inflammation. Dis Aquat Organ 91:201–211

Steucke EW Jr, Allison LH, Piper RG, Robertson R, Bowen JT (1968) Effects of light and diet on the incidence of cataract in hatcheryreared lake trout. Prog Fish Cult 30:220–226

Stewart LAE, Kadri S, Noble C, Kankainen M, Setälä J, Huntingford FA (2012) The bio-economic impact of improving fish welfare using demand feeders in Scottish Atlantic salmon smolt production. Aquac Econ Manag 16:394–398

Stradmeyer L (2008) Survival, growth and feeding of Atlantic salmon, *Salmo salar* L., smolts after transfer to salt water in relation to the failed smolt syndrome. Aquac Res 25:103–112

Takle H, Baeverfjord G, Helland S, Kjorsvik E, Andersen Ø (2006) Hyperthermia induced natriuretic peptide expression and deviant heart development in Atlantic salmon *Salmo salar* embryos. Gen Comp Endocrinol 147:118–125

Tørud B, Taksdal T, Dale OB, Kvellestad A, Poppe TT (2006) Myocardial glycogen storage disease in farmed rainbow trout, *Oncorhynchus mykiss* (Walbaum). J Fish Dis 29:535–540

Urán PA, Schrama JW, Rombout JHWM, Taverne-Thiele JJ, Obach A, Koppe W, Verreth JAJ (2009) Time-related changes of the intestinal morphology of Atlantic salmon, *Salmo salar* L., at two different soybean meal inclusion levels. J Fish Dis 32:733–744

Witten PE, Gil-Martens L, Huysseune A, Takle H, Hjelde K (2009) Towards a classification and an understanding of developmental relationships of vertebral body malformations in Atlantic salmon (*Salmo salar* L.). Aquaculture 295:6–14

第十一章 特发性疾病

摘 要 <<<<<<<<<<<<<<<<<<<<<<<<<<<<<<<<<<<<<<<< •

在鱼类养殖过程中，由于病原不确定或病因复杂产生的疾病称之为病因不明性疾病或特发性疾病。这种疾病很难查明原因，而且对于病因明确的疾病，如由传染性病原引起的疾病，有时也会出现不同情况。许多特发性疾病的特点是本身并不致死，但会造成鱼体免疫系统损伤，或与其他病因一同引发疾病及死亡。同样，养殖生产相关的疾病和传染性疾病之间的界限也变得模糊不清。

关 键 词：特发性疾病；鲑；鳟

几乎所有的养殖鱼类在养殖过程中都会发生病因不确定或是复合病因的疾病。本书中，特发性疾病是指那些病因不明的疾病。某些情况下，为了提高产量、增加收益而进行的各种人为操作，饲料配方优化和环境因子调节等可导致该类疾病发生。由于其复杂性，特发性疾病的病因可能难以确定，而且在很多情况下，还有传染性病原等病因明确的疾病共同参与作用。许多特发性疾病本身并不致死，但会造成鱼体免疫系统损伤，或与其他病因一同引发疾病及死亡。例如，鳃盖短缺、鳍条损伤或心脏疾病的鱼均可以通过改善养殖操作方式处理好，但是如果鱼体长期处于应激性条件下，如密度过高、机械损伤、环境不佳以及疾病暴发等，这些鱼就会首先死亡。养殖生产相关的疾病和传染性疾病之间的界限也会变得模糊不清。骨骼畸形、代谢紊乱和功能失调等是特发性疾病或生产性疾病的主要代表症状，在本书中涉及了其中的一些病例（心脏病变、营养不良和畸形）。下面对几种特发性疾病进行介绍。

第一节 皮肤溃疡性坏死病

在19世纪末和20世纪初，英国曾通过开展渔业研究项目对本国大西洋鲑和美国石首鱼（海鳟）的损失进行调查。这项工作在苏格兰展开，调查所谓的"鲑病"，即皮肤溃疡性坏死病（ulcerative dermal necrosis, UDN）。尽管已有大量鲑死亡，且该病可在不同水域间传播蔓延，表明其具有传染性，但是迄今仍没有对该病病因进行明确的判定。而且在人工养殖鱼中也没有UDN发生的记录。

UDN是一种慢性皮肤病，洄游到淡水中的大西洋鲑和褐鳟成鱼易感染该病。患病鱼在眼上方的头部、鼻腔两侧及脂鳍处的表皮上有轻微的灰色损伤，通常还伴有头盖骨受损以及头部上方区域的深层溃疡（图11-1和图11-2）。后期，裸露的伤口常常感染水霉。另外，也有野生褐鳟发生UDN的报道（图11-3）。在发病早期或霉菌感染前，患病鱼的组织学变化仅限于基底层黑色素细胞肿胀和变性，伴有棘层松解和表皮靠下层细胞的类天疱疮样变性（图11-4）。随后，在头部的特定区域有渐进性的细胞溶解、坏死，并伴有灶性棘层松解。大疱性类天疱疮由光敏引起，或与光敏有关。病变加剧后，可

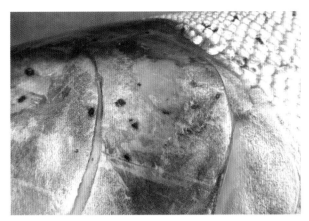

图11-1　野生大西洋鲑头部出现早期皮肤溃疡性坏死病变

图11-2　患中度皮肤溃疡性坏死病的野生大西洋鲑成鱼

图11-3　患皮肤溃疡性坏死病的野生褐鳟

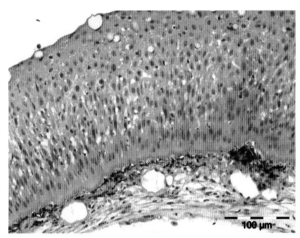

图11-4　患皮肤溃疡性坏死病的大西洋鲑表皮出现棘层松解和类天疱疮样变性

见表皮浸润和/或坏死、出血，真皮组织排列紊乱、坏死和炎性浸润（图11-5）。下层骨骼肌没有受到侵袭。发病后期，表皮层剥离或脱落，可检测到真菌的菌丝，但没有明显的炎症反应。大面积溃疡导致血液被渗透稀释，进而使得鱼体循环系统衰竭而死亡。结合组织学检查和早期体表病变可以确诊UDN。然而，如果有菌丝存在，就不容易进行明确的判定。在病因不明及缺乏统一定论的情况下，其他表皮特征可能也代表着部分或整个的组织学特征。

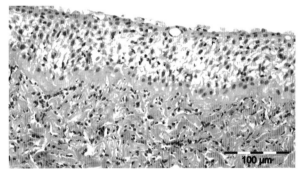

图11-5　患皮肤溃疡性坏死病的大西洋鲑表皮坏死、真皮组织排列紊乱和炎性细胞浸润

第二节　体表浮肿

1997年苏格兰首次报道养殖虹鳟中出现体表浮肿。截止到2011年，已有32个地方都有相关报道。这个名称来源于鱼类体侧有厚厚的果冻状黏液，多发于个体较大的鱼，包括淡水养殖的三倍体虹

鳟（图11-6和图11-7）。从外观上看，鱼体畸形率增加，食欲丧失，有水肿、起水疱、体色变黑等症状；但鱼体内部结构通常正常。组织病理观察可见，表皮水肿，有增生性病变，有时伴有毛细管扩张和弥散性出血（图11-8）。针对该病采取的防治措施包括内服抗生素、使用3%盐水或福尔马林浸泡以及提高饵料中维生素含量等。总体而言，对该病的研究还是比较少。

图11-6　体表浮肿的养殖虹鳟

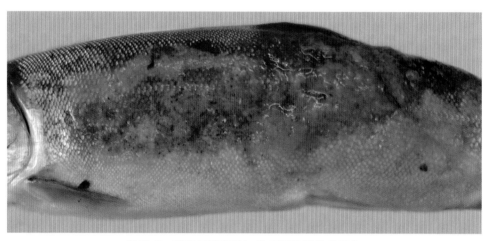

图11-7　养殖虹鳟出现与体表浮肿相关的病变

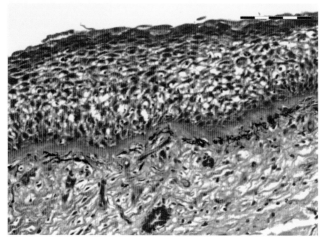

图11-8　体表浮肿的虹鳟表皮出现水肿样增生性病变（中倍）

第三节　多囊综合征

相关报道表明，野生褐鳟和养殖大西洋鲑都有出现多囊肝或多囊脾病症。患病鱼腹部肿胀，剖检可见大量无色素、充满液体的柔软囊肿，完全遮盖了肝脏和脾脏（图11-9和图11-10）。组织病理学观察可见间隔处被萎缩性肝细胞和松散的结缔组织所包绕。这些囊肿直径有较大差异，有的只能在显微镜下可见，有的直径达6cm，而患病鱼其他组织都在正常范围内。该病病因尚不清楚，但种群中发病率并不高，表明囊肿有可能是先天性的。对其他组织的多囊性和类似囊肿性的诊断主要根据肉眼观察及组织学观察结果。

图11-9　患多囊肝的养殖大西洋鲑中大小不一的囊肿

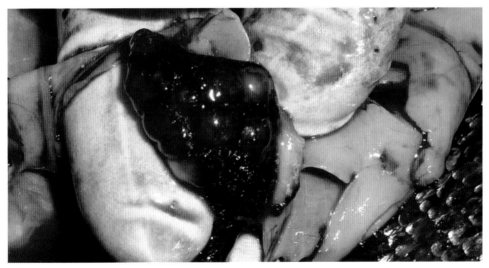

图11-10　养殖大西洋鲑的多囊脾

第四节　白眼综合征

在挪威的孵化场和幼鲑养殖场中零星可见白眼综合征（或广义的软组织钙化）。患病鱼体消瘦、眼球突出，眼睛前后有典型的新月形白色区域（图11-11）。解剖后，鱼体肌肉可见大量无色或白色斑点，心脏、肾脏、肝脏和鳃弓还出现结节性病变（图11-12）。

组织学观察可见有钙沉积、肌肉广泛退化，鱼体肌肉、心肌致密层和疏松层、心脏瓣膜和冠状动脉等出现钙化坏死等症状，心外膜钙沉积严重，其他器官如肝脏、肾脏、胃壁和眼球后组织（器官

图 11-11 患白眼综合征的养殖大西洋幼鲑眼睛周围有典型的新月形钙沉积

的脉络膜）也有钙化的病灶。该病病因不明，但可能与钙调节机制的代谢变化有关。依据临床特征和组织病变可对该病进行诊断。

图 11-12 患白眼综合征的养殖大西洋幼鲑的肌肉和肠道，可见白肌和胃壁上斑片状的钙沉积

第五节 幼鲑出血综合征

据报道，在挪威和苏格兰养殖的大西洋鲑幼鲑出现幼鲑出血综合征（haemorrhagic smolt syndrome，HSS）的症状。患病鱼大多数内脏器官出现贫血和广泛出血，发病有明显的季节性。临床症状可见嗜睡、鳃发白，内脏和肌肉遍布瘀斑，但没有较大的损伤。在胃肠道、鳔和腹膜、心脏和骨骼肌也有瘀斑（图 11-13 和图 11-14）。肝脏有亮黄色和杂色的瘀斑，在腹腔中有腹水。

图 11-13 患幼鲑出血综合征的养殖大西洋鲑幼鲑白肌和内脏器官出血

组织学检查可见包括胰腺、肾脏和肠在内的多数器官出血（图11-15至图11-17）。肾小球退化，肾小管内充满红细胞。目前认为该病不会传染，因为有证据表明没有发现病原，但是对病因还需作进一步研究。

图11-14　患幼鲑出血综合征的养殖大西洋鲑幼鲑出现腹水和后肠出血

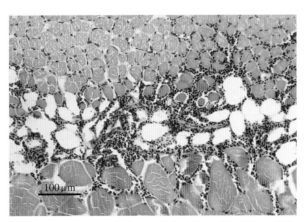

图11-15　患幼鲑出血综合征的养殖大西洋鲑幼鲑红肌和白肌之间的区域出血

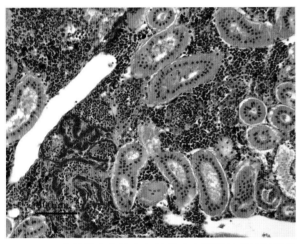

图11-16　患幼鲑出血综合征的养殖大西洋鲑幼鲑肾脏的肾间质和肾小管出血

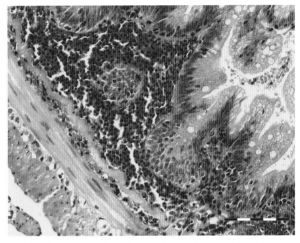

图11-17　患幼鲑出血综合征的养殖大西洋鲑幼鲑后肠固有层出血（标尺=100μm）

第六节　鳔应激综合征

鳔应激综合征发生于几个主要的养殖种类，但虹鳟比较多发（图11-18）。该病主要症状是鳔充气过度，无法通过鳔管疏散气体。患病鱼浮力增加且重心改变，使得它们尾部向上、侧身或腹部朝上没有规律地游动。充气情况处于中等程度的鱼可以存活较长时间，但患病鱼腹部明显膨大，只能耗费大量体力停留在水中一定位置上，最终因疲劳而死。患病鱼也更容易受到掠食动物的袭击。剖检可见鳔过度膨胀，或多或少地挤占了腹腔内其他器官的空间。当出现应激或水较浅时，容易出现这种状况。可依据临床观察和鳔肿大的症状对该病进行诊断。

图 11-18　患鳔应激综合征的养殖虹鳟鳔膨胀

延伸阅读▼

Del-Pozo J, CrumlishM,Turnbull JF, FergusonHW(2010) Histopathology and ultrastructure of segmented filamentous bacteria-associated rainbow trout gastroenteritis. Vet Pathol 47:220–230

Johansson N, Svensson KM, Fridberg G (1982) Studies on the pathology of ulcerative dermal necrosis (UDN) in Swedish salmon, *Salmo salar* L., and sea trout, *Salmo trutta* L., populations. J Fish Dis 5:293–308

Kolbeinshavn A, Wallace JC (1985) Observations on swim bladder stress syndrome in Arctic char (*Salvelinus alpinus*), induced by inadequate water depth. Aquaculture 46:259–261

Nylund A, Plarre H, Hodneland K, Devold M, Aspehaug V, Aarseth M, Koren C, Watanbe K (2003) Haemorrhagic smolt syndrome (HSS) in Norway: pathology and associated virus-like particles. Dis Aquat Organ 54:15–27

Roberts RJ (1993) Ulcerative dermal necrosis (UDN) in wild salmonids. Fish Res 17:3–14

Roberts RJ, Hill BJ (1976) Studies on ulcerative dermal necrosis of salmonids V. The histopathology of the condition in brown trout (*Salmo trutta* L.). J Fish Biol 8:89–92

Rodger HD, Richards RH (1998) Haemorrhagic smolt syndrome: a severe anaemic condition in farmed salmon in Scotland. Vet Rec 142:538–541

第十二章 肿 瘤

摘 要 <<<<<<<<<<<<<<<<<<<<<<<<<<<<<<<<<<<<<<< •

　　肿瘤出现常常代表机体出现了非正常和无法控制的细胞异常生长，这种过程往往对机体极为不利。肿瘤可分为良性肿瘤和恶性肿瘤，根据组织来源和分化程度可对其进行命名。引起肿瘤形成的常见因素包括一些化学物质、电离辐射、慢性炎症、紫外线、某些病毒和污染物等。本章讲述了一些已报道的鱼类肿瘤，但引起这些肿瘤的原因尚未完全清楚。

关 键 词：肿瘤；鲑；鳟

　　肿瘤出现常常代表机体出现了非正常和无法控制的细胞异常生长，这种过程往往对机体极为不利。通常根据其不同的组织来源和分化程度对肿瘤命名。在本章中，目前常用的医学术语neoplasm和tumor可互换使用。通常情况下，几种诱变因素同时存在才能引起肿瘤形成，即使在诱变因素消失以后，异常的细胞仍然会增加。引起肿瘤形成的常见因素包括某些化学物质、电离辐射、慢性炎症、紫外线、某些病毒和污染物等。肿瘤分为良性肿瘤和恶性肿瘤（常表现为退行性变化，多见核分裂相和中性粒细胞浸润），但总体来说肿瘤发生的原因目前还不是很清楚。本章对不同组织来源的肿瘤进行了讨论。

第一节　乳头状瘤（Papilloma）

　　大西洋鲑乳头状瘤是鲑在第二个夏季生长期时在其皮肤和鳞片上出现的表皮良性肿瘤，这种肿瘤偶尔也出现在已适应海水环境的幼鲑上。肿瘤呈单或多灶性的结节样生长，表面光滑，多表现为白色、棕色或粉色。乳头状瘤大小可从几毫米到40mm不等（图12-1）。严重情况下，病鱼体表一半以上均被瘤状物覆盖。组织学可见表皮呈斑块样增生（图12-2）。每个斑块由复层鳞状上皮构成，增生的上皮细胞核仁明显，并伴有非典型核分裂象。通常只有少量真皮组织参与。黏液细胞数量减少，基膜消失或模糊不清。乳头状瘤对鱼类危害性相对较小，最终会与皮肤剥离而使皮肤自愈。

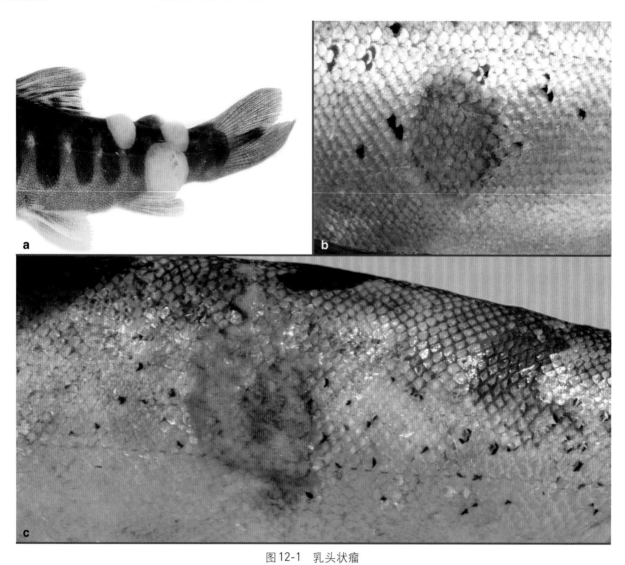

图 12-1　乳头状瘤

a.大西洋幼鲑乳头状瘤（酒精固定标本）　b.治愈的野生大西洋鲑成鱼乳头状瘤
c.人工养殖的大西洋鲑成鱼乳头状瘤，瘤状物边缘有出血

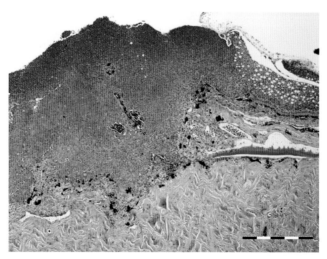

图 12-2　大西洋鲑乳头状瘤切片（标尺 =500μm）

注：右侧是含黏液细胞的正常皮肤

电子显微镜观察表明，一些疱疹病毒样病毒粒子可能与乳头瘤状物的生长相关。但病毒尚未分离尚未成功，故引起乳头状瘤的原因仍然不清楚。

第二节　软骨瘤（Chondroma）

鲑鳃丝软骨上出现的单个质地较硬、白色卵形的光滑赘生物被诊断为良性软骨瘤（图12-3）。该瘤来源于鳃丝软骨组织，呈小叶状包裹覆盖在组织表面。肿瘤最外层覆盖鳞状细胞或增生的表皮细胞，其下基膜偶尔内陷，黏液细胞往往增多。真皮多增生、肥大，表皮下有多个囊状空隙，这些囊状

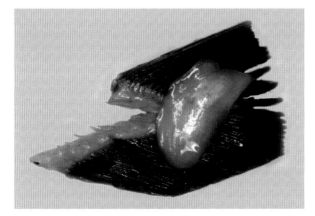

图12-3　虹鳟鳃软骨瘤

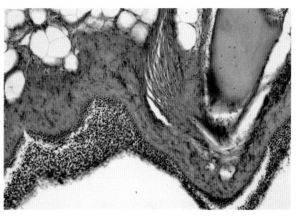

图12-4　虹鳟软骨瘤横切面（Lillie's细胞色素染色，低倍）

空隙被一些疏松的纤维基质样脂肪组织和未成熟的软骨组织围绕（图12-4）。肿瘤真皮内均匀浸润黑色素颗粒，且未见炎症反应、浸润性生长和远距离转移等现象。软骨细胞罕见有丝分裂象。

由于无感染因子存在，加上软骨瘤在鱼群体中较为罕见，表明软骨瘤多为自然发生。因此，诱发肿瘤的因素也认为与自然环境有关。地理分布和组织学特征常被用于该病的诊断。

第三节　色素细胞（Pigment cells）

一、黑色素瘤（Melanoma）

在鲑科鱼中偶尔有色素细胞瘤的报道，其中黑色素瘤是最常见的类型。野生鱼和人工养殖鱼均可患病。成熟的肿瘤通常在体表和皮下肌肉表现为凸起、质地柔软的黑色素区域（图12-5）。肿瘤中常可见不同分化程度的黑色素巨噬细胞浸润和肌纤维沉积（图12-6）。目前已有瘤细胞转移的报道。通过大体观察和组织学切片观察其细胞变化可确诊。

图12-5　人工养殖大西洋鲑肌肉中出现界限明显的黑色素瘤

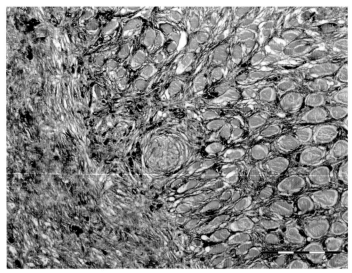

图12-6　人工养殖大西洋鲑白肌中浸润的黑色素瘤（标尺=200μm）

二、红色素细胞瘤（Iridophoroma）

红色素细胞瘤包含红色素肿瘤细胞和纺锤状色素细胞。纺锤状色素细胞呈束状排列，胞浆内含有中等透明、偏振光双折射的橄榄色至绿色色素。细胞核为圆形至卵圆形，含1～2个核仁，未见有丝分裂象。从肉眼上看，红色素细胞瘤与机体组织分界明显，肿瘤呈白色卵圆形，凸起于身体皮肤表面。肿瘤表面覆盖的表皮轻微溃疡，尚无其他病理损伤和肿瘤转移的报道。组织学研究表明，红色素细胞瘤来源于真皮的色素细胞层，通常可见包膜（图12-7）。肿瘤细胞在某些部位也可侵入周围组织。肿瘤的包膜通常由表皮构成，并且在肿瘤表面通常可见表皮严重腐烂。也有报道表明，与肿瘤相邻的真皮可发生严重水肿。

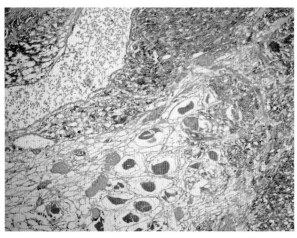

图12-7　大西洋鲑体壁上的红色素细胞瘤（低倍）

第四节　平滑肌肉瘤（Leiomyosarcoma）

有关鳔肉瘤（平滑肌肉瘤）的报道较少，只在海水养殖的性成熟的大西洋鲑和野生红鲑中有少量报道。病鱼外部症状不明显，仅濒临死亡的鱼表现出行动迟缓、体况较差。剖检可见鳔壁内外散在分布着由肿瘤细胞组成的多灶性结节样肿块。肿块质地较硬，单个或成片分布于鳔表面，并延伸至邻近腹腔中（图12-8）。尚未见浸润性生长和转移的报道。

组织学观察表明，肿瘤分化良好，细胞呈束状交错分布，胞核呈圆形或延长，从鳔内壁平滑肌与外壁的连接处开始向外生长。这些细胞的胞核呈圆形或卵圆形，染色质较少，呈散在分布，只有一个较小的核仁。肿瘤细胞巢内一些细胞的细胞核染色质靠边；而另一些细胞核增大，呈不规则形状，

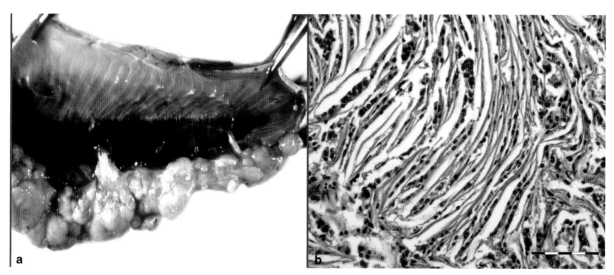

图 12-8　平滑肌瘤（标尺 =100μm）

a.大西洋鲑平滑肌肉瘤，质地坚硬的肿瘤结节沿着鳔纵轴方向散在分布　b.野生红鲑平滑肌肉瘤

或胞核龟裂。肿块主要由呈旋涡状分布的纤维母细胞和平滑肌组成。在大西洋鲑中分离出的一株新的鱼类逆转录病毒（鳔肉瘤病毒）与该病的发生有关。

平滑肌肉瘤的鉴定主要依据以下几个特点：高度分化、胞浆延长的纺锤状细胞，胶原蛋白含量低，有丝分裂指数高。

第五节　纤维肉瘤（Fibrosarcoma）

纤维瘤和纤维肉瘤是由良性或恶性纤维母细胞组成的来源于间质细胞的肿瘤，通常呈结节状。体表或邻近体表可见损伤病灶，病灶与周围组织有明显界限。肿块较柔软（黏液瘤），切面光滑、苍白。不同分化程度和不同胶原蛋白含量的纤维母细胞在基质中呈旋涡状或回旋状排列。基质中心可能出现坏死，偶尔可在肾脏和鳔中发现转移灶（图 12-9）。这些肿瘤在组织学上通过延长的纤维母细胞和呈旋涡状分布的致密胶原纤维就可以轻易分辨（图 12-10）。

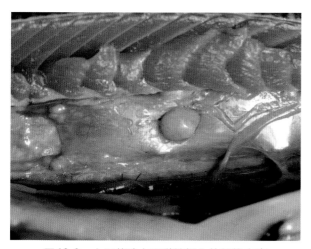

图 12-9　人工养殖大西洋鲑鳔上的纤维肉瘤

图 12-10　大西洋鲑纤维肉瘤切片（低倍）

第六节 淋巴瘤和淋巴肉瘤（Lymphoma and Lymphosarcoma）

包括几种鲑科鱼在内的很多鱼类均有淋巴肿瘤的报道。在人工养殖的虹鳟中也有类似报道：大体表现为在单侧或双侧鳃盖上出现向外突出的卵圆形肿块，肿块的生长导致鳃盖轻度畸形，引起闭合不全。每个肿块可延伸生长进入鳃腔，影响呼吸。肿块柔软、光滑、卵圆形、略带粉红色。组织学表现为包膜较薄，含有强嗜碱性染色、形态一致的淋巴样细胞，目前还没有转移的证据和邻近组织被破坏的报道。

那些恶性表现的肿块多为淋巴肉瘤。淋巴肉瘤大小不一，多在皮肤，皮下组织和身体肌肉组织中出现，且可在肾脏、肝脏和脾脏中发现转移灶（图12-11）。肿瘤切面光滑，均质苍白。肿瘤表面可能出现溃烂。组织学表现为在淋巴肉瘤内含有大量未分化的淋巴母细胞，在正常细胞间有未成熟的淋巴细胞浸润（图12-12）。通过注射组织匀浆能够成功复制该病，并且证实该病的发生与一种反转录病毒有关。该病的诊断需要证明在肿块中存在特征性淋巴样细胞。

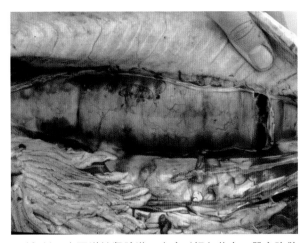 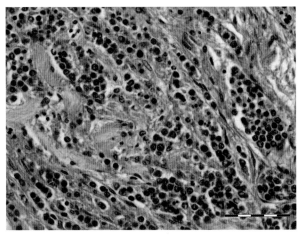

图12-11 大西洋鲑肾脏淋巴肉瘤（颜色苍白，器官弥散性肿胀） 图12-12 人工养殖大西洋鲑淋巴肉瘤切片（大量淋巴细胞浸润，标尺=50μm）

第七节 肝癌（Hepatoma）

肝癌或肝细胞癌在20世纪60年代人工养殖的虹鳟中有过报道。该病源于鱼类饲料中的原料菜籽储存在温暖潮湿的环境中后感染黄曲霉，虹鳟摄食这种含黄曲霉的饲料后引发该病。此病目前已鲜有报道。黄曲霉产生的黄曲霉毒素对虹鳟有高度致癌作用。患癌虹鳟表现为腹部膨大，脾肿大，肝脏严重肿大，肝表面出现分界清楚的苍白结节（图12-13）。偶尔可见广泛出血。组织学表现为肿块内富含血管，纤维细胞增生，常见转移灶。实质细胞中等程度增大，细胞核染色加深。在这些患病鱼中，经常可见胆管癌。鲑科鱼经常有原发性肝癌的报道，病变与上文描述的类似。根据肿块的大体特征和组织学表现可确诊。

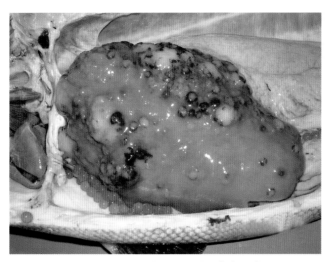

图 12-13 人工养殖大西洋鲑亲鱼肝癌

第八节 肾母细胞瘤 (Nephroblastoma)

肾母细胞瘤，也叫畸胎瘤或肾胚胎细胞瘤，在虹鳟等多种鱼中均有报道。患病鱼大体表现为腹部膨大，脊柱畸形，鳔缩小。多在肾的腹部表面可见突出的黑色或灰色的圆形肿块。肿块内包含多种组织成分，包括软骨、结缔组织、肾单元和可分化成肾小管和肾小球的形态学上分化较差的上皮组织（图12-14）。少见转移灶。该病可通过组织学确诊。

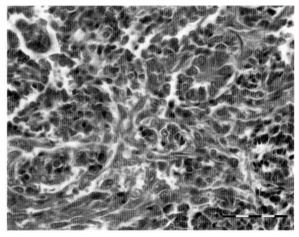

图 12-14 虹鳟肾脏肾母细胞瘤（标尺 =50μm）

第九节 腺癌 (Adenocarcinoma)

肠道腺癌在大西洋鲑亲鱼中有过报道。患原发性腺癌的鱼（如仅在肠道上出现病变）临床症状不明显。剖检发现，在前肠或后肠肠腔中可见凸起的灶性损伤。腺癌早期表现为上皮细胞不规则分层，细胞染色加深，异常核分裂象。淋巴细胞和嗜酸粒细胞浸润导致肠道皱褶增厚。随着病程发展，来源于上皮的黏液细胞增多，胞核去极化、染色加深、呈多角形。肝脏转移灶以含有"印戒样"细胞核和黏蛋白样胞质的细胞为特征。目前认为这些变化与高纤维素含量的饲料引起的肠道慢性炎症有关。

第十节　血　管　瘤

　　血管瘤来源于血管内皮细胞，可出现在任何含有血管的组织和器官中（图12-15）。组织分化良好，基质内几乎不含或含很少量的纤维蛋白，镜下特征不明显，偶见邻近的正常组织在血管瘤内灶性分布。肿块嗜碱性，从皮下组织生长出来，由疏松和致密组织组成。致密组织内主要含有纺锤状肉瘤样细胞，这些细胞呈旋涡状或栅栏状排列，旋涡或栅栏状组织内有大量空隙或裂缝，其中包裹了红细胞（图12-16）。增生的细胞分化良好，含一个卵圆形至长梭形的胞核，胞核末端呈点状或圆形，有1～2个核仁，胞浆少。某些区域偶尔可见出血和坏死。

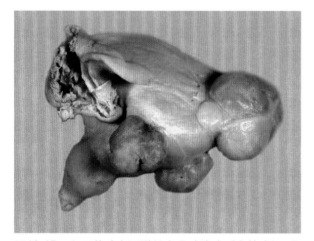

图12-15　人工养殖大西洋鲑心室动脉瘤（血管瘤），心内膜从心肌壁缝隙中凸出

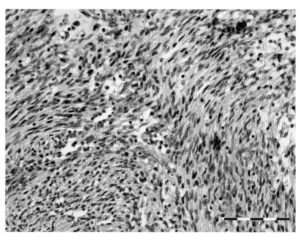

图12-16　野生银鲑鉴定为血管瘤的背鳍皮下嗜碱性肿块（标尺=100μm）

延伸阅读▼

Dale OB, Tørud B, Kvellestad A, Koppang HS, Koppang EO (2009) From chronic feed-induced intestinal inflammation to adenocarcinoma with metastases in salmonid fish. Cancer Res 69:4355–4362

Hoffmann RW, Fischer-Scherl T, Pfeil-Putzien C (1968) Lymphosarcoma in a wild grayling, *Thymallus thymallus*: a case report. J Fish Dis 11:267–270

McKnight IJ (1978) Sarcoma of the swimbladder of Atlantic salmon (*Salmo salar* L.). Aquaculture 13:55–60

Roald SO, Hastein T (1979) Lymphosarcoma in an Atlantic salmon *Salmo salar* L. J Fish Dis 2:249–251

Takashima F (1976) Hepatoma and cutaneous fibrosarcoma in hatchery-reared trout and salmon reared to gonadal maturation. Prog Exp Tumour Res 20:351–366

附录一　术语汇编

磨损（Abrasion）：皮肤或者黏膜的表面受损

棘层松解（Acantholysis）：表皮中相邻马氏细胞（malpighian cells）分离，细胞桥粒功能丧失

抗酸性（Acid-fast）：细菌着色后不易被弱酸脱色，例如分枝杆菌

嗜酸性（Acidophilic）：细胞中某些成分或者组织易被酸性染料（如伊红）染色

腺泡（Acinus）：复合腺体中最小组成的小叶结构

急性（Acute）：病程具有发生迅速和反应相对剧烈为特点

腺瘤（Adenoma）：腺上皮发生的良性肿瘤

粘连（Adhesion）：正常情况下分开的两个组织被结缔组织连接

佐剂（Adjuvant）：非特异性免疫增强剂，可增强机体对疫苗的免疫反应

脂肪性的（Adipose）：由脂肪细胞组成

外膜（Adventitia）：包裹在器官、血管或者某些结构最外层的结缔组织

病原学（Aetiology）：研究疾病发生原因（包括直接和诱发因素）的学科

输入（Afferent）：导入或流入一种组织（如肾小球）

凝集（作用）（Agglutination）：细菌或红细胞在液体中的聚集

粒性白细胞缺乏症（Agranulocytosis）：白细胞缺乏、不足

非结晶的（Amorphous）：没有固定形状的形态

淀粉样变性（Amyloid）：在细胞质中出现半透明均质的蛋白质物质

贫血症（Anaemia）：血液中血红蛋白浓度不足或红细胞数量减少

变形（Anamorphic）：变成另一种更为复杂的形式

间变（退行发育）（Anaplasia）：伴随着细胞增殖的细胞鉴别性特征的丢失

吻合（Anastomosis）：两个或两个以上动脉或静脉分支相连接

动脉瘤（Aneurysm）：动脉壁的病变或损伤，造成动脉壁局限性或弥漫性扩张或膨出

血管瘤（Angioma）：血管组织发生的良性肿瘤

红细胞大小不等症（Anisocytosis）：红细胞大小不一

关节强直（Ankylosis）：椎骨间关节变硬，有时融合或者变短

无眼症（Anopthalmia）：先天性单眼或双眼缺乏

厌食（Anorexia）：食欲缺乏或废绝

缺氧（Anoxia）：组织或细胞供氧不足

前部的（Anterior）：靠前的一端

前外侧的（Anterolateral）：在前面偏一侧的

阿尼奇科夫细胞（Anitschkow-like）：Anitschkow 细胞是急性风湿性心肌炎时一种特殊的细胞，细胞又细又长，有一个长梭形细胞核。

发育不全（Aplasia）：组织或器官发育缺陷或不健全

发育不全的（Aplastic）：发育缺陷或先天性组织缺失

再生障碍性贫血（Aplastic anaemia）：某种因素（如药物）导致的红细胞再生缺陷或者再生停止

细胞凋亡（Apoptosis）：细胞的程序性死亡，是多细胞生物发育过程中的正常过程

人为产物（Artifact）：由物理或化学过程产生的人为产品或反应产物

动脉硬化（Arteriosclerosis）：动脉壁的增厚、失去弹性和变硬

腹水（Ascites）：腹腔中异常出现的等渗性液体

窒息（Asphyxia）：器官组织由于缺氧，二氧化碳潴留而引起的组织细胞代谢障碍、功能紊乱和形态
结构损伤的病理状态称为窒息。窒息形成的条件是血液中二氧化碳压力持续增加

无症状的（Asymptomatic）：带毒或被感染的动物并不表现出明显的临床症状

运动失调（Ataxia）：肌肉控制缺陷导致不规则、不平稳的运动

动脉粥样化（Atheroma）：动脉内膜脂质物质的沉积

动脉粥样硬化（Atherosclerosis）：动脉内膜脂类物质不断积聚引发的动脉疾病

闭锁（Atresia）：不正常的闭合，或自然开口的先天性缺失

心房肥大（Atriomegaly）：心房体积增大

心房（Atrium）：心脏的薄壁腔室

萎缩（Atrophy）：营养缺乏或供应不足导致的器官体积缩小，功能减退

非典型的（Atypical）：与常见现象不一样的

自身免疫（Autoimmunity）：有机体未能识别自身组成部分所产生对自身细胞的免疫反应

自溶（Autolysis）：消化液或消化酶释放引起的自身消化

剖检（Autopsy）：解剖尸体以确定死亡原因

脱落（Avulsion）：机体某部分组织或细胞脱离

细菌（Bacteria）：个体微小、结构简单的原核微生物

菌血症（Bacteraemia）：病原菌入侵血液循环的现象

杀菌的（Bactericidal）：能够杀死一些细菌的物质

抑菌（Bacteriostatic）：阻碍或抑制细菌生长

嗜碱性（Basophilia）：细胞的嗜碱性染色

良性的（Benign）：非侵蚀性的、无害性的生长

分歧（Bifurcation）：形成两个分支或两个部分的位点

双细胞核（Binucleate）：含有两个细胞核

两极染色（Bipolar stain）：微生物特有的一种着色方式，仅两极被染色

双折射（Birefringent）：光在不同方向上的不均等传输

血块（Blood clot）：纤维蛋白原转化为纤维蛋白时血液发生凝结形成的一种柔软的不溶性的凝块（如
血栓）

短颌（Brachygnathia）：下颌不正常的变短

短头畸形（Brahycephaly）：头不正常的变短

鳃炎（Branchitis）：鱼鳃的炎症反应

肾小囊（Bowman's capsule）：脊椎动物肾脏中，肾单位的肾小球外的双层膜状结构

苔藓虫（Bryozoan）：一种小型的水生动物，以出芽方式繁殖，能够以类似于苔藓或分支的形式附着
在石头或海藻上

恶病质（Cachexia）：由严重的疾病，如肌肉质量及体重下降、疲惫、无力感、食欲减退所导致的虚
弱状态

钙化（Calcareous）：大部分或局部的碳酸钙沉积

毛细血管（Capillary）：最小的薄壁血管

癌（Carcinoma）：来源于上皮组织的恶性肿瘤

心力衰竭（Cardiac failure）：心脏功能紊乱引起的瘀血、腔内积液及心肌肥大

心包压塞（Cardiac tamponade）：急性型心包积液，液体积聚在心包，也可见于心包积血

心脏扩大症（Cardiomegaly）：心脏扩大

心肌症（Cardiomyopathy）：心肌的急性、亚急性或慢性紊乱及心肌扩大

心脏-躯体指数（Cardiosomatic index）：心室重 × 100/ 体重

心肌炎（Carditis）：由细菌、病毒或寄生虫等因素所引起的炎症在体内持续存在，但是不表现出临床症状

干酪样变（Caseation）：形成类似于干酪状物质，而后被吸收或被转化成钙质而沉积的长期过程

干酪化（Caseous）：坏死灶中心发展成干酪样

白内障（Cataract）：部分或完全不透明的晶状体或其囊状物

腔（Cavity）：一个封闭的区域

蜂窝组织炎（Cellulitis）：皮肤的真皮和皮下层局部严重的炎症

蜡样质（Ceroid）：细胞内金棕色物质，源自一些难消化的残留物

肉状瘤病（Ceroidosis）：以细胞内粉色或金色脂肪物质沉积为特征的肝脏病变，与喂食酸败食物或维生素E缺乏有关

稚虫（Chalimus）：处于发育阶段的寄生型虱子（桡足类）通过前额丝状体物理性吸附到宿主皮肤上

泌氯细胞（Chloride cell）：鳃片基部的嗜酸性细胞，能够以浓度梯度原理将钠离子和氯离子泵入海水中

胆管肝炎（Cholangiohepatitis）：胆管和相邻的肝实质炎症

胆管炎（Cholangitis）：胆管炎症

胆囊炎（Cholecystitis）：胆囊炎症

胆汁阻塞（Cholestasis）：肝内胆汁积聚

软骨炎（Chondritis）：软骨炎症

软骨瘤（Chondroma）：由软骨细胞形成的良性肿瘤

脉络膜（Choroid gland）：眼睛的血管层，为眼睛提供氧气和营养

肾上腺髓质细胞（Chromaffin cells）：在头肾能产生肾上腺素和去甲肾上腺素的神经内分泌细胞

染色质溶解（Chromatolysis）：细胞核中嗜碱性物质聚合物的溶解或消失

慢性的（Chronic）：持续性或长期性的疾病状态

肝硬化（Cirrhosis）：慢性肝病的结果，其特点是肝组织纤维化

临床的（Clinical）：生物体疾病时的外部表现

生殖带（Clitellum）：某些环节动物门的蠕虫表皮上膨胀的、腺状的、马鞍形的区域

细胞退行性病变（Cloudy swelling）：离子转移促使细胞膜损伤进而导致细胞肿胀引起的细胞变性

凝血通过（Coagulation）：血液中蛋白质的凝集或者凝固而阻断血流的过程，如在卵黄囊中

联合（Coalesce）：一起生长，联合在一起

胶原（Collagen）：脊椎动物的一种纤维蛋白

共生体（Commensal）：一种有机体能从另一个有机体获得益处并不影响该有机体的生长（常见寄生虫）

融合性的（Confluent）：合并在一起、覆盖更大的区域

先天的（Congenital）：出生时异于正常的表现与特征，并不意味着这些缺陷与基因相关

充血（Congestion）：血管内血液增多

分生孢子（Conidia）：真菌中不具有运动性的无性孢子

分生孢子柄（Conidiophore）：一种承载分生孢子的结构

紧缩的（Constrictive）：压缩性的、限制的

桡足幼体（Copepodid）：寄生虱（桡足类）的幼虫阶段，紧接着无节幼体阶段

钩球蚴（Coracidium）：绦虫发育过程中的可自由游动的有纤毛的球形胚

斯坦尼斯小体（Corpuscles of Stannius）：内分泌嗜酸性细胞群岛，发现于肾脏的侧腹面，调节钙代谢

皮肤的（Cutaneous）：属于或与皮肤有关的

囊肿（Cyst）：封闭的不规则囊状物或囊袋

细胞溶解（Cytolysis）：细胞外膜破裂导致细胞分解

巨大细胞（Cytomegaly）：增大的细胞

细胞病变（Cytopathic）：与活细胞的病变有关的

血细胞减少（Cytopenia）：通常是指一种或更多类型的红细胞的不足

细胞毒素的（Cytotoxic）：能对细胞造成破坏的物质

碎片（Debris）：某些细胞损伤后留下的细胞碎片

终末宿主（Definitive host）：具有间接生活史的成年寄生虫生活及繁殖的宿主（三代虫属）

畸形（Deformity）：身体或身体某部分的变形

恶化（Degeneration）：变性，功能性退化，不足以引起坏死

褪色（Depigmentation）：颜色的丢失或减退

皮肤真菌病（Dermatomycosis）：皮肤表面真菌感染

脱皮（Dermatomycosis）：坏死而导致的细胞从上表皮上脱落

诊断（Diagnosis）：疾病的辨别，包括疾病的发病原因及症状

血细胞渗出（Diapedesis）：红细胞或白细胞穿过血管壁，对血管没有损伤

出血性素质［Diathesis（bleeding）］：异常的出血倾向

鉴别诊断（Differential diagnosis）：衡量某种疾病相对于其他疾病的发病概率高的方法

扩张（Dilatation）：腔的扩张，可能是疾病发生过程的一部分，或对一种疾病的适应性变化

白喉的（Diphtheritic）：与人类白喉病症状相关，如淡灰色膜的形成

对称性联胎（Diplopagus）：共同拥有一个或两个以上的重要器官

疾病（Disease）：身体的部分正常功能或结构受损，也可能是整体功能的破坏

弥散的（Disseminated）：散布或传播到整个器官、组织或者身体

发育不良（Dysplasia）：发育不正常

营养不良的（Dystrophic）：组织退化，特别是肌肉退化

蜕皮（Ecdysis）：表皮的脱落

瘀斑（Ecchymosis）：从破裂的血管渗出的血液进入皮肤或黏膜的皮下组织，形成的创面大于瘀点

扩张（Ectasia）：管状结构的膨胀或扩张

外寄生物（Ectoparasite）：一种生活在皮肤表面或皮肤内，但不能在体内寄生的寄生虫

体表寄生的（Ectozoic）：寄生在动物体表面

输出的（Efferent）：从中心向外输出

渗出（Effusion）：血管破裂导致的液体渗出或渗出液进入机体组织或腔内

椭圆体（Ellipsoids）：厚壁的毛细血管网

消瘦（Emaciated）：异常瘦弱

栓塞（Embolism）：固体或气体阻塞血管的现象

封装（Encapsulation）：胶囊的外壳

脑炎（Encephalitis）：大脑的炎症

被囊的（Encysted）：被膀胱样囊状膜包裹

闭塞性动脉内膜炎（Endarteritis obliterans）：大型血管中层的退化导致功能丢失

心内膜炎（Endocarditis）：心脏内膜的炎症

心内膜（Endocardium）：心脏的内膜

体内寄生虫（Endocardium）：生活在宿主体内的寄生虫

眼内炎（Endophthalmitis）：发生在巩膜上的炎症

内皮（Endothelium）：各种血管和腔的内膜

眼球内陷（Enophthalmos）：眼球向眼眶内凹陷

促内皮功能（Endotheliotropic）：对内皮细胞有亲和性

血管内膜炎（Endovasculitis）：血管或淋巴管的最内层有炎症

肠炎（Enteritis）：肠道炎症

昆虫病原真菌（Entomopathogenic fungus）：真菌可以作为昆虫的寄生虫，去杀死昆虫或使其某些功能丧失

地方性动物病（Enzootic）：地方性发病、特有的或经常在某特定地域发病

嗜酸性粒细胞增多症（Eosinophilia）：嗜酸性染色细胞的数目增加

心外膜炎（Epicarditis）：心外膜的炎症

心外膜（Epicardium）：心包的内脏层

传染病（Epidemic）：在特定时间内、特定的人群中频繁暴发的疾病

表皮（Epidermis）：皮肤的外层，非血管层

神经外膜（Epineurium）：末梢神经周围的结缔组织的最外层

上皮膜（Epithelial）：细胞外层，由分层的鳞状上皮细胞组成

上皮瘤（Epithelioma）：上皮细胞的异常生长

家畜流行病（Epizootic）：在一个大的区域内影响许多动物群体的疾病

红细胞生成（Erthropoiesis）：红细胞的产生

红斑（Erythema）：红疹，皮肤发红，局部产生大小不一的斑块

有核红细胞（Erythroblast）：幼稚的红细胞

红细胞（Erythrocyte）：红色的血细胞

红细胞增多症（Erythrocythaemia）：红细胞的过度增殖

红细胞减少症（Erythrocytopenia）：红细胞数量缺乏

红皮病（Erythroderma）：皮肤过度的发红

噬红细胞作用（Erythrophagocytosis）：巨噬细胞或其他吞噬细胞摄取红细胞

富营养化（Eutrophication）：环境变得富含营养

外孢子生殖（Extrasporogonic）：黏孢子虫发育周期的一个阶段

鳞片样脱皮（Exfoliation）：组织层脱落

突眼（Exophthalmia）：眼球异常的突出于眼眶

外毒素（Exotoxin）：细菌释放的毒素

细胞外（Extracellular）：发生在细胞外的

肝脏外（Extrahepatic）：肝脏外部

外渗（Extravasation）：迫使从合适正常的管道渗出

渗出物（Exudate）：从血管中渗出的富含蛋白质和细胞碎片的液体，通常是炎症作用结果

渗出（Exudation）：从毛细血管内流出

兼性厌氧生物（Facultative anaerobe）：能够生长在有氧条件下，但在厌氧环境中能快速生长的有机体

脂肪变性（Fatty degeneration）：细胞质中脂肪滴的增多

脂肪坏死（Fatty necrosis）：由于细胞中脂肪含量及利用率不平衡造成的细胞和组织的死亡

有孔的（Fenestrated）：有一个或多个开口或孔

纤维蛋白（Fibrin）：血栓形成的基质

纤维蛋白原（Fibrinogen）：蛋白质前体，血液凝块是通过钙蛋白原形成的

成纤维细胞（Fibroblast）：发育或修复组织中的一种常见细胞类型

纤维瘤（Fibroma）：由纤维组织组成的良性肿瘤

纤维素增生（Fibroplasia）：纤维组织的非肿瘤性增长

纤维肉瘤（Fibrosarcoma）：含有胶原蛋白纤维的恶性瘤

纤维化（Fibrosis）：充分或过多的纤维组织，可能作为修复反应而取代其他组织

固定（Fixation）：保存器官和组织中固有的物质

絮凝（Flocculation）：胶体粒子在悬液中的聚结

碎片化（Fragmentation）：分离成碎片

疖肿（Furuncle）：局限于皮肤和皮下的一种出血性肌炎

融合（Fusion）：连接

胃炎（Gastritis）：胃黏膜的炎症

腹裂（Gastroschisis）：含有突出内脏的腹部的裂隙或裂缝

多核巨细胞（Giant cell）：与炎症相关的多核细胞，由上皮细胞的聚结形成，或者是由单核细胞的核分裂而无细胞质分裂而产生的

肾小球的（Glomerula）：关于肾小球的

肾小球肾炎（Glomerulonephritis）：肾小球非化脓性炎症

肾小球病（Glomerulopathy）：肾小球疾病

肾小球硬化症（Glomerulosclerosis）：肾小球纤维化（炎症的结果）

肾小球（Glomerulus）：在肾脏中由肾小球系膜细胞的间质聚集的毛细血管簇

糖原（Glycogen）：由葡萄糖结合而成的支链多糖

杯状细胞（Goblet cell）：分泌黏液的肠上皮细胞

革兰氏阴性细菌（Gram negative）：在革兰氏染色中不被染成紫色，复染着色的细菌

革兰氏阳性细菌（Gram positive）：革兰氏染色后呈现为紫色细菌

革兰氏染色（Gram's stain）：区分微生物的方法，由 Christian Gram 在 19 世纪发明

颗粒状的（Granular）：由颗粒或类颗粒组成的

肉芽肿（Granuloma）：由慢性炎性病变或由巨噬细胞的新增长造成的

肉芽肿性（Granulomatous）：具有肉芽肿特征的

幼鲑（Grilse）：大西洋鲑幼鱼需要在海水中生活一年，此阶段的鲑为幼鲑

血腔（Haemocoel）：无脊椎动物器官之间的空腔，进行血淋巴循环的腔

红细胞压积（Haematocrit）：红细胞占据的体积与全血的体积比例

造血作用（Haematopoiesis）：血细胞的形成和发展

造血系统（Haematopoietic）：形成血细胞的组织

血肿（Haematoma）：包含皮肤下或深部肌肉挫伤导致的含有血液凝块的肿胀

苏木素（Haematoxylin）：使细胞核着染蓝色的染料

血源性（Haematogenous）：通过血液散播

血红蛋白（Haemoglobin）：红细胞中含铁离子的、运输氧气的蛋白

红细胞溶解（Haemolysis）：红细胞膜解体并且释放出血红蛋白

溶血性贫血（Haemolytic anaemia）：红细胞存活时间减少造成的贫血

心包积血（Haemopericardium）：血液出现在心包腔中

眼充血（Haemophthalmia）：血液渗入眼球

出血（Haemorrhage）：血液从血管中流出

出血性贫血（Haemorrhagic anaemia）：因出血造成的红细胞数量减少

含铁血黄素（Haemosiderin）：溢出的红细胞的被降解后，由铁蛋白微粒集结而形成的色素颗粒

含铁血黄素沉着症（Haemosiderosis）：组织中大量铁蛋白微粒沉积

止血（Haemostasis）：通过凝血阻止出血

嗜盐的（Halophilic）：能够生存在高盐浓度的环境中的生物

吸血的（Hematophagous）：以血为食的动物

肝脏的（Hepatic）：与肝脏有关的

肝炎（Hepatitis）：肝脏的炎症

肝细胞（Hepatocellular）：形成肝实质的细胞

肝癌（Hepatoma）：肝实质细胞来源的恶性肿瘤

肝肿大（Hepatomegaly）：肝脏的异常增大

肝毒性的（Hepatotoxic）：对肝细胞有害的

非对称联胎（Heteropagus）：不均分的连体双胞胎，其中发育不完全的胚胎像"寄生虫"一样连接于联胎自养体的腹侧部位

组织学（Histology）：组织结构的微观研究

组织化学（Histochemistry）：组织中化学物质的定量和定性研究

组织病理学（Histopathology）：病变组织的微观研究

组织细胞的（Histiocytic）：动物细胞，属于单核吞噬细胞系统的一部分

组织内寄生（Histozoic）：生活在组织内细胞之外

整体产果式（Holocarpic）：整个叶状体发育成为一个子实体或孢子囊

北极区的（Holarctic）：指栖息地在北半球的北部

水平传播（Horizontal transmission）：疾病在人群不同个体间的传播

玻璃样变性（Hyaline degeneration）：间质或细胞内出现均值、半透明的玻璃样物质

透明质（Hyaloplasm）：细胞质的液体部分，有别于颗粒状和网状的组件

包虫囊肿（Hydatid）：由绦虫的幼虫形成的

胚腔积水（Hydrocoele embryonalis）：卵黄囊积水

水肿（Hydropic swelling）：角质细胞细胞内水肿

充血（Hyperaemia）：血管扩张导致的局部组织血液增多

细胞过多（Hypercellularity）：细胞数量的增加

深染（Hyperchromasia）：颜色变深

色素沉着（Hyperpigmentation）：黑色素增多导致皮肤变黑

增生（Hyperplasia）：细胞的数量增加导致相应的组织或器官的增大

高渗溶液（Hypertonic）：盐浓度高于细胞正常盐浓度的溶液

肥大（Hypertrophy）：单个细胞大小的增加导致器官大小的增加

低色素（Hypochromic）：缺乏色素或色素沉着

发育不全（Hypoplasia）：由不完善的生长（细胞数量减少）导致一个器官或部位的过度狭小

低增生性贫血（Hypoplastic anaemia）：造血组织未能产生足够数量的细胞

低蛋白血症（Hypoproteinaemia）：循环血浆中的总蛋白量的减少

缺氧（Hypoxia）：供应到组织、器官或整个动物的氧气不足

原发性（Idiopathic）：未知的特发性疾病或自发的疾病

发病率（Incidence）：单位时间、单位动物发生的病例数

包涵体（Inclusion bodies）：细胞核或细胞质中，特别是在病毒增殖的部位出现的圆形或椭圆形小体

硬结（Indurate）：硬化的过程或变硬

梗塞（Infarction）：血液供应被切断造成组织的部分死亡

感染（Infection）：有病原微生物在动物体内的生长，不管有没有对身体机能造成损伤

侵染率（Infestation）：寄生虫导致疾病的概率

浸润（Infiltration）：周围组织的渗透，泄漏的液体进入组织

炎症（Inflammation）：组织受到损害时的防御性反应，以发热、肿胀、发红为临床特点

细胞间（Intercellular）：细胞之间

肌间（Intermyotomal）：肌肉块之间

肾间组织（Interrenal tissue）：大部分皮质类固醇皮质醇产生的区域

间质性（Interstitial）：结构之间的空间结构和组织

间质（Interstitium）：组织和器官中功能细胞之间的组织

细胞内（Intracellular）：在细胞内

肝内（Intrahepatic）：在肝脏内

心室内的（Intraventricular）：在一个心室

内陷（Invagination）：向内推进形成的袋状结构

体外（*In vitro*）：在体外测试或在人造环境中实验

体内（*In vivo*）：在生物体内测试或实验

缺血（Ischemia）：身体或器官的一部分缺乏血液供应

核溶解（Karyolysis）：细胞坏死核的变化，细胞死亡后染色质水解导致细胞核形态的丢失

巨大核（Karyomegaly）：组织细胞的核增大

核破裂（Karyorrhexis）：细胞死亡后出现的核膜破裂及细胞核碎片

Kelt：刚产过卵的瘦弱鲑

角膜炎（Keratitis）：伴随着继发角膜不透明的炎症

圆凹背（Kypholordosis）：驼背和脊柱前弯症的共存

脊柱后凸（Kyphosis）：背的过度向上弯曲造成的驼背

腔隙（Lacuna）：细胞之间的空间

鳃小片（Lamellae）：鳃板状结构，发生气体交换的部位

平滑肌瘤（Leiomyoma）：良性的平滑肌肿瘤

平滑肌肉瘤（Leiomyosarcoma）：恶性的平滑肌肿瘤

软脑膜炎（Leptomeningitis）：蛛网膜发炎

病变（Lesion）：器官、组织不正常或出现异常

昏睡的（Lethargic）：疲劳、衰竭

白细胞减少症（Leucopenia）：白细胞数量减少

脂质（Lipid）：不溶于水的脂肪酸

类脂（Lipoid）：一组范围较宽的具有不同脂质结构的化合物，但它们均不溶于水

脂代谢障碍（Lipoidosis）：体内细胞的脂肪代谢性疾病

脂肪瘤（Lipoma）：脂肪细胞的良性肿瘤

小叶（Lobule）：一个小的叶或叶的细分（脑、肺等）

局限性（Localise）：限制传播

脊柱前弯症（Lordosis）：脊柱的凹面向下

缝合沟（Lunules）：虫体前部边缘腹侧面的圆盘样杯状物（例如，鱼虱属）

淋巴细胞（Lymphocyte）：白细胞的一种

淋巴细胞减少症（Lymphocytopenia）：淋巴细胞数量减少

淋巴细胞增多症（Lymphocytosis）：血液中淋巴细胞数量增加

淋巴样的（Lymphoid）：与淋巴有关的

细胞裂解（Lysis）：通过细胞溶解酶溶解或者破坏细胞膜

畸形巨头（Macrocephaly）：头异常的大

巨颌症（Macrognathia）：指下颌过度生长超出上颌

巨噬细胞（Macrophage）：一种大的单核吞噬细胞、白细胞

宏观（Macroscopic）：肉眼可见

恶性的（Malignant）：指侵略性的、破坏性的增长，可能扩散到远处组织

黑色素（Melanin）：由酪氨酸衍生的黑色素或褐色素

黑色素瘤（Melanoma）：一种由色素生成细胞组成的实体瘤

色素吞噬细胞（Melanomacrophage）：吞噬色素细胞的独特细胞群体

载黑色素细胞（Melanophores）：皮肤中含有黑色素的细胞

黑色素沉着病（Melanosis）：皮肤中黑色素不正常的沉积

脑膜炎（Meningitis）：脑膜及脊髓炎症

肾小球系膜细胞（Mesangial cell）：肾小球中心部位光滑的、纤维状细胞

间叶细胞样（Mesenchymal）：胚胎中胚层的一部分，由疏松、未分化细胞组成呈凝胶状

后囊蚴（Metacercaria）：存在中间宿主中的含有被囊的、具有传染性的吸虫幼体

异染性（Metachromasia）：用单一染料进行组织染色时，着色部分被染成与染剂色调不同的颜色

转化（Metaplasia）：用于描述一种组织的变化传递到另一个组织

转移（Metastasis）：恶性疾病的扩散及全身化

小红细胞（Microcytic）：比正常红细胞小的红细胞

小颌畸形（Micrognathia）：颌小于正常尺寸的情况

卵孔（Micropyle）：卵被膜上供精子进入的小孔

小口畸形（Microstomia）：口小于正常尺寸的情况

切片机（Microtome）：制备石蜡组织切片的机器

温和（Mild）：不严重的

粟粒（Milliary）：表达大小的术语（小米种子的大小）

纤毛幼虫（Miracidium）：双基因吸虫生活周期中的可自由游泳的、有纤毛的幼虫形式

有丝分裂（Mitosis）：由一个细胞分裂成两个同样子代细胞的过程

适中的（Moderate）：不过度的

单核细胞（Monocytes）：部分分化的终末细胞，白细胞

发病率（Morbidity）：一个群体疾病发生的概率

濒死的（Moribund）：将要死亡的

形态学（Morphological）：形式和结构的科学

死亡率（Mortality）：用于衡量种群死亡结果

黏膜（Mucosa）：位于腔体或者器官内腔的黏膜，由上皮细胞构成

多细胞的（Multicellular）：很多细胞的

多核的（Multinuclear）：拥有多个核的

多价的（Multivalent）：含有来自不同细菌或病毒抗原的疫苗

壁（Mural）：指腔体、器官或者血管的壁

突变剂（Mutagen）：导致突变或者提高突变率的物质

菌丝体（Mycelium）：丝霉菌或者真菌树枝状的丝

分歧菌病（Mycetoma）：由放线菌或者真菌引起的慢性皮下感染，也可以出现在脑、肾脏或其他器官

霉菌病（Mycosis）：由于霉菌造成的疾病

心肌炎（Myocarditis）：心肌层炎症

肌原纤维（Myofibril）：横纹肌中的有成捆的肌丝组成的纤维

噬肌细胞（Myophagia）：组织中吞噬处理变性坏死肌细胞的细胞

心肌（Myocardium）：心脏的肌肉组织

霉菌病（Mycosis）：由真菌或者卵菌引起的疾病

肌变性（Myodegeneration）：肌肉组织变性

肌溶解（Myolysis）：肌肉组织的降解或者退化

肌瘤（Myoma）：肌肉组织肿瘤

肌节（Myotome）：呈 W 形或者 V 形的肌肉片段

肌病（Myopathy）：肌肉组织不正常的情况

肌隔（Myoseptum）：结缔组织形成的边界，连续肌节之间

肌炎（Myositis）：肌肉组织的炎症

黏液瘤（Myxoma）：结缔组织来源的良性肿瘤

剖检（Necropsy）：又称尸检，有关动物，同验尸

坏死（Necrosis）：活体内局部组织和细胞死亡

坏死性（Necrotic）：局部组织死亡

肿瘤（Neoplasia）：致瘤因素作用下产生的一种新生物（通常是不正常的）

新生血管（Neovascularization）：与平时不同的组织内血管增生

肾炎（Nephritis）：肾脏的炎性或炎症样反应

肾钙化（Nephrocalcinosis）：肾小管内的钙盐沉积

肾肿大（Nephromegaly）：肾脏体积扩大

肾单位（Nephron）：肾脏的基本结构和功能单位

肾病（Nephrosis）：肾小管上皮细胞变性、坏死为主要特征而无炎症变化的一类疾病

神经炎（Neuritis）：神经或者神经鞘的炎症或病变

神经瘤（Neuroma）：神经鞘组织的神经鞘瘤

中性粒细胞（Neutrophil）：对酸性或碱性染料无亲嗜性，容易被中性染料染色的一种白细胞

正常（Normal）：符合常规的

须呈报的传染病（Notifiable disease）：严重的传染性疾病，要向相关部门报道的传染病

核（Nucleus）：组织细胞的内部主要成分

梗阻（Obstruction）：器官正常通行受阻

闭塞（Occlusion）：一个开口的闭合

成牙质细胞（Odontoblasts）：形成牙齿外表的细胞

牙瘤（Odontoma）：牙组织的肿瘤

水肿（Oedema）：组织间隙的等渗液体异常增多

食道（Oesophagus）：用于食物从咽喉传送至胃的肌肉管道

致癌（Oncogenic）：能够诱导肿瘤的物质

癌变（Oncogenesis）：肿瘤的形成

鳃盖（Operculum）：覆盖在鳃腔上的可动翼片

视交叉（Optic chiasma）：位于大脑的底部紧临着下丘脑下方

卵子发生（Oogenesis）：细胞发育导致一个成熟卵子的形成

骨化（Ossification）：组织（软骨）钙沉着，形成骨组织

骨炎（Osteitis）：骨组织的炎症

破骨细胞（Osteoclast）：负责骨组织溶解与吸收的多核细胞

明显性疾病（Overt disease）：明显的疾病

硬脑膜炎（Pachymeningitis）：硬脑膜或外部纤维层脑膜等炎症

胰腺炎（Pancreatitis）：胰腺的炎症，可以是急性或慢性

全血细胞减少（Pancytopenia）：血液中的红、白细胞和血小板的数量减少

全眼球炎（Panophthalmitis）：炎症累及邻近结构巩膜

泛孢子母细胞（Pansporoblast）：在黏孢子虫目中，能够产生不止一个孢子的生殖孢子

黄脂病（Pansteatis）：脂肪组织的弥漫性炎性浸润

乳头（Papillae）：哺乳动物乳房中央的小突起

乳头炎（Papillitis）：乳头的炎症

乳头状瘤（Papilloma）：上皮组织增生形成的良性肿瘤

多发性乳头状瘤（Papillomatosis）：增生导致表面隆起和乳头增大，与邻近乳头相连

寄生物（Parasite）：寄生在宿主体内，并且从宿主获得食物的有机体

实质（Parenchyma）：除了肌肉的所有内脏器官。器官最基本的组成细胞（如肝脏中的肝细胞）

神经束膜（Perineurium）：涵盖鞘神经纤维束的结缔组织

不调和的（Patchy）：不规则

病原（Pathogen）：任何一种生活在其他生物体表面或体内的、能引起宿主发病的生物

发病机制（Pathogenesis）：疾病的发生和发展

致病性（Pathogenicity）：造成宿主伤害的可能性

致病（Pathogenic）：产生疾病或病理变化

病理状态（Pathological condition）：由于已知或未知的原因导致组织与正常组织形态存在差异

病征（Pathognomonic）：是一种疾病的特点，可以用来做出诊断

病理学（Pathology）：研究疾病的病因及组织形态变化的一门学科

瘀斑（Peliosis）：血管扩张和大量红细胞聚集的区域

尾柄（Peduncle）：身体尾部一个细的部位，将尾巴与身体相连

类天疱疮样（Pemphigoid-like）：表皮细胞之间的"泡"的形成

类天疱疮（Pemphigoid）：与天疱疮相似，但显然区分于天疱疮的一种皮肤病

天疱疮（Pemphigus）：皮肤和黏膜的独特性疾病

心包炎（Pericarditis）：心包的急性或慢性炎症

心包（Pericardium）：围绕心脏的纤维囊（硬骨鱼类的心包是关闭的）

眶周（Periorbital）：眼部周围

脾周炎（Perisplenitis）：脾脏的腹膜囊发炎

腹膜炎（Peritonitis）：腹膜的炎症

血管周围（Perivascular）：围绕一个腔体的（血液或淋巴）

出血斑（Petechiae）：小的出血斑点

吞噬细胞（Phagocyte）：能够摄入细菌、外来粒子和其他细胞的细胞

吞噬作用（Phagocytosis）：大型粒子的摄入

恶性贫血（Pernicious anaemia）：以红细胞的数量减少和变异为特点的渐进性贫血

表现型（Phenotype）：可观测的物理或生物的生化特征

光敏感性（Photosensitivity）：皮肤对某些类型光的敏感性

通鳔（Physostomous）：在鳔和消化道之间有连接管

闭鳔（Physoclistous）：鳔和消化道之间不相连

色素沉着（Pigmentation）：色素沉积，尤其是当异常或过度沉积

柱细胞（Pillar cell）：鳃小片上的支持细胞

PKX细胞（PKX cell）：软孢子虫可辨别的最早期阶段

扁椎骨（Platyspondyly）：椎体终板间隙小的扁平椎骨

多晶的（Pleomorphic）：个体在其生活中呈现一系列不同形态的情况

全尾蚴（Plerocercoid）：从原尾蚴发育成绦虫的幼虫，经常在鱼组织中发现

鳔管（Pneumatic duct）：在通鳔鱼中连接鳔和消化道的管道

足细胞（Podocytes）：肾小囊中的细胞，环绕肾小球的毛细血管

异形红细胞（Poikilocyte）：不规则、畸形红细胞

多染色性（Polychromasia）：严重贫血中的红细胞的异常反应，有一个蓝色色调

多囊的（Polycystic）：许多囊肿

红细胞增多症（Polycythaemia）：循环红细胞的数量增加

臀部（Posterior）：后端

死后（Post-mortem）：死亡后，通常指死后剖检，相当于尸检

前鳃盖骨（Preopercle）：大多数鱼鳃具有的扁平膜骨，位于鳃盖前面

前孢子的（Presporogonic）：孢原细胞发育之前的阶段

患病率（Prevalence）：在一个给定的单位时间内，每单位动物的现有病例数

原尾蚴（Procercoid）：绦虫幼虫的第一中间宿主。在水生动物里，这个宿主通常是甲壳纲动物

节片（Proglottis）：绦虫的性成熟片段

前口式（Prognathous）：有一个突出的下颚

预知（Prognosis）：预测可能的过程和疾病发生

脱垂（Prolapse）：结构的下降

激增（Proliferate）：细胞分裂增加

前口式（Prognathous）：突出的下颚

解剖员（Prosector）：演示解剖的人

蛋白质的（Proteinaceous）：蛋白质样的

蛋白酶解（Proteolysis）：蛋白质的分解

近端（Proximal）：靠近中心的

伪鳃（Pseudobranch）：鱼退化的第一鳃弓（在鳃盖的内表面，挨着前鳃盖骨的连接处）

伪膜（Pseudomembrane）：假的或新的膜（通常是纤维蛋白）

嗜冷的（Psychrophilic）：生存最佳温度约15℃或更低的生物特性

点状（Punctate）：点状的或斑点

分生孢子器（Pycnidium）：中空的子实体，可产生孢子

固缩（Pyknosis）：核物质压缩成一个单一的、着色较深的不规则结构

梨状（Pyriform）：梨形状的

再生（Regeneration）：新生的组织

衰退（Regression）：回归到较早期的发展阶段

康复（Resolution）：从急性炎症恢复正常

重吸收（Resorption）：组织间的液体重新被吸收进入体液

网织红细胞（Reticulocyte）：未成熟的血红细胞

眼球后部（Retrobulbar）：眼球后面相关的

小棒细胞（Rodlet cell）：许多鱼类组织，如鳃、肠、肾小管等组织中未知的瓶形细胞

横纹肌瘤（Rhabdomyoma）：良性的横纹肌瘤

残缺的（Rudimentary）：发育不完全或是发育成熟的器官但是失去了正常功能

发育不全的瘦小动物（Runt）：没有喂食的鱼，身体脂肪可忽略不计，肥满度低

残遗的（Rupture）：器官发育不全，不具有功能，可能存在正常或异常的位置

腐生物（Saprophyte）：营养主要来自死亡、腐烂的有机物质的生物

肉瘤（Sarcoma）：恶性肿瘤的形成，其实质是由未分化细胞组成的恶性肿瘤

硬化（Sclerosis）：组织硬化

囊虫（Scolex）：绦虫的头节前头状片段

脊柱侧凸的（Scoliosis）：横向弯曲的脊柱（脊柱）

巩膜炎（Scleritis）：巩膜（眼睛的白色外壁）的炎症

继发感染（Secondary infection）：感染动物又被另一个病原感染

腐烂物（Septic）：由脓毒症引起的或相关的

败血症（Septicaemia）：由血液中的细菌或病毒的存在和/或增殖导致的中毒

横膈（Septum transversum）：分开两个腔体或者器官中软组织的膜，如心包和腹腔

后遗症（Sequela）：疾病的病理后果

腐骨片（Sequestrum）：坏死的骨片段

浆膜（Serosa）：一般是指包裹在器官表面的那层膜

铁质沉着（Siderosis）：血液或组织中的铁超额

轻微（Slight）：体表的、浅显的

腐肉（Slough）：坏死的组织

银化（Smoltification）：鲑（鲑和鳟）的生理过程，作为其生命周期的一部分，使它们从淡水迁移到海水

平滑肌（Smooth muscle）：非横纹肌，例如在血管、膀胱和胃肠道壁的肌肉

独立的（Solitary）：单一的，孤立

Splendore-Hoeppli反应（Splendore-Hoeppli reaction）：在微生物（例如真菌、细菌和寄生虫）或生物惰性物质周围形成强烈嗜酸性物质（星状或棒状结构）

脾肿大（Splenomegaly）：脾脏异常肿大

海绵层水肿（Spongiosis）：表皮的细胞内水肿

成孢子细胞（Sporoblast）：来源于有性繁殖的孢子虫的细胞，能够生产孢子及孢子小体

孢囊（Sporocyst）：原生动物或低等后生动物分泌的坚固厚膜包于体表，使本身暂时处于休眠状态，称为囊包

孢子生殖（Sporogony）：多个细胞融合产生许多休眠孢子

瘀血（Stasis）：血流回流受阻导致血液瘀滞

脂肪组织炎（Steatitis）：脂肪组织的炎症导致脂肪变黄色

脂肪变性（Steatosis）：细胞内脂肪滴增多

狭窄（Stenosis）：身体中非正常狭窄的情况

口腔炎（Stomatitis）：口腔组成结构黏膜的炎症

层（Stratum）：一层

横裂体（Strobila）：构成绦虫成虫体大部分的节片链

基质（Stroma）：器官和组织的支持成分

口针（Stylet）：坚硬和锋利的解剖结构，例如在鱼虱属中有这种结构

亚急性（Subacute）：中度、不急

亚临床（Subclinical）：症状不足以确认经典的已知疾病

血栓（Subcutaneous）：血管内的血凝块，可能妨碍血液循环

心内膜下（Subendocardial）：心内膜下面

亚致死浓度（Sublethal）：不致死的剂量

表面的（Superficial）：外面，边缘的

化脓性的（Suppurative）：形成脓液的液化性坏死

肿胀（Swelling）：凸起的部分

粘连（Synechiae）：由于疾病导致组织结构直接的相互粘合，如：晶状体和虹膜粘连、心室壁和心包粘连

全身性（Systemic）：范围广泛

呼吸急促（Tachypnoea）：呼吸频率增加

心包填塞 [Tamponade（cardiac）]：心包囊内血液或液体的快速聚集

毛细血管扩张（Telangiectasia）：小血管或末梢血管扩张

致畸剂（Teratogen）：能够引起胚胎畸形的物质

血栓形成（Thrombosis）：活体的心脏和血管内血液发生凝固或血液中某些有形成分凝集形成固体质块的过程

血栓（Thrombus）：血液凝固形成的固体质块

治疗（Treatment）：用于恢复健康的过程

滋养体（Trophozoite）：一般指原生动物摄取营养阶段，能活动、摄取养料、生长和繁殖，是寄生原虫的寄生阶段。

扭转（Torsion）：结构的扭转

结节（Tubercle）：圆块状的皮肤或者器官表面及内部的实性的、增高的圆形突起

痛疽（Ulcer）：组织器官表面未愈合的缺口，例如皮肤或肠

溃疡（Ulceration）：皮肤和粘膜的深层组织坏死灶脱落后留下的缺损

尿毒症（Uraemia）：尿素在血液中上升及肾功能有缺陷造成血液中的含氮化合物过多

胎生（Viviparous）：动物体内孕育并生出活体后代

输尿管（Ureter）：从肾脏输送尿液的两个管道

疫苗（Vaccine）：死亡或减毒的细菌、病毒及寄生虫的悬液及提取物，保留刺激免疫系统的能力

富含血管的（Vascular）：组织中含有丰富的血管

血管炎（Vasculitis）：血管壁的炎症

血管舒张（Vasodilation）：血管内腔的扩张

胸腹部（Ventrum）：属于底部或腹部的

垂直传播（Vertical transmission）：亲本将疾病传递给子代

弧菌抑制剂（Vibriostatic agent）：2,4-二氨基-6,7-二异丙基-蝶啶（O/129）；平板药敏试验来区分弧菌属

毒力（Virulent）：病原致病的能力

卵黄生成（Vitellogenesis）：卵黄在卵母细胞中形成

异体（Xenoma）：由原生动物寄生虫微孢子虫感染引起的宿主细胞过度生长

人畜共患病（Zoonoses）：指人类与人类饲养的畜禽之间自然传播的疾病

兽医卫生（Zoosanitary）：与动物健康和动物生产相关的卫生条件和因素

动物传染病的（Zoonotic）：物种之间传播的传染病（有的疾病传染需要一个传播媒介）

游动孢子囊（Zoosporangia）：产生游动孢子的孢子囊

酶原（Zymogen）：无活性酶的前体，例如在胰腺腺泡细胞中有该物质

附录二　索　引